叶片类部件激光再制造形状与性能控制

任维彬 著

国防工业出版社

·北京·

内 容 简 介

本书介绍了叶片类部件激光再制造的重要意义及该领域的研究发展现状，阐述了叶片类部件激光再制造过程形状与性能控制的基础理论和基本方法。重点从该类合金部件激光再制造过程的基本工艺、基本方法、组织与性能生成、形状与形变控制、闭环系统构建、辅助工装设计以及复合再制造等方面，论述该类部件激光再制造的研究成果。尤其在激光熔覆与激光冲击复合再制造形成锻打效应方面，也进行了一定的研究和探索。

本书可作为高等院校材料加工及机械设计制造专业教材，也可供相关专业研究人员和工程技术人员参考。

图书在版编目(CIP)数据

叶片类部件激光再制造形状与性能控制/任维彬著.
—北京:国防工业出版社,2022.8
ISBN 978-7-118-12663-1

Ⅰ.①叶… Ⅱ.①任… Ⅲ.①零部件-激光加工
Ⅳ.①TG665

中国版本图书馆 CIP 数据核字(2022)第164042号

※

国防工業出版社出版发行
(北京市海淀区紫竹院南路23号 邮政编码100048)
三河市德鑫印刷有限公司
新华书店经售

*

开本 710×1000 1/16 **印张** 14½ **字数** 255千字
2022年8月第1版第1次印刷 **印数** 1—2000册 **定价** 98.00元

(本书如有印装错误,我社负责调换)

国防书店:(010)88540777 书店传真:(010)88540776
发行业务:(010)88540717 发行传真:(010)88540762

前　言

在国家大力发展循环经济，建设资源节约型与环境友好型社会等政策的激励下，再制造工程进入了飞速发展阶段。经过近20年的发展，再制造在交通、冶金、化工、机械、汽车、国防等领域获得了广泛应用，并发挥着重要的作用。

叶片类部件具有自身材料价值、制造价值以及产品附加值均较高的特点，赋予了该类部件独特的再制造价值。但型壁薄、型线复杂、性能及形变控制要求高等特点，也对该类部件再制造产业的突破和发展提出了挑战。激光再制造作为再制造工程领域的核心技术，具有热输入和热变形较小、能量场作用形式多样化及便于实现自动化与智能化控制等特点，成为解决该类部件再制造难点的关键技术。

本书的重点在于阐述叶片类部件激光再制造基础理论与基本原理、组织与性能优化方法、形状及形变控制工艺、叶片类部件再制造成形及熔覆与冲击复合再制造等方面内容，立足于作者在叶片类部件激光再制造方面的研究探索，其创新之处在于较为系统地给出了叶片类部件激光再制造形状与性能控制的基本方法与工艺细节，对再制造覆层和界面进行了较为翔实的表征和评价，并探索性地对叶片类部件激光复合再制造进行了研究和实践，也对相关配套工装进行了优化和改进。

本书是论述叶片类部件激光再制造工艺与方法的专著，全书共分为10章：第1章介绍再制造工程的内涵和意义、激光再制造的发展现状、叶片类部件激光再制造的研究进展；第2章主要介绍激光再制造的基本原理；第3章主要对叶片类部件结构与损伤特征进行分析和阐述；第4章对激光再制造系统与表征设备进行了介绍；第5章和第6章对脉冲激光再制造工艺进行论证和优化；第7章对表层裂纹和体积减薄两类损伤开展再制造研究；第8章对成形过程的形变规律和控形措施进行研究和探讨；第9章对成形形状闭环控制系统进行设计和试验验证；第10章对叶片类部件激光再制造工装、K418高温合金叶片、Ti－6Al－4V合金叶片开展了再制造试验，并对激光熔覆与激光冲击复合形成锻打效应的工艺方法及相应工装设计进行了探讨。

在本书的写作过程中，得到了博士导师、业内专家及相关企业的指导和帮助。在工艺理论和工艺方法方面,导师徐滨士院士和董世运教授给予了悉心指导;在试验方案设计与性能方面,王玉江、闫世兴老师给予了经验交流;在工艺开展方面,叶霞教授、徐鸿翔教授、雷卫宁教授、周金宇教授提供了条件支持;激光熔覆与激光冲击复合工艺与设备方面,扬州镭奔激光科技有限公司总经理吴瑞煜给予了大量帮助。此外,在撰写过程中,研究生鲁耀钟、徐杰、陈世鑫、段韶岚、李俊辉也付出了辛苦劳动。

本书的出版受到装备再制造技术国防科技重点实验室开放基金项目及江苏省产学研合作项目联合资助,在此一并致谢!

撰写过程中,作者参阅了大量国内外相关专著、学术论文、学位论文、期刊论文及产品信息等,在此向这些研究成果的作者和发布者表示感谢!

由于作者水平和学识有限,书中难免存在很多不当之处,敬请广大读者谅解和批评指正。

作　者

2022 年 6 月

目　　录

第1章 绪　　论

1.1 再制造工程内涵

随着人类社会经济的飞速发展和物资的极大丰富，资源与环境的消耗速度与日俱增，地球资源的消耗速度已远超其再生的能力。为缓解资源环境的有限性与过度消耗之间的内在矛盾，破解经济发展和资源消耗二者间的矛盾问题，最大限度地合理利用已开发资源成为必然趋势。20 世纪 90 年代，美国针对该问题从产业角度建立了 3R 体系（Reuse（再利用）、Recycle（再循环）、Remanufacture（再制造）），并在 1984 年的《技术评论》中首次提出“再制造”一词，提倡旧品翻新或再生，称为“再制造”。日本从环境保护的角度也建立了 3R 体系（Reduce（减量化）、Reuse（再利用）、Recycle（再循环））。我国结合自身国情及实际发展状况，创造性地提出了具有中国特色的 4R 体系（Reduce（减量化）、Reuse（再利用）、Recycle（再循环）、Remanufacture（再制造））。

再制造是以废旧产品零部件为毛坯，基于先进的表面工程技术，提升材料或零部件性能及使用寿命，从而大量节省因购置新品、库存储备、过程管理以及维修期间停机等所造成的能源、原材料和经费浪费，同时也减少了废物排放量以及环境污染。以某型号汽车发动机再制造为例，原材料价值只占 5%，而成品附加值却高达 85%。再制造过程正是充分利用废旧产品附加值，使能源消耗只占新品的 50%，劳动力消耗只占新品制造的 67%，原材料消耗只占新品制造的 15%。进一步，再制造还具有如下重要特征：再制造产品的质量和性能达到或超过原型新品，总体成本不超过原型新品 50%；节约能源 60%、节约材料 70% 以上；使环境的污染降低到最低，极大地促进资源节约与环境友好型社会的建设，总体概括为“两型社会、五六七”[1]。

工业发展进入 21 世纪，机械装备发展向着高精度、自动化、智能化方向迈进，服役工况更加苛刻，随着机械装备部件的制造与维修难度的提升，传统维修手段越发难以达到要求，再制造工艺需求随之迅速提升。中国工程院徐滨士院士在多年从事机械装备维修工程研究的基础上，创造性地提出再制造工程理念：再制造工程是以产品全寿命周期理论为指导，以废旧产品性能提升为目标，以优质、高效、节能、节材、环保为准则，以先进技术和产业化生产为手段，对废旧机械产品及部件进行一系列修复和改造的技术措施和工程活动的总称。简言之，再制造是废旧产品高技术修复的产业化[2]。

再制造和常规维修的最终目的是恢复损伤机械装备部件的形状与性能，达到或接近新品标准。但二者又有本质的区别：

(1) 维修主要是一维或二维尺寸的恢复，受待修零件几何形状限制较大，加工精度相对较低；而再制造则是全新概念的先进修复，多数为机械装备部件局部尺寸与性能的恢复，集先进高能束技术、先进数控和计算机技术、CAD/CAM 技术、先进材料技术、光电检测控制技术为一体，不受零件材料、形状、复杂程度的影响，加工精度及柔性化程度较高，形成了光、机、电、计算机、自动化、材料等多学科综合交叉的先进制造技术。

(2) 再制造具有显著的"绿色"特征，既是一种节约资源、能源的节约型制造，又是一种保护环境的绿色制造。避免了废旧件材料回炉对环境所造成的二次污染，减少了制造过程(铸、锻、焊、车、铣、磨)的能源消耗和环境污染，并进一步提高了产品的环保程度。

再制造具有极为丰富的内涵，并贯穿产品的全寿命周期：在产品设计初期，要充分纳入产品的再制造性设计考虑；在产品服役至报废阶段，要考虑产品的信息跟踪和动态监测；在产品报废阶段，要考虑产品的非破坏性高效拆解、零排放或者低排放物理清洗；在再制造实施前，要进行零部件的失效分析及剩余寿命评估，完成零部件损伤失效部位的高结合强度和良好摩擦学性能设计；在再制造实施阶段，恰当并充分利用各种再制造工艺，制备或加工再制造涂层，实现损伤失效零部件尺寸及性能的"再生"。

再制造工程的建立，将有力支撑循环经济快速、高效的发展，积极响应我国建立资源节约与环境友好型社会的发展政策，是机械装备维修业进入高级阶段的具体体现，更是实现可持续设计与制造的有效途径。

1.2 再制造重要意义

现今我国处于工业快速发展期，同时也进入机械装备部件和家用电器报废高峰期，发展再制造产业势在必行。据不完全统计，目前我国役龄 10 年以上的传统旧机床有 280 万台，85% 的工程机械都已超过保质期；年报废汽车约 600 万辆，报废计算机、电视机、电冰箱 1800 万台，报废手机 3000 万部，每年生产约 8.5 亿吨固体废物。上述设备均具有较大的再制造空间及潜力，仅以腐蚀和磨损为例，我国机械装备因上述两项所造成的损失约占 GDP 的 10%，为发达国家的两倍。由此可见,再制造产业社会价值十分巨大,与制造业相比,再制造业所带动的就业人数是制造业的 2 ~ 3 倍,具有显著的创造社会就业与再就业的产业能力。再制造产业的资源和环境潜力同样也十分巨大,据美国《再制造工业发展报告》统计,每制造 1kg 新材料,可以节省 5 ~ 9kg 原材料,全世界每年通过再制造节省的材料将达到 1400 万吨,可装满 23 万节火车车厢;再制造产品的能耗仅为新品的 15%,全世界每年通过再制造可节省 1600 万桶原油,相当于 600 万辆汽车一年所需的汽油总量。据美国 Argonne 国家重点实验室统计,新制造汽车的能耗成本是再制造汽车成本的 6 倍,而发电机和发动机的制造能耗则分别是再制造能耗的 7 倍和 11 倍。

与维修和制造相区别,再制造作为一种先进的制造形式,属于绿色制造模式,具有独立学科发展特点,同时,再制造也具有更多科学和技术问题需要解决。

(1)再制造对象通常为局部位置或体积,加工条件相对更加苛刻。制造对象是经铸锻焊、车铣磨、热处理后的新毛坯,材料及性能均匀;而再制造对象则是损伤或服役一定时间的旧毛坯,即报废的机械装备部件,一定程度上可能存在尺寸超差、残余应力、外部断裂、内部裂纹和表面形变等缺陷,如图 1 - 1 所示。

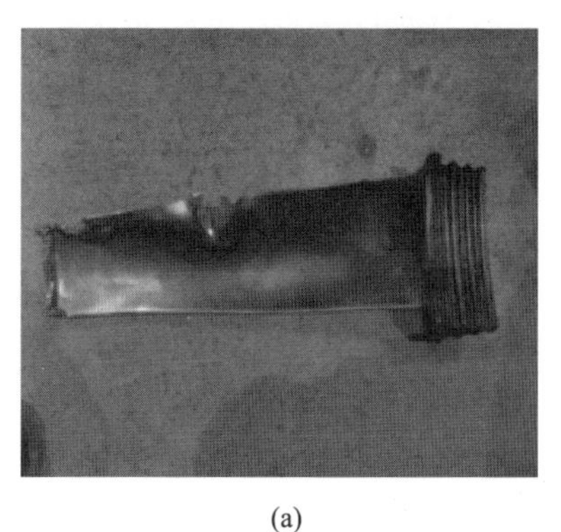

(a)

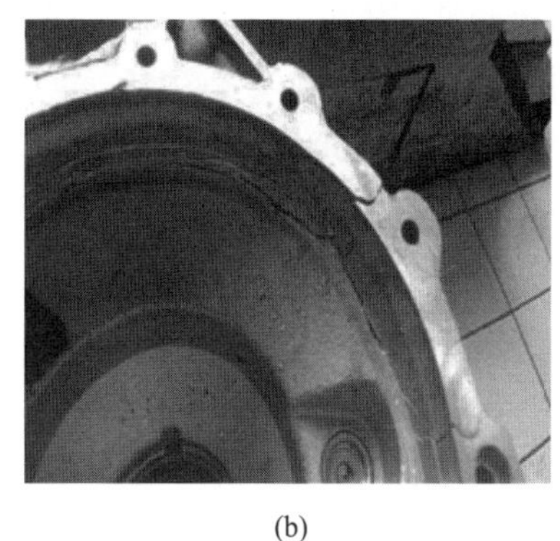

(b)

图 1 - 1　局部损伤失效机械装备部件

(a)局部体积损伤叶片;(b)表面断裂及裂纹变速箱差速器。

(2)再制造的前期预处理相对更加烦琐。制造所采用的毛坯前期基本是清洁的,无须前处理;而再制造毛坯必须清洗或去除油污、锈蚀、水垢、氧化层以及硬化层等表面污染,甚至还要对被再制造对象进行分解和解离。

(3)再制造的质量控制相对更加复杂和困难。制造过程的质量控制相对稳定和成熟,而再制造的寿命预测和质量控制则受毛坯损伤的复杂性及特殊性、再制造的局部热输入、服役工况环境的复杂性等诸多因素影响。

(4)再制造过程的工艺标准及规范必须更为严格。由于再制造过程中废旧零件的尺寸变形和表面损伤程度的多样性,促使再制造过程必须采用更为严格的工艺标准和规范,以确保再制造产品满足服役性能和工况条件的需求。

工业实际和环境发展的实际需求以及独特的理论基础催生了再制造工程飞速发展,近年来,随着我国人口的飞速增长和资源环境的巨大消耗,国家也进一步出台相关政策措施,大力推进再制造经济和产业的飞速发展:党的十八次全国代表大会报告将“生态文明建设”放在显著突出位置,尤其强调“发展循环经济,提高资源回收利用率,构建绿色制造体系,走生态文明的发展道路”的重要性;2009 年 1 月,国家颁布《中华人民共和国循环经济促进法》,首次以立法形式支持企业发展再制造生产,将再制造产业纳入法制化轨道,在法律层面加快该领域产业建设步伐。在具体实施层面,国家相关部委在财政、税收、市场、资金等方面给予政策倾斜;通过对国内优质再制造企业进行重点支持,带动并扶持国内重点建设的优质再制造企业,以最终实现我国再制造业整体发展;《“十三五”国家战略性新兴产业发展规划》和《“十三五”节能环保产业发展规划》分别将再制造列入国家战略性新兴产业和节能环保产业,标志并预示再制造产业将迎来重大发展机遇;《中国制造 2025》提出坚持绿色发展,推行绿色制造是制造业转型升级的关键举措[3];李克强总理也提出“要有序推进废旧物资和机电产品的再利用、再制造,抓好再制造的质量控制、完善再制造的回收物流体系”[4]。各项举措的实施和落实进一步加快了再制造产业发展的稳步推进。

我国在再制造发展领域探索性地提出“以高新技术为支撑,以恢复尺寸、提升性能的表面工程技术为依托,产学研相结合,既循环又经济的产业发展模式”[5]。再制造业因其显著的经济、环境和社会效益被列为国家战略新兴产业和节能环保产业,并得到各级政府和相关企业的高度关注,未来也必将实现高效、快速的跨越式发展。

而激光再制造作为再制造主要工艺方式,以再制造工程理念为指导,以激光熔覆成形等技术为基础,通过对三维体积损伤零件进行表面强化和体积恢复,取得显著的经济及环境效益。其独特的技术优势主要体现在以下方面[6-13]。

(1) 能量密度及成形精度高,熔覆层与基体为致密的冶金结合,并具有较高的结合强度,$10^5 \sim 10^6$℃/s 的冷却速度利于细晶组织的形成,利于熔覆层较高的硬度和较好的力学性能的形成。

(2) 局部快速熔化的过程,使成形热影响区范围较小,引起的形变相对较小,对基材的熔化稀释作用较小,减小对基材力学性能的改变。

(3) 成形效率高,在多自由度机器人和工装夹具的配合下,可实现不同区域及位置的复杂曲面和形状的再制造成形,并具有较高的成形精度。

(4) 激光再制造过程是一个局部冶金过程,过程中所产生的新的组织结构性能对材料性能起到改进或提升的作用,例如:弥散强化相以及非晶相等对材料性能的提升作用[7,14]。

在科学研究与工业应用方面,中国科学院金属研究所王茂才等开展了高温合金、镁合金、钛合金、铝合金等零件的激光再制造及工艺研究,对烟气轮机和发动机叶片等关键零部件进行激光再制造,研究成果在军工和民用产品中获得广泛应用[6];沈阳大陆集团将激光熔覆技术成功应用于各类涡轮动力设备、石油石化设备、电力矿山设备等关键部件再制造,取得了巨大的经济和社会效益[7];山东建能集团激光再制造采煤采矿设备关键零部件的年产值达亿元;钢铁行业中,采用该技术对热轧机械部件进行尺寸恢复,并已在许多钢铁企业获得大范围应用,宝钢公司应用激光再制造技术成功实现冶金轧辊、轧机牌坊等零部件高性能再制造,盈利6000 万元,且宝钢公司节约备件费用可达10 亿元;西南交通大学采用大功率激光熔覆再制造技术对动车组制动系统磨损表面进行再制造,在实现磨损表面尺寸恢复的基础上,通过特种耐磨自熔性合金的设计,实现车组制动耐磨表面摩擦磨损性能的提升,使车辆部件使用寿命获得较大提升,图1-2(a)所示为石化设备中的螺杆压缩机阴阳转子副进行激光再制造后的整体形貌,图1-2(b)所示为某型汽车发动机缸盖裂纹激光再制造后整体形貌[8]。

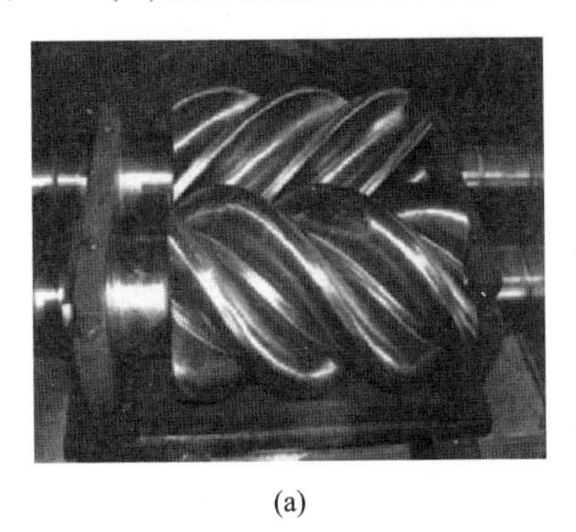

(a)

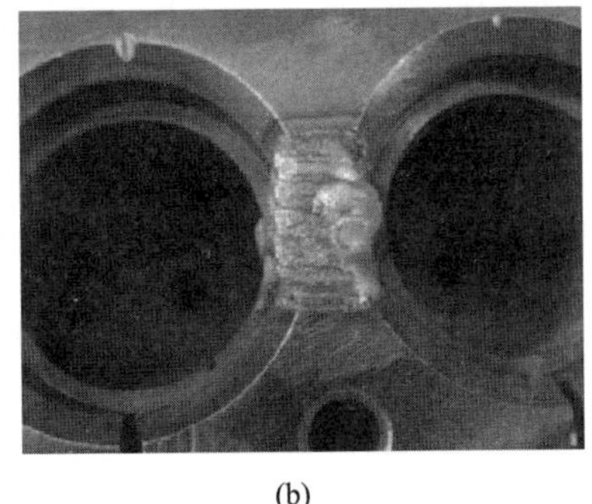

(b)

图1-2 激光再制造后的机械装备部件整体形貌

(a) 激光再制造后压缩机转子副;(b) 激光再制造后某型汽车发动机缸盖。

日本 Toyota 公司将激光用于车身面板的焊接,将不同厚度和不同表面涂层厚度的异种金属板材料焊接在一起,然后再冲压,极大地减轻了车身重量;美国通用汽车公司采用激光相变硬化和熔凝硬化技术对汽车零件进行表面处理,并组建17 条生产线,实现大规模的生产应用;德国大众、日本尼桑、意大利菲亚特等公司也相继组建了激光相变和熔凝生产线,将激光熔覆及激光表面合金化等处理工艺广泛用于曲轴、活塞环、齿轮、缸套、换向器等部件的热处理,极大地提高了企业竞争力;法国空中客车公司所研发的巨型客机将激光焊接技术应用于机身、机翼的内隔板和加强筋的连接，取代了之前的标准铆接工艺，大幅减轻了飞机质量，降低了油耗，极大地增强了产品竞争力；英国 Rolls - Royce 公司对 RB211 飞机发动机高压叶片连锁进行激光熔覆，提高表面性能和使用寿命，处理一个叶片只需要 75s，合金用量减少 50%，同时也减少了变形量以及后加工量。

1.3 再制造分类与特点

激光再制造技术是指应用激光束对损伤失效机械装备部件进行再制造修复、表面改性及强化的各种激光技术的统称。按照激光光束对零部件材料作用结果的不同，激光再制造技术主要可分为两大类，即激光表面改性技术和激光加工成形技术，如图 1 - 3 所示，该图对主要激光再制造技术进行了初步分类。

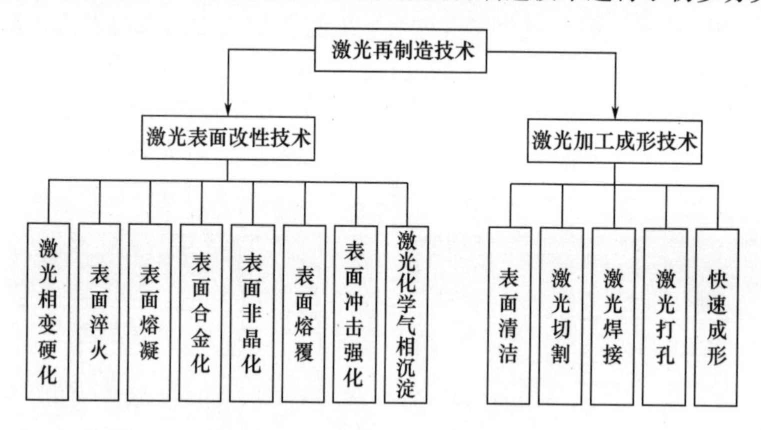

图 1 - 3　激光再制造主要技术分类

激光加工成形技术主要包括激光焊接、激光切割、激光打孔、表面清洁、快速成形等。激光切割和打孔都是利用高能量密度激光辐照工件表面，在极短时间内加热机械装备部件表面材料，使其迅速熔化、汽化、烧蚀，以实现钻孔或者切割的加工目标；激光焊接同样基于高能密度激光同材料的相互作用，利用大能量密度的激光束对材料表面进行辐照，通过材料表面吸收激光光能并转换为热能，使焊接部位温度在短时间内迅速升高，熔化至液态，通过材料的熔化凝固实现冶金结合。

激光表面改性技术主要有激光表面淬火、激光表面熔凝、激光表面熔覆和激光表面冲击等，其中，激光表面淬火和激光表面熔凝属于热工艺处理，通过改变材料表层组织结构来改变材料表面性能。而激光表面合金化和激光表面熔覆属于热化学处理工艺，通过向材料表层添加合金元素或者增强颗粒，在材料表面制备不同材料体系的表层来改变表面性能，其特点是通过改变材料表层成分实现改变材料表层组织和性能。激光熔覆是将具有特殊使用性能的材料用激光加热熔化,经历快速熔化凝固过程,在基体材料表面实现成形,形成与基体呈良好冶金结合且力学性能良好的激光熔覆层。

激光表面熔覆可以在材料表面制备耐磨、耐蚀、耐热、抗氧化、抗疲劳或具有特殊声、光、电、磁以及生物效应的熔覆层,可以在相对更低的成本下,显著提升再制造机械装备部件的材料表面性能,扩大其应用范围和领域,延长使用寿命。激光表面熔覆具有能量密度集中,基体材料对覆层稀释作用小,可处理材料体系广泛,涂层组织性能稳定、精度高、可控性好等优点。激光再制造技术是一种全新概念的先进修复与制造技术,它集先进的激光熔覆加工工艺和其他多种技术于一体,不仅可以使损伤的零部件恢复外形尺寸,还可以使其使用性能达到甚至超过新品的水平。

激光再制造技术与传统制造技术的重要区别是利用原有损伤零件作为再制造毛坯,采用激光再制造成形技术,使零部件恢复尺寸形状和使用性能,形成激光再制造产品[9-14]。激光再制造还包括在新产品上重新使用经过再制造的旧部件,以及对长期使用过的产品部件的性能、可靠性和寿命等通过再制造加以恢复和提高,从而使产品或设备在对环境污染最小、资源利用率最高、投入费用最小的情况下重新达到最佳的性能要求,并取得显著的经济及环境效益。

综合激光再制造上述特点可知,作为一种独特的加工方式,其在再制造形状与形变控制以及性能生成方面具有独特的优势,可实现复杂机械装备部件的局部形状尺寸和性能的恢复,并且具有较好的精度和可控性,结合先进的材料科学技术,在再制造领域具有巨大的发展潜力和广阔的空间。

1.4 激光再制造研究发展现状

1.4.1 材料体系方面

国内外已经针对铸铁、碳钢、不锈钢以及铝合金等各类材料体系开展了广泛且较为深入的研究,主要采用粉末、丝状及膏状材料进行熔覆成形,但应用最为广泛的激光再制造材料仍以粉末状[15-25]为主。再制造材料除专为特定牌号基材熔覆而设计的材料外,还包括镍基合金、铁基合金等其他类材料[26-36]。如李春彦、张松等研究者根据理论研究和试验结果指出激光熔覆热喷涂材料的不合理性[37],该不合理性主要在于:一方面,热喷涂材料为防止熔融态金属因温度微小变化而发生流淌,通常为材料设计较宽的凝固温度区间,而激光熔覆成形过程中,激光熔池具有明显的物理冶金特征,采用喷涂材料进行熔覆将导致熔池因流动性差而使熔池内气泡在凝固过程中来不及溢出,形成气孔缺陷;另一方面,热喷涂材料中B、Si元素在降低合金熔点的同时，所生成的低熔点的硼硅酸盐具有脱氧造渣作用，但在熔池快速凝固过程中难以浮到熔池表面，形成液态薄膜，容易造成开裂，导致夹渣。针对该问题，已有研究者根据铁基合金热喷涂材料体系设计出激光熔覆专用铁基合金粉末，并就激光熔覆涂层性能进行分析和优化，如Comesana等研究者利用光纤及YAG激光器制备钴基激光熔覆专用材料涂层，对比分析两种激光器类型下涂层性能并进行性能优化[38]。美国学者Samant以及Harimkar等通过在AISI 4140钢基体上制备Fe－Cr－Mo－Y－B－C块体结构，对涂层性能提升开展研究[31]。德国Jendrejew skir等研究者在氩气保护下，采用激光多层熔覆成形金属粉末试验与模拟论证相结合的方法，获取其自主研制铁基合金多层成形过程温度场分布数据，对该材料体系成形层性质及形变分布提供基本分析依据[39-40]。Desale等研究者针对低碳奥氏体不锈钢涂层的防腐蚀性能以及奥氏体钢上制备硅涂层性能进行了较为深入的试验研究和机理阐述，通过优化制备工艺，实现涂层防腐蚀性能的提升和优化[41]。装备再制造技术国防科技重点实验室闫世兴等研究者，通过采用自主研发的FeCrNiBSi合金材料实现发动机铸铁缸盖的成形再制造，在获得较好成形形状的基础上，对成形层内部的碳扩散机制进行了详细的分析和论述，并对界面碳元素扩散行为进行控制和优化，提升再制造成形层性能[42]。西北工业大学黄卫东课题组利用Rene95合金对激光成形层晶体形态分布及相关规律进行了系统的分析，研究了该合金成形层熔化凝固过程及显微组织形成规律，并对材料成分对显微组织的形成以及成形过程的影响进行了较为深入、细致的分析，深入地论证了相关规律，对激光成形工艺选择和成形层性能的提升提供工艺借鉴[43]。昆明理工大学在TC4合金表面激光熔覆成形WC/Co涂层，提升了钛合金基体的摩擦磨损性能，极大地提升了钛合金装备部件再制造的服役寿命及性能，同时对熔覆层合金材料磨损机制进行了深入的分析和研究[44]。约翰内斯堡大学Aladesanmi等使用Ti＋TiB_2复合陶瓷粉末在钢轨表面进行激光熔覆，提升了钢轨表面的耐磨性与硬度[45]。华中理工大学、郑州大学等研究单位通过采用控制成形层热膨胀系数及添加稀土元素等方式，降低成形层裂纹敏感性。青岛理工大学科研团队在原料中通过添加少量稀土氧化物CeO_2、Y_2O_3实现熔覆层耐磨性能的提升[46-47]。董世运教授及其课题组对激光成型层材料体系进行了较为详细的规划，并对激光再制造成形材料的匹配性原则进行了归纳和总结，为相关材料体系的选择提供了指导[48]。

1.4.2 材料成形方面

国内外研究者在成形形状与形变控制以及相关工艺研究方面也取得较大进展，如Jagdheesh等研究者通过研究激光扫描速度和激光功率对熔覆层裂纹的影响规律，获得熔覆层裂纹形成阈值，对激光成形工艺提出指导[49]。R. Jendrze Jewski 等研究者通过在 XloCrt3 基材上制备 SF6 熔覆层，对预热温度影响显微裂纹和应力分布的规律开展深入研究，对成形层裂纹缺陷实现了较为有效的控制[50-51]。西北工业大学马良等研究者基于试验获取激光成形工艺参数对 TC4 合金成形的影响规律，并基于分形扫描的成形路径，有效避免了 TC4 合金成形层表面熔合不良以及成形缺陷的产生[52]。海军航空大学采用自主研发镍基高温合金对齿轮类损伤部件成功实现成形修复，获取相对稳定的工艺区间及工艺方法，获取致密细小的成形层晶体组织，实现成形层与基体致密的冶金结合，并对齿类件成形过程中温度场分布规律进行了有限元分析和试验验证[53]。武汉华工激光工程研究中心采用快速轴流 CO_2 激光器，采用同步送粉的方式，通过 Ar 惰性气体的保护氛围，有效避免了合金粉末在成形过程中发生氧化，实现大规模快速多道搭接再制造成形。重庆大学对熔覆裂纹种类及产生机制进行了详细的规划和分析，通过对熔覆合金成形的调整和激光工艺的控制，实现成型层表层晶粒的细化，极大地降低了成型层裂纹开裂的敏感性。上海交通大学邓崎林等研究者采用锡青铜合金激光再制造黄铜基体表面，通过对成形过程应力分布的分析和成形工艺的优化，获得了熔覆层与基体无裂纹，并呈冶金结合的锡青铜合金熔覆层[54]。贵州工业大学刘其斌教授团队采用激光快速成形技术修复航空发动机铸造缺陷，并取得较大的实际工程应用价值[55]。上海交通大学宋建丽教授团队对碳钢 AISI1045 基体上 V 型槽缺陷进行激光熔覆再制造，实现再制造区域冶金质量和力学性能的提升[56]。彭建财等通过调整激光扫描速度研究了不同激光能量密度对熔覆层显微组织的影响，提高了熔覆层与基体镁合金的结合强度[57]。山东大学通过采用纳米激光处理材料表面，为钛合金表面改性提供新的可能[58]。西安交通大学研究了高速激光熔覆工艺沉积对减缓 CuAlNiCrFe 高熵合金扩散的效果，可缩短初始氧化阶段时长[59]。

1.4.3 加工工艺方面

激光再制造成形工艺主要包括成形过程工艺参数优化、成形路径优化、成形过程数据处理以及相关工艺工装的改进优化等方面。工艺参数优化可以提高成形形貌及成形层性能，为部件的最终再制造成形实现提供基本工艺保证；成形路径优化不但可以提高部件成形形状精度及相关力学性能[60]，而且对于控制成形层内部残余应力以及减小成形形变也具有较好效果；相关工艺工装的优化改进可以针对具体的再制造成形目标，进一步提高成形形状及形变控制精度，优化再制造成形层性能，控制成形热影响区的范围及分布等。

针对以上材料成形工艺方面的问题，国内外学者开展广泛而深入的研究，

HEUNG - IL PARK 等学者通过研究灰铸铁表面 TiC 涂层颗粒形貌及分布，对复合强化涂层中气孔、裂纹缺陷控制进行深入分析和探讨[61]。W. M. Steen 等研究者对同轴送粉喷嘴进行进一步优化和改进，极大地提高了成形精度和粉末利用率[62]。马运哲等研究者通过对成形路径及工艺进行规划，成功实现某型车辆凸轮轴部位的熔覆强化再制造，提高重要装备零部件性能的提升，延长了车辆的服役期限[63]。W. M. Steen 等研究者提出预热 400 ~ 500℃ 的前处理工艺，较好地解决了灰铸铁熔覆开裂问题[64]。天津工业大学杨洗陈团队针对石油、石化以及矿山设备的激光再制造工艺开展系统研究，并取得较好的应用效果[65-66]。王华明课题组通过对钛合金及高温合金的成形过程及相关制造工艺研究，成功制备 TA15 合金角盒等重要飞机部件，并在实际装备的再制造过程中得到成功应用[67-68]。Liu 等利用 Ti - 6Al - 4V 和 Al - Si - 10Mg 合金粉末，采用双通道同步送粉的激光金属沉积（LMD）技术原位反应制备出无裂纹的 Ti、Al 基合金梯度材料涂层，涂层的微观组织呈现出良好的成分梯度[69]。Thomas 等添置第二激光源，结果表明，LMD 成形过程中第二激光源的局部预热或热处理能有效缓解应力、防止开裂[70]。

虽然国内外学者针对激光成形工艺研究较多，但是针对重要复杂形状部件的局部成形研究还相对较少，而局部成形过程受成形热应力影响，极易导致成形层开裂及局部变形过大，影响再制造部件的装配和继续使用。

1.4.4 闭环控制方面

激光再制造成形是一个复杂的冶金过程，过程中激光束、粉末材料与基材交互耦合，该过程的持续稳定受诸多因素影响。而除人为因素外，其他因素之间也存在交互耦合及干扰，因此激光再制造过程具有一定非预期性。为消除过程因素波动产生的干扰，提高激光再制造过程的稳定性及产品的质量，构建激光再制造闭环控制系统，对该过程波动因素实现监测及闭环控制成为有效途径，同时相关领域问题也成为研究难点[71]。

国外的激光再制造闭环控制系统领域研究起步较早，但在再制造领域相关应用报道较少。20 世纪 90 年代末，美国密歇根大学 Jyoti Mazumder 教授研制出一种激光成形过程尺寸监测系统，可生产各种功能零件并提高零件的加工尺寸精度，该系统通过高速摄像机实时检测被熔覆工件表面高度，将激光光闸出口处位置与工件表面高度差作为反馈量，通过信号处理技术，按照预定的策略算法通过控制机床实现激光光闸出光位置的高度调整。Toyserkani 等学者采用光学探测器测量覆层高度，并将其输入比例 - 积分 - 微分（PID）控制器，通过调节激光脉冲能量输入，使覆层高度实时保持在期望阈值内，试验验证了该闭环控制系统的性能[72]。Jiang 等研究者为了提高成形件质量和精度，对熔池温度和覆层高度进行实时监测和闭环控制，建立了熔池温度场和覆层高度传感与控制系统，并通过激光功率的调整实现熔池温度的在线调节[73]。Kovacevic 等设计了算法控制器，实现了薄壁墙结构成形过程的形貌变化控制[74]。Toyserkani 和 Khajepour 利用含有带通滤波的 PID 控制器调整激光功率输入，提高了熔覆过程的几何尺寸精度[75]。Salehi 等通过高温计监测熔池温度，编写了 PID 控制算法对熔池温度进行控制[76]。为消除工艺参数变化对成形形状的影响，提高成形精度，实现熔池温度的精准定位，Radovan. K 等研究者对熔池进行多角度高速相机成像，并在线控制激光功率实时调节，实现闭环控制[77]。Meysar 等提出了一种实时测量和控制熔覆高度的方法。在存在时变不确定性的情况下，证明了控制器的稳定性，并通过仿真和实验验证了闭环系统的性能[78]。Bouhal 等研究者以提高定位精度及沉积精度为目标，设计跟踪控制器，该跟踪控制器与原激光加工系统一起构成闭环控制[79]。针对熔覆过程中常见的塌陷缺陷，Fang 和 Jafari 等研究者通过对成形层参数进行逐层统计与反馈，并进行过程自动控制，实现过程参数的在线调整[80]。为实现加工零件几何参数的实时在线调整，Doumanidis 和 Skoredli 等研究者用对动态分布参数建立模型，实现对零件几何形状尺寸的预测，从而实现零件加工过程中的实时在线调整以及零件加工过程的闭环控制[81]。Radovan Kovacevic 等利用 CCD 与激光监测综合的方式，实现对熔池及成形过程状态的监测及在线调整，从而实现激光加工成形过程的闭环控制，提高了激光加工产品的质量和性能，如图 1 -4 所示[82]。

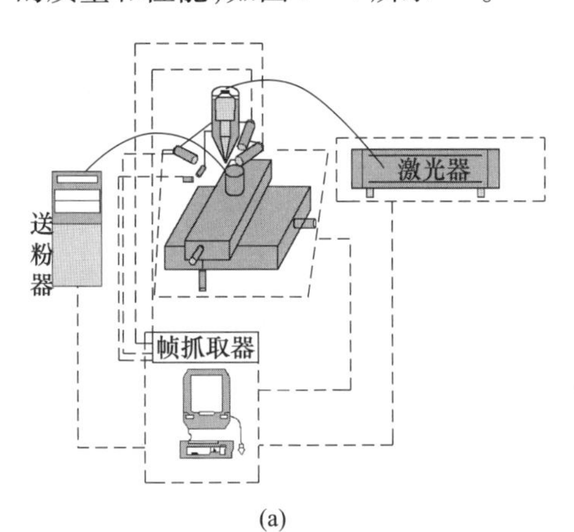

(a)

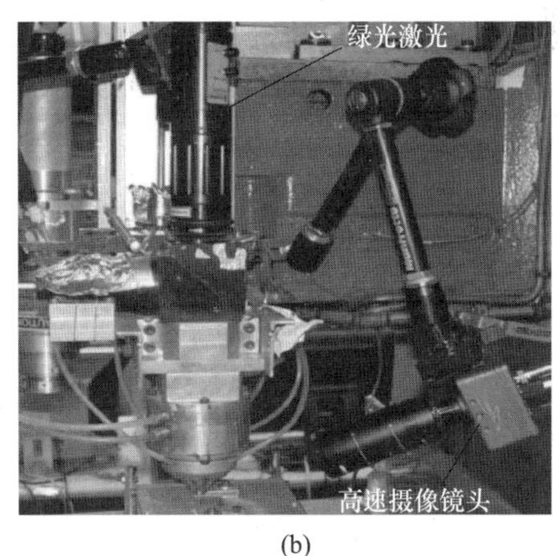

(b)

图 1 -4　激光加工成形过程闭环监控系统示意及实物图

(a) 激光加工过程闭环控制示意图；(b) 激光加工过程闭环控制实物图。

国内相关院校及研究机构在该领域起步较晚，针对再制造成形闭环控制系统相关研究报道也同样相对较少。钟敏霖课题组通过实时监测激光熔覆层厚度，并将熔覆层厚度参数进行反馈，作为调节送粉速率控制算法的输入参数，实现激光制造成形精度的控制，研制出激光直接制造金属零件的闭环控制系统。陈武柱课题组对 CO_2激光焊接过程中等离子体辐射光谱以及熔池辐射光谱进行试验分析，利用具有特殊功能镀膜的分光镜、综合滤光系统和 CCD 摄像机，组成激光同轴视觉系统，实现等离子体强辐射干扰的滤除，实现小孔穿透状态二维图像的实时显示[83]，如图 1 - 5 所示。天津工业大学杨洗尘团队采用非接触式检测方法，研制出一套新型激光熔池动态检测系统，实时监测熔化凝固过程中熔池热辐射动态变化，采用数字化图像处理技术，通过图像的灰度比对实现熔池温度的监测，以熔池温度为反馈量，控制激光功率[84]。华中科技大学彭登峰等设计出高功率激光实时检测与控制装置，该系统由光功率采样单元和反馈控制单元两部分组成，实现激光功率稳定性和精度控制[85]。武汉华中科技大学王春明团队基于 CCD 高速摄像以及光辐射信号采集技术，实现激光加工过程图像的实时监测，按照控制策略及算法实现，实现激光工艺的实时调节，提高激光加工产品质量和性能，系统构建如图 1 - 6 所示[86]。苏州大学石拓课题组针对 TC4 钛合

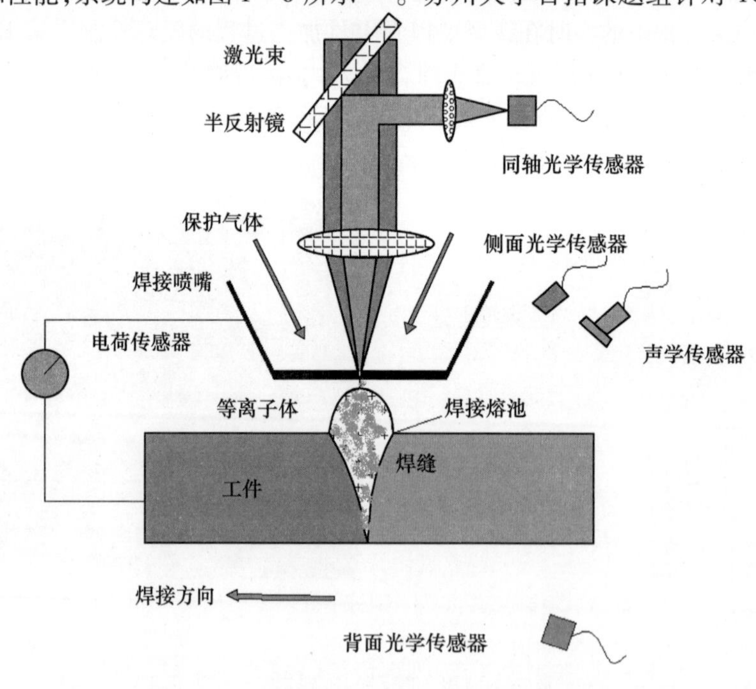

图 1 - 5　激光焊接声 - 光 - 电闭环监控系统

金块体沉积,设计了比例积分(PI)控制器,以激光功率作为输入量控制熔池实际温度[87]。为了保持激光熔覆过程中熔池温度的相对稳定,石拓课题组采用比色测温与比例-积分-微分(PID)控制策略相结合的方法实现了熔池温度的闭环控制,搭建了一套基于双通道彩色CCD的激光熔覆成形熔池温度在线测控系统[88]。美国研究员B. T. Gibson研究了激光定向能量沉积过程的多种闭环熔池尺寸控制模式,实现了工艺过程中熔池尺寸的有效控制。

图1-6 激光加工过程闭环监测控制系统[72]

综合分析国内外针对该领域问题的已取得研究进展,针对闭环控制系统的已有研究,主要存在以下几方面的不足。

(1) 激光再制造成形实现尺寸及体积相对较小,大部分研究主要针对单层成形层的制备、性能强化的相关工艺研究,而对于一定体积损伤的成形工艺及形状和形变精度控制研究相对较少。

(2) 针对复杂装备部件局部体积损伤的再制造的相关理论、工艺及方法较少,尤其是针对局部复杂曲面体积损伤特征及成形难点,实现成形过程量化控制以及较高精度再制造成形的相关研究较少。

(3) 再制造成形形状尺寸精度及成形形变的研究相对较少,尤其是成形过程中及成形后形变分布规律及特征不明确,缺乏提高再制造成形形状控制的分析方法和依据。

(4) 针对成形形状控制的闭环控制系统研究还相对较少,尤其是基于再制造成形形状目标的需求研究更少。

综合已有构建原理及方式,可知激光再制造成形闭环控制系统的整体实时性、可靠性对工艺过程具有重要影响,主要包括以下方面。

（1）整体性设计及顶层构建。按照系统工程中自顶向下的设计理念，如图1-7所示，闭环控制系统在整体设计与集成过程中应整体设计，充分考虑反馈模块与控制模块、反馈模块内部以及控制模块内部各部分之间的接口匹配性。

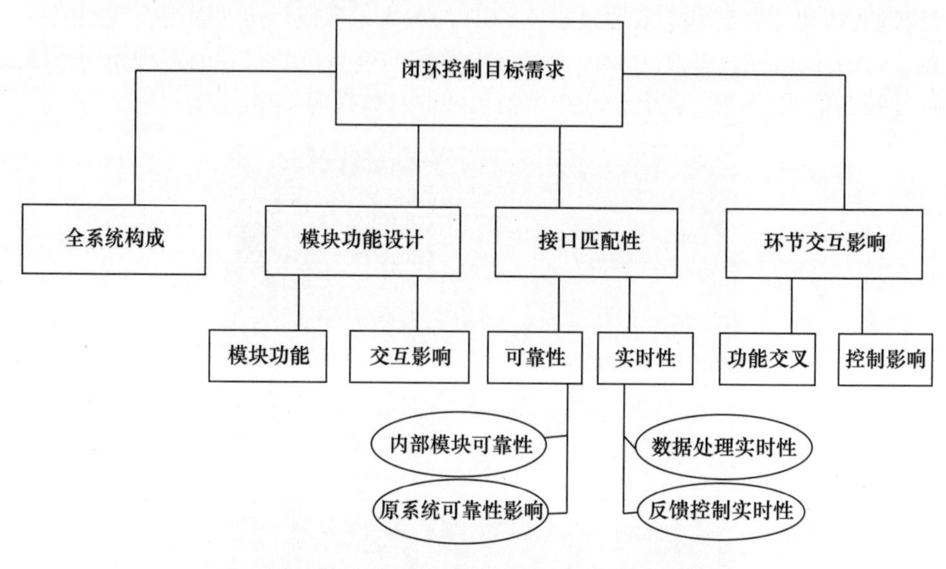

图1-7　激光再制造闭环控制系统顶层设计示意图

（2）传感器的测试范围及精度。传感器在反馈量的监测中至关重要，反馈量的监测与测试是否具有较好的实时性及可靠性，将直接影响闭环控制系统中控制环节的输入以及控制策略的有效性。

（3）工艺参数反馈量的处理速度。反馈量的处理速度主要包括反馈量产生（或发送的实时性）以及处理的实时性两个方面，例如：CCD 高速摄像反馈监测控制系统中，熔池图像的采集和处理所带来的计算量都对反馈量的处理速度提出较高要求，并直接影响整个系统的实时性和可靠性，甚至造成系统资源的“死锁”。

（4）控制策略或算法的复杂度及通用性。控制策略或算法的优劣是整个闭环控制系统的核心，而算法的优化通常以增加复杂度为代价，算法复杂化的同时又将降低算法的通用性，进而直接影响系统的通用性。

（5）闭环反馈控制系统与原再制造系统整体集成的可靠度。反馈控制系统与原系统整体集成的过程，除机械设计装配之外，应尤其关注闭环控制系统部分控制策略与原再制造系统成形过程的控制冲突问题，应在充分考虑激光再制造安全问题的同时，设置合理的控制优先权，避免控制交互的干扰影响激光再制造过程。

因此，闭环控制系统的设计与实现应在整个激光再制造系统设计中进行整体构建，充分考虑各环节接口的匹配性和可靠性，确保闭环反馈控制部分控制策略与原再制造系统的执行机构控制策略的安全性与融合性。并且对作为反馈量的熔覆工艺参数的监测与反馈，在考虑系统控制执行机构能力和精确度的基础上，应充分考虑监测精度及处理速度，以实现全系统实时高效处理，提高再制造控制产品质量和精度。

1.5 叶片类部件激光再制造研究进展

1.5.1 国外研究进展

激光再制造成形技术可追溯到20世纪70年代末激光加工的相关研究，受当时计算机发展水平限制，研究只局限于熔覆材料和熔覆工艺方面。20世纪90年代，国外相关科研机构基于激光熔覆技术原理，开发多种原理相近的激光成形技术，尽管成形的形式及设备有所差别，但实现成形的实质都是利用激光熔覆的多层多道搭接来实现三维体积的成形。其中，成果较为突出的机构有美国 Los Alamos 国家实验室、Sandia 国家实验室、斯坦福大学、密歇根大学、宾夕法尼亚大学、加拿大国家科学院、德国弗朗和夫生产技术研究所以及瑞士洛桑理工学院，较为典型的成形技术有激光工程净化成形（Laser Engineering Net Shaping, LENS）技术、直接光制造（Directed Light Fabrication, DLF）技术、直接金属沉积（Direct Metal Deposition, DMD）技术、激光固化（Laser Consolidation, LC）技术、控制金属堆积（Controlled Metal Buildup, CMB）技术、堆积成形制造（Shape Deposition Manufacturing, SDM）技术、激光快速成形（Laser Rapid Forming, LRM）技术、激光自由成形制造（Laser Free Form Fabrication, LFFF）技术、激光金属成形（Laser Metal Forming, LMF）技术等。

Sandia 国家实验室针对镍基合金、不锈钢、工具钢、钛合金、钨等多种金属材料进行了大量的研究，使直接成形制造的金属零件性能与锻件相当，极大地提高了激光熔覆成形产品的结合强度。英国利物浦大学 W. M. Steen 等研究者对激光快速成形进行配套软件及硬件的研究和开发，并针对金属叶片模具的制造成形进行激光熔覆应用，减少了产品成形工序及过程，缩短了金属零件研发周期，为金属叶片生产模具的加工制作提供工艺借鉴[62,64]。

国外再制造成形技术在应用领域发展迅速，1981年英国 Rolls - royce 公司利用激光再制造成形技术对 RB211 型燃气轮机叶片连锁肩进行仿形修复，该叶片的服役工况温度约为1300℃，原采用 TIG 堆焊钴基合金的方式进行再制造成形，但由于热输入量较大，稀释率过高，常出现热影响区开裂现象，严重影响工业生产安全,而改用激光再制造成形技术进行修复后,不但可以极大地缩短处理时间,简化成形设备,而且可进一步减少合金材料的用量和再制造形变量。英国Birmingham大学吴鑫华(X. Wu)等采用DLF技术对航空用钛合金飞机部件开展再制造研究,并取得较好的研究成果[90-94]。美国密歇根大学J. Mazumder教授从激光快速成形基础理论入手,针对成形过程中闭环控制方法开展深入研究,并成功实现了H13工具钢叶片结构零件的成形[95]。AeroMet公司主要针对高性能钛合金的大体积成形制造和实际应用开展研究,尤其在飞机叶片激光再制造修复方面取得系列进展。美国Westinghouse公司针对叶片的汽蚀和水蚀体积损伤,采用高功率激光器,通过成形钴基合金涂层,实现发动机叶片表面的合金涂层制备和修复。美国Huffman公司针对航空发动机内镍基高温合金以及钛合金叶片体积易损伤的工程实际,采用高功率光纤激光堆焊成形的方式,实现镍基高温合金以及钛合金叶片的修复,并进行实际应用。美国惠普公司采用激光熔覆再制造成形技术,通过构建激光熔覆加工生产线实现JT8D以及JT9D发动机涡轮阻尼面的尺寸恢复,取得较好的工业收益。20世纪80年代,美国海军实验室将激光熔覆成形技术用于修复舰船螺旋桨叶,美国陆军成功研制"移动零件医院"(MPH)系统,利用激光熔覆技术进行金属零件快速修复,并列装美国海军和陆军,在阿富汗战场发挥了重要作用。1992年,美国Liburdi公司使用多坐标焊接机器人实现叶片激光修复的自动化,极大提高了激光熔覆成形与机器人技术的融合,提升了激光技术的柔性加工能力。2008年,MTS公司属下AeroMat公司采用激光直接制造技术,成功实现F/A~18E/F战斗机钛合金机翼件及叶片的直接制造,使生产周期降低75%,生产成本节约20%。2009年,M. Gaumann等研究者成功利用激光外延生长技术,实现超合金单晶叶片的直接制造,并成功应用于航空发动机,且该技术方法可实现单晶叶片的成功修复,并保证修复后叶片与原叶片性能完全一致。此外,德国的MTU航空发动机公司、美国的Optomec公司以及美国GE公司等多家公司也相继开展叶片及叶盘相关研究以及技术开发工作,图1-8所示为美国GE公司采用激光熔覆技术,对发动机叶片表面进行合金涂层制备和强化,实现大型发动机叶片的原位激光熔覆再制造。W. Kurz教授及其科研团队针对成形工艺及精度控制、材料的显微组织结构和关键力学性能分析开展研究,并将研究成果应用于实际的成形修复,并提升了修复后的关键力学性能[96]。俄罗斯航空发动机工艺研究所采用激光重熔镍基和钛基合金涂层的方式,进行压气机叶片表面损伤的修复,提升了叶片的表面防腐蚀性能。而就激光再制造成形过程的模拟研究而言,J. Mazumder等考虑成形过程温度场不随光束变化的准稳态过程,忽略成形过程中相变对温度场变化的影响,实现成形过程和温度场变化的模拟[97]。J. D. Kim等同样采用忽略成形过程相变对温度场影响的方法,采用瞬态有限元模拟再制造成形过程温度场分布以及稀释率变化[98]。A. F. A. Hoadley 等采用有限元法和自适应网格技术,实现成形过程温度场和纵截面的动态模拟和分析,但对横截面温度场的分布考虑较少[99]。Wilson 等证明了基于新的半自动几何重建算法和激光直接沉积工艺成功修复了涡轮机翼型中的缺陷空隙[100]。M. Kuznetsov 等通过激光沉积模式参数对沉积层冶金、力学特性和样品变形的影响进行研究,制作了叶片输入边缘的周边区域[101]。Yu KaplansKii 等通过时效和热等静压(HIP)处理对激光粉末床熔融制造 NiAl 基涡轮叶片结构和性能进行研究,改善了微观结构和热力学性能[102]。

图 1-8　GE 公司激光原位再制造 GE9X 涡轮发动机叶片

1.5.2　国内研究进展

国内对激光熔覆成形在叶片类部件再制造应用领域的研究相对略晚,但进展迅速。1990 年开始,中国科学院沈阳金属研究所王茂才教授将激光再制造成形技术应用于叶片叶尖的激光仿形修复,并成功实现冠部阻尼面的表面修复和性能的提升[103]。华中科技大学曾晓雁带领课题组针对镍基高温合金叶片的表面裂纹问题开展系列研究,尤其针对成形修复后叶片的组织和关键力学性能进行了分析,在实现镍基高温合金叶片尺寸恢复的同时,也确保了关键力学性能的恢复。西北工业大学黄卫东课题组对飞机用钛合金叶片的激光成形制造及定向凝固技术开展研究,有效地提高了飞机用叶片修复后的相关力学性能,图 1-9 所示为该课题组成形修复的钛合金发动机叶片。钟敏霖研究团队研究了航空叶片再制造成形用 Inconel718 合金的成形裂纹敏感性及其相关规律,实现叶片裂纹的成形修复并提升叶片再制造后的相关力学性能[104-105]。北京航空航天大学王华明团队采用高功率光纤激光器实现航空发动机叶片的直接成形,在重要航空部件直接成形领域取得突破性研究进展,部分研究成果已进入实际应用,并且对 TA15 以及 TC4 等成形层性能进行性能的进一步改进和强化，取得一定成果[67-68,106]。姚建华研究团队采用 CO_2激光器对汽轮机叶片进行激光强化和合金化处理，进一步提升叶片的显微组织和力学性能[107]。华中科技大学柳娟等研究者采用 K403 合金对航空喷气发动机叶片进行表层熔覆强化，修复叶片由于振动、撞击以及冲击而引起的表面磨损，提高了直升机发送机叶片的使用寿命[108]。国内在激光成形过程模拟研究方向也取得较大进展，西北工业大学贾文鹏基于高斯热源动态模拟空心叶片的成形过程，并利用热焓法评估了该过程中相变潜热对温度场的影响，提出了较为准确的温度场分布规律[109]。李会山等通过二维非稳态平面温度场过程的动态模拟，获取平板件激光熔覆涂层制备过程温度场分布规律[110]。哈尔滨工业大学赵洪运等基于生死单元法，对激光熔覆成形过程进行动态模拟，获得相应温度场变化及分布规律[111]。安徽科技大学王城团队尝试使用人工神经网络（ANN）估计整个 TC4 叶片激光冲击喷丸（LSP）过程所引起的残余应力和晶粒细化，并且 ANN 估计方法在预测多 LSPed 结果方面具有出色的效率，而且成本低廉数值计算的成本[112]。江苏大学徐刚（G. Xu）不同扫描路径和搭接率对 316L 不锈钢叶片大规模激光冲击喷丸残余应力分布的影响研究了方形斑点的处理[113]。曹阳等重点分析了 TC4 钛合金叶片表面上过渡区的力学性能[114]。

图 1-9　西北工业大学熔覆成形修复飞机的钛合金发动机叶片

1.6 激光再制造领域研究热点

激光再制造已有研究虽取得较大进步,但部分研究领域仍存在一定局限性和不足,主要表现在以下方面。

(1) 激光再制造成形层裂纹的控制。成形过程中金属粉末与基材快速熔化凝固,受基体与熔覆成形材料热物性差异以及固态相变影响,引起成形层间以及成形层与基体间残余应力过大,形成成形层裂纹及开裂等成形缺陷,而裂纹及开裂缺陷一旦产生,将导致整个成形过程的失败。

(2) 设计针对特定成形形状目标的熔覆专用材料。当前激光再制造所用材料主要以热喷涂用材料为主,针对特定技术应用背景及成形目标而设计的实际材料体系较少,不能满足激光再制造成形工艺及性能提升的需求。

(3) 激光再制造基础理论研究有待进一步加强。激光再制造以激光熔覆和快速成形理论为基础,以材料科学为指导,交叉兼容控制、计算机以及光学等多学科领域知识。

(4) 针对激光再制造成形零件内部缺陷及相关性能的无损检测问题。针对再制造后零件的质量评价尚未建立统一的规范化标准,表层裂纹可以采用着色探伤方法进行检测,对于零件内部非破坏性缺陷检测理论及工艺方法研究还相对较少。

(5) 装备部件的激光复合再制造理论及工艺研究问题。为进一步提升再制造零件性能,需要与激光冲击或激光热处理等加工工艺结合,进行复合再制造,尽管试验证明装备部件性能获得提升,但相关机理及复合工艺对再制造零件性能影响的量化关系等研究还不够深入。

参考文献

[1] 徐滨士,刘世参,王海斗. 大力发展再制造产业[J]. 求是,2005,(12):46-47.

[2] 徐滨士,董世运. 激光再制造技术[M]. 北京:国防工业出版社,2015.

[3] 徐滨士,李恩重,郑汉东,等. 我国再制造产业及其发展战略[J]. 中国工程科学,2017,19(3):61-65.

[4] 徐滨士. 绿色再制造工程的发展现状和未来展望[J]. 中国工程科学,2011,13(1):4-10.

[5] 徐滨士,梁秀兵,史佩京,等. 我国再制造工程及其产业发展[J]. 表面工程与再制造,2015,(2):

6 - 10.
[6] 王茂才,华伟刚,白林祥,等. 烟机轮盘与叶片冲蚀区激光熔铸修复[J]. 石油化工设备,2001,30(11):10 - 12.
[7] 王维,林鑫,陈静,等. TC4 零件激光快速修复加工参数带的选择[J]. 材料开发与应用,2006,22(3):19 - 23.
[8] 董世运,闫世兴,徐滨士,等. 激光熔覆再制造灰铸铁缸盖技术方法及其质量评价[J]. 装甲兵工程学院学报,2013,27(1):90 - 93.
[9] 范毅,丁彰雄,张云乾. 纳米 WC/12Co 涂层在轴流式引风机叶片防磨上的研究[J]. 武汉大学学报(工学版),2006,39(3):135 - 139.
[10] 徐富家,吕耀辉,徐滨士,等. 基于脉冲等离子焊接快速成形工艺研究[J]. 材料科学与工艺,2012,20(3):89 - 93.
[11] 徐滨士. 再制造工程与纳米表面工程[J]. 上海金属,2008,30(1):1 - 7.
[12] 刘爱军,刘德顺,周知进. 矿井风机叶片磨损机理与抗磨技术研究进展[J]. 中国安全科学学报,2008,18(11):169 - 176.
[13] 宫新勇,刘铭坤,李岩,等. TC11 钛合金零件的激光熔化沉积修复研究[J]. 中国激光,2012,39(2):0203005 - 1 - 0203005 - 6.
[14] 王彦芳,栗荔,鲁青龙,等. 不锈钢表面激光熔覆铁基非晶涂层研究[J]. 中国激光,2011,38(6):0603017 - 1 - 0603017 - 4.
[15] Meng Q W, Geng L, Zhang B Y. Laser cladding of Ni - base composite coatings onto Ti - 6Al - 4V substrates with pre - placed B4C + NiCrBSi powders[J]. Surface & Coatings Technology, 2006, 200(12):4923 - 4928.
[16] Yellup J P. Laser cladding using the powder blowing technique[J]. Surface and Coatings Technology, 1995, 71(2):121 - 128.
[17] 张光钧,吴培佳,许佳宁,等. 激光熔覆的应用基础研究进展[J]. 金属热处理,2011,36(1):4 - 5.
[18] 李养良,金海霞,白小波,等. 激光熔覆技术的研究现状与发展趋势[J]. 热处理技术与装备,2009,30(4):1 - 5.
[19] 刘江龙,邹至荣. 高能束热处理[M]. 北京:机械工业出版社,1997.
[20] 关振中. 激光加工过工艺手册[M]. 北京:中国计量出版社,1998.
[21] Cui C Y, Guo Z X, Wang H Y, et al. Institute TiC particles reinforced grey cast iron composite fabricated by laser cladding of Ni - Ti - C system[J]. Journal of Materials Processing Technology, 2007, 183(2):380 - 385.
[22] Man H C, Zhang S, Cheng F T. In situ synthesis of TiC reinforced surface MMC on Al6061 by laser surface alloying[J]. Scripta Materialia, 2002, 46(3):229 - 234.
[23] Yang S, Chen N, Liu W J. Institute formation of MoSi2/SiC composite coating on pure Al by laser cladding[J]. Materials Letter, 2003, 57(2):3412 - 3416.
[24] Zhang S, Wu W T, Wang M C. In situ synthesis and wear performance of TiC particle reinforced composite coating on alloy Ti6Al4V[J]. Surface and Coatings Technology, 2001, 138(1):95 - 100.
[25] Liu Y H, Guo Z X, Yang Y. Laser(a pulsed Nd:YAG) cladding of AZ91D magnesium alloy with Al and Al2O3 powders[J]. Applied Surface Science, 2006, 253(2):1722 - 1728.
[26] 刘录录. H13 钢表面激光熔覆改性研究[D]. 天津:天津工业大学,2008.

[27] 董世运,马运哲,徐滨士,等. 激光熔覆材料研究现状[J]. 材料导报,2006,20(6):5 -9.

[28] 赵聪硕,刑志国,王海斗,等. 铁碳合金表面激光熔覆的研究进展[J]. 材料导报,2018,32(3):418 -426.

[29] Qian M,Chen Z D. Laser cladding of nickel - based hard facing alloys[J]. Surface and Coatings Technology,1998,106(3):174 -182.

[30] Meng Q W,Geng L,Ni D. Laser cladding NiCoCrAlY coating on Ti -6Al -4V[J]. Materials Letters,2005,59(3):2744 -2777.

[31] Basu A,Samant A N,Harimkar S P. Laser surface coating of Fe - Cr - Mo - Y - B - C bulk metallic glass composition on AISI 4140 Steel[J]. Surface & Coatings Technology,2008,202(3):2623 -2631.

[32] Zhu Q J,Qu S Y,Wang X H. Synthesis of Fe - based amorphous composite coatings with low purity materials by laser cladding[J]. Applied Surface Science,2007,253(3):7060 -7064.

[33] Wu X L,Chen G N. Micro - structural features of iron - based laser coatings[J]. Journal of Materials Science,1999,34(3):3355 -3361.

[34] Ouyang J H,Nowotny S,Richter A,et al. Characterization of laser clad yttria partially - stabilized ZrO_2 ceramic layers on steel $16MnCr_5$[J]. Surface and Coatings Technology,2001,137(13):12 -20.

[35] 董世运,韩杰才,杜善义. 激光熔覆铜基自生复合材料涂层及其耐磨性能[J]. 材料开发与应用,2000,15(3):1 -4.

[36] Ng K W,Man H C,Cheng F T. Laser cladding of copper with molybdenum for wear resistance enhancement in electrical contacts[J]. Applied Surface Science,2007,253(2):6236 -6241.

[37] 李春彦,张松. 综述激光熔覆材料的若干问题[J]. 激光杂志,2002,23(3):5 -9.

[38] Comesana R,Lusquinos F. Laser cladding of Co - based super alloy coatings:Comparative study between Nd:YAG laser and fibre laser[J]. Surface & Coatings Technology,2010,204(13):1957 -1961.

[39] Jendrejew Skir,Kreja I,Sliwinski G. Temperature distribution in laser cladding multi layers[J]. Materials Science and Engineering,2004,A379(2):313 -320.

[40] Jendrzejw S,Sliwinski G,Krawczukm. Temperature and stress during laser cladding of double - layer coating[J]. Surface and Coating Technology,2006,201(3):3328 -3334.

[41] Desale G R,Paul C P,Gandh I B K,et al. Erosion wear behavior of laser clad surface of low carbon austenitic steel[J]. Wear,2009,266(2):975 -987.

[42] 董世运,闫世兴,徐滨士,等. 铸铁件激光熔覆 NiCuFeBSi 合金组织及力学性能研究[J]. 中国激光,2012,39(12):1203004 -1203006.

[43] 冯莉萍,黄卫东,李延民,等. 基材晶体取向对激光多层涂覆微观组织的影响[J]. 中国激光,2001,28(10):949 -952.

[44] 陈泽民,廖丕博,曾凯. WC/Co 单层与多层过渡熔覆层激光熔覆的热应力有限元分析[J]. 昆明理工大学学报,2007,3(2):17 -20.

[45] Aladesanmi V I,Fatoba O S,Akinlabi E T. Laser cladded Ti + TiB_2 on steel rail microstructural Effect[J]. Procedia Manufacturing,2019,33:709 -716.

[46] 徐欢欢,林晨,刘佳,等. CeO_2加入含量对激光熔覆 WC 增强镍基合金涂层组织与性能的影响[J]. 机械工程材料,2021,45(07):27 -34.

[47] 刘佳,林晨,徐欢欢,等. 稀土 Y_2O_3对激光熔覆 Ni 基 WC 熔覆层的组织与性能影响[J]. 应用激光,2021,41(05):948 -954.

[48] 董世运,马运哲,徐滨士,等. 激光熔覆材料研究现状[J]. 材料导报,2006,6(20):5 - 10.

[49] Jagdheesh R,Kamachi M U,Nath A K. Laser cladding of Si on austenitic stainless steel[J]. Surface engineering,2004,127(2):71 - 75.

[50] Jendrzejewski R,Sliwinski G,Conde A,et al. Influence of the base preheating on cracking of the laser - cladded coatings[C]. Proceedings of SPIE,2003(3):356 - 361.

[51] Jendrzejewski R,Sliwinski G,Krawczuk M,et al. Temperature and stress during laser cladding of double layer coatings[J]. Surface and Coatings Technology,2006,1(6):3328 - 3334.

[52] 马良,黄卫东,许小静,等. 基于分形扫描的TC4合金激光立体成形研究[J]. 稀有金属材料与工程,2009,38(10):1731 - 1735.

[53] 张智,谢沛霖. 激光熔覆修复齿轮轴工艺研究[J]. 电加工与模具,2007,13(6):40 - 44.

[54] 葛志军,邓琦林,宋建丽,等. 激光熔覆修复铜合金零件的工艺研究[J]. 电加工与模具,2007,12(1):39 - 40.

[55] 刘其斌,李绍杰. 航空发动机叶片铸造缺陷激光熔覆修复层的组织结构[J]. 金属热处理,2007,32(5):21 - 23.

[56] 葛志军,邓琦林,宋建丽,等. 激光熔覆修复铜合金零件的工艺研究[J]. 电加工与模具,2007,12(1):39 - 40.

[57] 彭建财,周猛兵,王世忠,等. AZ31镁合金表面激光选区熔覆Ti6Al4V粉末的显微组织及界面缺陷研究[J]. 热加工工艺,2021,50(18):116 - 119.

[58] Zihe Zhao,Yi Wan,Mingzhi Yu,et al. Biocompability evaluation of micro textures coated with zinc oxide on Ti - 6Al - 4V treated by nanosecond laser[J]. Surface and Coatings Technology,2021,422:0257 - 8972.

[59] Qinglong Xu,Zhang Yu,Senhui Liu,et al,High - temperature oxidation behavior of CuAlNiCrFe high - entropy alloy bond coats deposited using high - speed laser cladding process[J]. Surface and Coatings Technology,2020,398:0257 - 8972.

[60] 刘伟,李能,周标,等. 复杂结构与高性能材料增材制造技术进展[J]. 机械工程学报,2019,55(20):128 - 159.

[61] Park H,Nakata K. Insitu formation of TiC particulate composite layer on cast iron by laser alloying of thermal sprayed titanium coating[J]. Journal of materials science,2000,35(3):747 - 755.

[62] Lin J,Steen W M. Design characteristics and development of a nozzle for coaxial cladding[J]. Laser Applied Suface,1998,10(3):55 - 63.

[63] 马运哲. 坦克重载齿面激光再制造铁基自强化合金层组织与性能研究[D]. 北京:装甲兵工程学院,2007.

[64] Belforte D,Levitt M R. The Industrial Laser Annual Handbook[M]. Tulsa:Penn Well Books,1987.

[65] 李会山,杨洗陈,王云山,等. 模具的激光修复[J]. 金属热处理,2004,29(2):39 - 42.

[66] 雷剑波,杨洗陈,王云山,等. 激光再制造快速修复海上油田关键设备[J]. 相关产业,2006,6(3):54 - 56.

[67] 王华明,张述权,王向明. 大型钛合金结构件激光直接制造的进展与挑战[J]. 中国激光,2009,12(36):3206 - 3208.

[68] 王华明,张凌云. 金属材料快速凝固激光加工与成形[J]. 北京航空航天大学学报,2004,30(1):962 - 967.

[69] Liu Y,Liu W S,Ma Y Z,et al. Microstructure and wear resistance of compositionally graded Ti Al interme-

tallic coating on Ti6AI4V alloy fabricated by laser powder deposition[J]. Surface&Coating Technology, 2018,353:32 -40.

[70] Thomas M, Malot T, Aubry P. Laser metal deposition of the intermetalic Ti AI alloy[J]. Metallurgical and Materials Transactions, 2017, 48:3143 - 3158.

[71] 夏仁波,刘伟军,王越超. 影响激光直接制造金属零件精度的因素及其闭环控制研究进展[J]. 机械科学与技术,2004,23(9):1085 - 1089.

[72] 孟宣宣. 基于高速摄像的光纤激光焊接过程研究[D]. 武汉:华中科技大学,2011.

[73] 谭华,陈静,杨海欧,等. 激光快速成形过程的实时监测与闭环控制[J]. 应用激光,2005,25(2):73 -76.

[74] Hu D, Kovacevic R. Sensing, modeling and control for laserbased additive manufacturing[J]. International Journal of Machine Tools&Manufacture, 2003, 43(1):51 -60.

[75] Ehsan Toyserkani, Amir Khajepour. Amechatronics approach to laser powder deposition process[J]. Mechatronics, 2006, 16(10):631 -641.

[76] Salehid, Brandt M. Melt pool temperature control using LabVIEW in Nd:YAG laser blown powder cladding process[J]. The International Journal of Advanced Manufacturing Technology, 2006, 29(3):273 -278.

[77] Radovan K, Syed H, Yildirim H, et al. Thermo - kineticandstructural modeling and experimental investigations of laser power deposition process[D]. Dallas Texas: Lyle School of Engineering Southern Methodist University, 2009.

[78] Meysar Z, Amir K. Height Control in Laser Cladding Using Adaptive Sliding Mode Technique: Theory and Experiment[J]. Journal of Manufacturing Science and Engineering, 2010, 132(4):041016.

[79] Bouhal M A. Tracking control and trajectory planning in layered manufacturing applications[J]. IEEE Transaction on Industrial Electronics, 1999, 46:445 -451.

[80] Fang T, Jafari M A. Statistical feedback control architecture for layered manufacturing[J]. Journal of Materials Processing and Manufacturing Science, 1999, 7:391 -404.

[81] Doumanidis C, Skoredli E. Distributed parameter modeling for geometry control of manufacturing processes with material deposition[J]. ASME Journal of Dynamic Systems, Measurement and Control, 2000, 122(1):71 -77.

[82] Radovan K, Syed H, Yildirim H, et al. Thermo - kineticand - structural modeling and experimental investigations of laser power deposition process[D]. TEXAS: Lyle School of Engineering Southern Methodist University, 2009.

[83] 陈武柱,贾磊,张旭东,等. CO_2激光焊同轴视觉系统及熔透状态检测的研究[J]. 应用激光,2004,24(3):130 - 134.

[84] 雷剑波,杨洗陈,陈娟,等. 激光熔池温度场检测研究[J]. 华中科技大学学报,2007,35(1):112 - 114.

[85] 彭登峰,王又青,李波. 高功率激光实时检测与控制系统的研究[J]. 激光技术,2006,30(5):483 -485.

[86] 火巧英,陆安进,冯树硕,等. 不锈钢光纤激光间隙搭接焊信号分析[J]. 应用激光,2019,39(5):835 -839.

[87] 彭程,石拓,张津超,等. TC4 钛合金沉积温度闭环控制研究[J]. 应用激光,2021,41(02):228 -234.

[88] 孙华杰,石世宏,石拓,等. 基于彩色 CCD 的激光熔覆熔池温度闭环控制研究[J]. 激光技术,2018,42(06):745-750.

[89] Gibson B T, Bandari Y K, Richardson B S, et al. Melt pool size control through multiple closed-loop modalities in laser-wire directed energy deposition of Ti-6Al-4V[J]. Additive Manufacturing, 2020, 32: 2214-8604.

[90] Wu X, Sharman R, Mei J, et al. Direct laser fabrication and microstructure of burn-resistant Ti alloy [J]. Materials and Design, 2002, 23(3): 23-247.

[91] Wu X, Mei J. Near net shape manufacturing of components using direct laser fabrication technology [J]. Journal of Materials Processing Technology, 2003, 135(23): 266-270.

[92] Wu X, Liang J, Mei J F, et al. Microstructures of laser-deposited Ti-6Al-4V[J]. Materials and Design, 2004, 25(2): 137-144.

[93] Wu X, Sharman R, Mei J, et al. Microstructure and properties of laser fabricated burn-resistant Ti alloy [J]. Materials and Design, 2004, 25(2): 103-109.

[94] Wang F, Mei J, Wu X H. Direct laser fabrication of Ti6Al4V/TiB[J]. Journal of Materials Processing Technology, 2008, 195(3): 321-326.

[95] Shin K H, Natu H, Mazumder J. A method for the design and fabrication of heterogeneous objects [J]. Materials and Design, 2003(24): 339-353.

[96] S. Mokadem, C. Bezenon, A. Hauert, et al. Laser Repair of Superalloy Single Crystals with Varying Substrate Orientations[J]. Metallurgical and Materials Transactions A, 2007, 38: 1500-1510.

[97] Dinda G P, Dasgupta A K, Mazumder J. Laser aided direct metal deposition of Inconel 625 super alloy: Microstructure evolution and thermal stability [J]. Materials Science and Engineering A, 2009 (509): 98-104.

[98] Kim J D, Peng Y. Melt pool shape and dilution of laser cladding with Wire feeding[J]. Materials Processing Technology, 2000, 104(7): 284-293.

[99] Hoadley A F A, Rappaz M. A Thermal of Model Laser Cladding by Power Injection [J]. Metallurgical Transation, 1992, 23(2): 631-642.

[100] Michael Wilson J, Cecil Piya, Yung C. Shin, et al. Remanufacturing of turbine blades by laser direct deposition with its energy and environmental impact analysis [J]. Journal of Cleaner Production, 2014, 80: 170-178.

[101] Kuznetsov M, Turichin G, Silevich V, et al. Research of technological possibility of increasing erosion resistance rotor blade using laser cladding[J]. Procedia Manufacturing, 2019, 36: 163-175.

[102] Kaplanskii Y Y, Levashov E A, et al. Influence of aging and HIP treatment on the structure and properties of NiAl-based turbine blades manufactured by laser powder bed fusion [J]. Additive Manufacturing, 2020, 31: 2214-2226.

[103] 王茂才,吴维弢. 先进燃气轮机叶片激光修复技术[J]. 燃气轮机技术,2001,14(4):53-56.

[104] 钟敏霖,宁国庆,刘文今. 激光熔覆快速制造金属零件研究与发展[J]. 激光技术,2002,26(5):388-391.

[105] 宁国庆,钟敏霖,杨林. 激光直接制造金属零件过程的闭环控制研究[J]. 应用激光,2002,22(2):172-176.

[106] 王华明,张凌云,李安,等. 金属材料快速凝固激光加工与成形[J]. 北京航空航天大学学报,2004,

30(10):962－966.

[107] 姚建华,于春艳,孔凡志,等. 汽轮机叶片的激光合金化与激光淬火[J]. 动力工程,2007,27(4):652－656.

[108] 柳娟,唐霞辉,彭浩,等. 高功率连续 CO_2 激光器脉冲调制特性及特殊熔覆应用[J]. 中国激光,2009,36(6):1575－1580.

[109] 贾文鹏,林鑫,陈鑫,等. 空心叶片激光快速成形过程的温度/应力场数值模拟[J]. 中国激光,2007,34(9):1308－1312.

[110] 李会山,杨洗尘,王云山. 激光再制造过程熔池温度场的数值模拟[J]. 天津工业大学学报,2003,22(5):9－12.

[111] 赵洪运,舒风远,张洪涛,等. 基于生死单元的激光熔覆温度场数值模拟[J]. 焊接学报,2010,31(5):81－84.

[112] Cheng Wang, Kaifa Li, Xingyuan Hu, et al. Numerical study on laser shock peening of TC4 titanium alloy based on the plate and blade model[J]. Optics & Laser Technology, 2021, 142.

[113] Xu G, Luo K Y, Dai F Z, et al. Effects of scanning path and overlapping rate on residual stress of 316L stainless steel blade subjected to massive laser shock peening treatment with square spots[J]. Applied Surface Science, 2019, 481:1053－1063.

[114] 徐翔宇,曹阳,王辉,等. 激光熔覆修复叶片的过渡区力学性能试验研究[J]. 现代制造工程,2021,9:118－123.

第 2 章　激光再制造基本原理

激光是基于原子或分子受激辐射原理，使工作物质受激产生的一种单色性高、方向性强、亮度高的光束。其良好的时间和空间控制性为其加工不同材质、形状、尺寸的零件提供了良好条件，有利于实现自动化、智能化再制造。激光再制造系统与计算机控制技术相结合可组成自动化加工设备，为优质、高效和低成本的加工生产开辟了广阔了前景[1-2]。

2.1　激光特性

2.1.1　高方向性

光束的发散特性评价指标为光束发散角，发散角的定义如图 2-1 所示，发散角 θ 越小，则光束的方向性越好，即越不易发散[3]。而各种普通光源发出的光都是传向四面八方的，即发散角约为 360°，是没有方向性的。为使光的传播具有一定的方向性，需要使用光路结构对光的传播方向进行调整，减小其发散角。

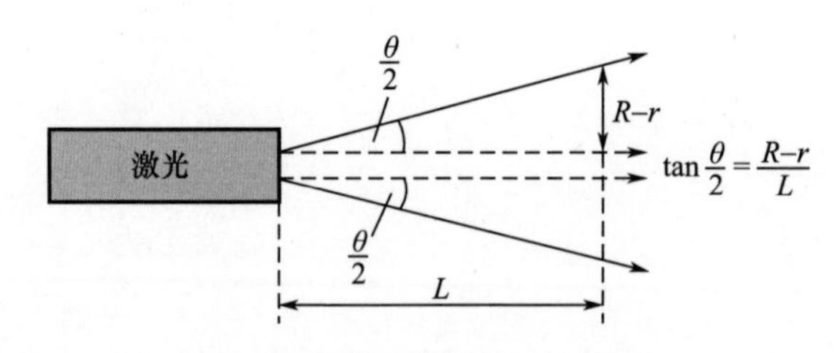

图 2-1　激光光束发散角定义

由于谐振腔光路对激光传播方向的限制，只有沿谐振腔主轴方向受激辐射才能震荡放大，因此，激光具有很高的方向性。激光所能达到的最小光束发散角受衍射效应的影响和限制，发散角必须小于激光通过谐振腔输出孔径时的衍射角，通常称为衍射极限 θ_m，其定义为

$$\theta_m = 1.22\lambda/D \tag{2-1}$$

激光发散角的数量级通常为 mrad。不同类型激光器方向性差别很大，例如：气体激光器方向性最好，发散角较小，甚至接近衍射极限；固体激光介质的不均匀性比气体差，因此固体激光器发散角 θ_m 相对更大；半导体激光器的方向性最差，发散角偏大。此外，光束发散角还随激光功率及模数的增加而增大。借助于光学系统的光路调整作用，可使激光器的方向性进一步提升，接近甚至达到平行光束。常用激光束的发散角如表 2-1 所列。

表 2-1　常用激光束的发散角

激光束	发散角/mrad
He-Ne	0.5
Ar^+	0.8
CO_2	2
红宝石	5
Nd^{3+}，玻璃	5
Nd^{3+}；YAG	5
染料	2
注：1rad = 57.3°，1mrad = 0.057°	

由于激光具有高方向性的特点，可有效传输较长距离[3]。在美国"阿波罗计划"的实施过程中，人们将激光束透射到距地球 38.6×10^4km 的月球上，光斑直径只有约 1000m，通过月球上设置的反射镜，首次精确测量了到地月之间的精确距离，误差只有 ±15cm。

激光的高方向性还体现在聚焦后得到较高的功率密度。经证明，发散角为 θ 的单色光被焦距为 F 的透镜聚焦时，焦面光斑直径为 $D=F\theta$，在 θ 等于衍射极限 θ_m 的情况下，则有 $D\approx\frac{F}{2a}\lambda$，这说明，在理想情况下可将激光的能量聚焦到直径为光波波长量级的光斑上，形成极高的能量密度。

2.1.2 单色性好

在可见光范围内，光波颜色与"频率"有关，单光源所发射的光波长范围越窄，颜色越单纯，光源单色性越好。自然光由波长范围较宽的光构成，比如太阳光经棱镜分光后，可以观察到多种颜色组成的光谱带，如图 2-2 所示。

激光由原子受激辐射而产生，因而谱线极窄。单色光又叫"光谱线"，从理论上讲，单色意味着光波中只含有一个波长。实际上，激光谱线也不是理想的光谱线，而是在中心波长附近有一定的宽度，即具有有限的谱线宽度，如图 2-3 所示。

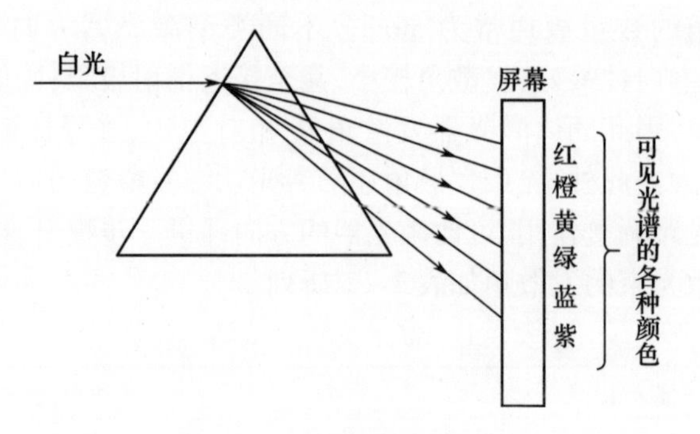

图 2-2　太阳光经棱镜分光

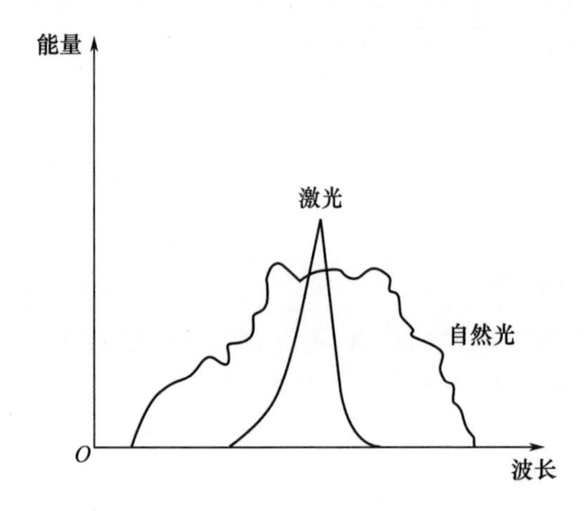

图 2-3　激光与自然光比较

利用激光的高单色性，可极大提高各种光学干涉测量方向的精度和长度。尤其是对尺寸精度要求较高的测量条件下，米尺、游标卡尺以及千分尺等都无法实现，需要利用光波波长单位测量长度。由于激光光波波长很短，采用激光作为测量长度的标准，其长度、时间和频率标准稳定性将极大提升。基于激光单色性基础发展的“扣频技术”可极精密地测定各种速度。此外，利用激光的单色性好的特征可对各种物理、化学以及生物等过程进行高选择性的光学激发，实现对过程的深入研究和控制。

2.1.3　相干性好

电磁波具有波动性，任何电磁波都可以看作电磁波的叠加。根据波动理论，每列波都可以用一个波动方程来描述，如

$$y = A\cos(\omega t + \varphi) \tag{2-2}$$

式中:A 为振幅;$\omega = 2\pi v$ 为角频率;φ 为初始相位;$(\omega t + \varphi)$ 为波的相位。相干波意味着各子波之间有确定的位相关系,如果两列波满足振动方向相同、频率相同、相位差恒定的相干条件,则它们就是相干的。

对于普通光源而言,其发光机制是发光中心(原子、分子或电子)的自发辐射过程,不同发光中心发出的波列,或同一发光中心在不同时刻发出的波列相位都是随机的,因此光的相干性极差,或者说是非相干光。而激光是通过受激辐射过程形成的,其中每个光子的运动状态(频率、相位、偏振态、传播方向)都相同,因而是最好的相干光源。激光是一种相干光,这是激光与普通光源最重要的区别。对普通光源采用单色仪分光,通过狭缝后可得到单色性很好的光,其相干性也很好。但是,这样获得的相干光强度非常弱,实际上无法应用。进一步,相干性包括时间相干性和空间相干性两个方面。

1. 时间相干性

时间相干性描述沿光束传播方向上各点的相位关系,指光场中同一空间点在不同时刻光波场之间的相干性。时间相干性通常用相干时间 t_c 来描述,相干时间指光传播方向上某点处,可以使两个不同时刻的光波场之间有相干性的最大时间间隔,即光源所发出的有限长波列的持续时间的相干时间和单色性之间存在简单关系,为

$$t_c = \frac{1}{\Delta v} \tag{2-3}$$

可见,光源单色性越高,则相干时间也越长。

有时用相干长度 L_c 来表示相干时间,相干长度指可以使光传播方向上两个不同点处的光波场具有相干性的最大空间间隔,即光源发出的光波列长度。相干长度可表示为

$$L_c = t_c \cdot c = \frac{c}{\Delta v} \tag{2-4}$$

式(2-4)说明,相干长度实质上与相干时间是相同的,都与光源单色性的好坏密切相关。

2. 空间相干性

空间相干性描述垂直于光束传播方向的波面上各点之间的相位关系,指光场中不同的空间点在同一时刻光场的相干性,可以用相干面积来描述,即

$$S = \left(\frac{\Delta\lambda}{\theta}\right)^2 \tag{2-5}$$

式中:θ 为光束平面发散角。由式(2-5)可知,光束方向性越好,则其相干性也

越好。对于普通光源,只有当光束发散角小于某一限度,即$\Delta\theta \leqslant \frac{\lambda}{\Delta x}$时,光束才具有明显的空间相干性,为光源的限度。

对于激光来说,所有属于同一个横模模式的光子都是空间相干的,不属于同一个横模模式的光子则是不相干的。因此,激光的空间相干性由其横模结构所决定,单横模的激光是完全相干的,单横模光束的方向性最好,多横模光束的相干性变差,且横模阶次越高,方向性越差。由此可见,光束的空间相干性和它的方向性(用光束发散角描述)是紧密联系的。

激光的相干性有很多重要应用,如使用激光干涉仪进行检测,比普通干涉仪速度快、精度高。全息照相也正是成功地应用激光相干性的一个例子。

2.1.4 高亮度

亮度表征光源的明亮程度。光源的单色亮度定义为光源在单位面积、单位带宽度和单位立体角内发射的光功率,即

$$B_v = \frac{P}{\Delta S \Delta v \Delta \Omega} \tag{2-6}$$

式中:P 为光功率,ΔS 为发光表面的面积;Δv 为频带宽度;$\Delta\Omega$ 为立体角,其单位为 $W/(cm^2 \cdot sr \cdot Hz)$。普通光源,如太阳、日光灯等的发散角都很大(通常在立体角内传播),光谱范围较宽,能量分散。所以,尽管某些光源(如太阳)发出的光总功率很高,但单色亮度仍很小,太阳辐射在波长 500nm 附近的单色亮度 $B_v = 2.6 \times 10^{-12} W/(cm \cdot r \cdot Hz)$。激光的高方向性、单色性等特点,决定了它具有极高的单色定向亮度。一般气体激光器的单色亮度 $B_v = 10^{-2} \sim 10^2 W/(cm^2 \cdot sr \cdot Hz)$,固体激光器的单色亮度 $B_v = 10 \sim 10^3 W/(cm^2 \cdot sr \cdot Hz)$,调 Q 大功率激光器的单色亮度 $B_v = 10^4 \sim 10^7 W/(cm^2 \cdot sr \cdot Hz)$,都比太阳表面的单色亮度高出几亿倍。具有高亮度的激光束经透镜聚焦后,能产生数千度乃至上万度的高温,这就使其能加工几乎所有的材料,甚至可以用来引发热核聚变。

综合上述分析可知,激光的四大特性之间是非独立并具有内在联系的,以上 4 种特性也决定了激光具有许多其他显著特点,例如:激光是一种频率稳定度相当高的光。

2.2 发生原理

2.2.1 光与物质关系

物质由粒子(分子、原子、离子)组成,离子在不同能级上处于不间断的运动

之中,并处于不同能级,以 E_1 和 E_2 分别表示两个能级:E_1 能量少,为低能级,粒子处于 E_1 能级上较稳定;E_2 能量多,为高能级,粒子处于 E_2 能级上不稳定,有自发向 E_1 能级跃迁的趋势。由于粒子所含的能量不同,总体来说,粒子在低能级的占多数,高能级的占少数,因此低能级(E_1)上的粒子数目大于高能级(E_2)上的粒子数,图 2-4 所示为两个能级(E_1、E_2)上粒子的分布。基态是粒子能量最平衡、最稳定的状态,粒子(分子、原子、离子)总是力图使自己的能量状态位于基态(低能级),被激发到高能级上的粒子力图回到基态上去,与此同时释放出激发时所吸收的能量。从高能级回到低能级上去的过程称为跃迁,跃迁时向外发射光子,释放能量。

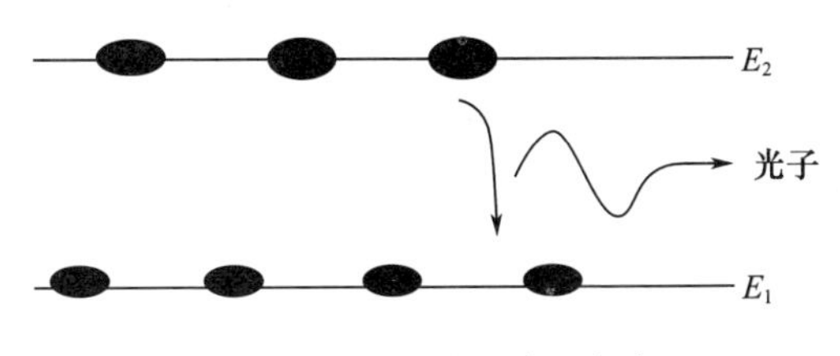

图 2-4　粒子的二能级分布

(1) 自发辐射。处于高能级的粒子很不稳定,不可能长时间地停留在高能级上。例如:氢原子在高能级停留的时间只有10^{-8}s,因此,在高能级 E_2 中的粒子会迅速跃迁到低能级 E_1 上,同时以光子的形式放出能量 $h\gamma_{21} = E_2 - E_1$(γ_{21}为辐射光子频率),如图 2-5 所示。

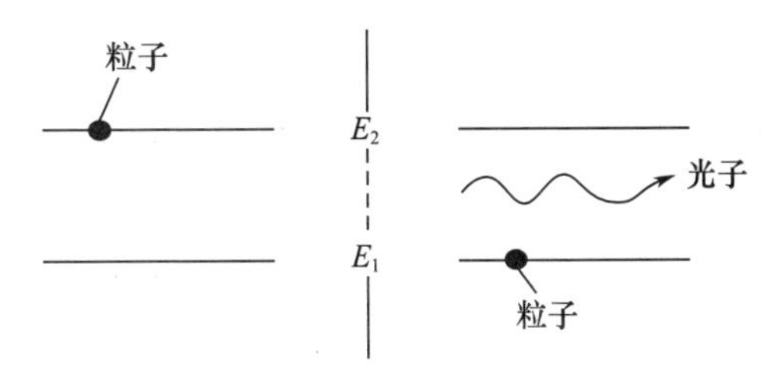

图 2-5　粒子自发辐射过程示意图

自发辐射过程不受外界因素影响,是原子内部运动规律所导致的跃迁,完全是自发进行的。这样产生的光没有一定规律,相位和方向都不一致,不是单色光。自发辐射的特点是每一个粒子的跃迁都是自发地、相互独立地进行,彼此无联系,产生的光子杂乱无章,无规律性。

(2) 受激吸收。当处于低能级 E_1 上的粒子吸收一定频率 v_{21} 的外来光子能量时,粒子的能量就会增加到 $E_2 = E_1 + hv_{21}$(h 为普朗克常数),粒子就从低能级 E_1跃迁到高能级 E_2 上(图 2-5),这一过程称为受激吸收。而外来的光子能量被吸收后,光子能量减弱,粒子由低能级向高能级的跃迁是非自发的,靠外来光子激发而进行。激发的方法很多,主要是给基态(低能级)粒子施加一定能量,例如:光照、电子碰撞、分解或化合以及加热等,基态粒子吸收能量后即被激发。例如红宝石激光器就是用脉冲氙灯照氦-氖激光器,通过电子与氦原子碰撞,使氦原子获得能量,氦原子通过碰撞又能将能量传给氖原子,氖原子获得能量后从基态激发到高能级上。

(3) 受激辐射。受激辐射是与受激吸收相反的过程,受激辐射过程大致如下:原子开始处于高能级 E_2,当一个外来光子所带的能量 $h\gamma$ 正好为某一对能级之差(E_2-E_1)时,该原子可以在外来光子诱发下从高能级 E_2 向低能级 E_1 跃迁。这种受激辐射光子有显著特点,就是原子可发出与诱发光子完全相同的光子,不仅频率(能量)相同,而且发射方向、偏振方向以及光波的相位都完全一样。于是,一个入射光子会发射两个完全相同的光子,意味着原来光信号被放大这种在受激过程中产生并放大的光,就是激光。这种使高能级上粒子受激跃迁到低能级上并产生与激发源相同光子的过程称为受激辐射。

受激辐射与自发跃迁的主要区别在于:受激辐射非自身自发完成,而是依靠光子激发才能实现。因而粒子释放出的光子与原来光子的频率、方向、相位及偏振等完全一样,无法区别出哪一个是原来的光子,哪一个是受激发后产生的光子。受激辐射中,由于光辐射能量与光子数成正比,因而在受激辐射以后,光辐射能量增大一倍。外来光子数越多,受激发粒子数越多,产生的光子越多,能量就越高。

综上可知,受激辐射与受激吸收同时存在于光辐射与粒子体系上,是对立统一的两个方面,二者发生的可能性是等同的,哪一方面处于主导地位取决于粒子在两个能级上的分布。激光器发出的激光就是利用受激辐射而实现的,激发态的粒子数越多,越容易实现受激辐射。

2.2.2 粒子数反转

一个诱发光子不仅能引起受激辐射,也能引起受激吸收,所以只有当处在高能级的原子数目比处在低能级的还多时,受激辐射跃迁才能超过受激吸收,而占优势。由此可见,为使光源发射激光,而不是发射普通光的关键是发光原子处在高能级的数目比低能级上的多,这种情况称为粒子数反转。但由能级分布原理可知,热平衡条件下,原子几乎都处于最低能级(基态)。因此,实现粒子数反转成为激光产生的必要条件。

粒子数实现反转分布,主要涉及两个方面:一是粒子体系(工作物质)的内结构;二是给工作物质施加外部作用。所讲的工作物质是指在特定条件下能使两个能级间达到非热平衡状态，而实现光放大，不是每一种物质都能成为工作物质。粒子体系中有一些粒子的寿命很短暂，只有 10^{-8}s，有一部分寿命相对较长，如铬离子在高能级 E_2 上寿命只不过几毫秒。寿命较长的粒子数能级称为亚稳态能级，除铬离子外，还有一些亚稳态能级，主要有钕离子、氖原子、二氧化碳分子、氪离子、氩离子等。由于亚稳态能级的存在，在这一时间内就可以实现某一能级与亚稳态能级的粒子数反转，以实现对特定频率辐射光进行光放大作用，即粒子数反转是产生光放大的内因。而产生光放大的外因在于对亚稳态能级粒子体系（主要工作物质）增加某种外部作用，由于热平衡的分布中粒子体系处于低能级的粒子数总是大于处在高能级上的粒子数，当要实现粒子数反转，就得给粒子体系增加一种外界的作用，促使大量低能级上的粒子反转到高能级上，这种过程称为激励，或称为泵浦，尤如把低处的水抽到高处一样。对固体工作物质常应用强光照射的办法，即光激励，这类工作物质常应用的有掺铬刚玉、掺钕玻璃、掺钕钇铝石榴石等；对气体形的工作物质常应用放电的办法，促进特定储存气体物质按一定的规律经放电而激励，常应用的工作气体物质有分子气体（如 CO_2气体）及原子气体（如 He - Ne 原子气体）。如工作物质为半导体的物质，则采用注入大电流方法激励发光，常见的有砷化镓，这类注入大电流的方法称为注入式激励法。此外，还可应用化学反应方法（化学激励法）、超声速绝热膨胀法（热激励）、电子束甚至用核反应中生成的粒子进行轰击（电子束泵浦、核泵浦）方法等，实现粒子数反转分布。从能量角度看，泵浦过程就是外界提供能量给粒子体系的过程。激光器中激光能量的来源，是由激励装置，其他形式的能量（诸如光、电、化学、热能等）转换而来。

2.2.3 光学谐振腔

激光振荡器中初始光辐射来自自发辐射，即处于高能级上的粒子会自发辐射光子并跃迁到低能级上。因此，工作物质发出的光不是外来的，而是工作物质自身由于自发跃迁而产生的，是自发辐射，而非受激辐射。且该类自发辐射的光没有确定的传播方向，无规律地向四面八方射出，不具有单一性，且杂乱无章，因此该类光不能称为激光。为使自发辐射的频率具有单一性，需要设置一套装置实现这一功能，该装置就是光学谐振腔。

而谐振腔实现自发辐射并具有频率单一性的基本方法是在工作物质的两端放置两块反射镜，设置两块反射镜必须相互平行，并与工作物质的光轴垂直，如图 2 - 6 所示。两个反射镜中，一个是全反射镜，发射率为 99% 以上；一个是半反射镜，反射率为 40% ~60% 。谐振腔就是由这样两块与工作介质轴线垂直的平面或者凹球面反射镜构成的。谐振腔的作用是选择频率一定、方向一致的光最优先放大,而把其他频率和方向的光加以抑制。自发辐射的光子不断产生,同时射向工作物质,再激发工作物质产生更多新的光子(受激辐射)。

光子在传播中一部分射到反射镜上(另一部分则通过侧面的透明物质逃逸),光在反射镜的作用下又回到工作物质中,再激发高能级上的粒子向低能级跃迁,产生新的光子。在这些光子中,不沿谐振腔轴线运动的光子就不与腔内的物质作用,很快逸出腔外,不再与工作物质接触。沿谐振腔轴线方向运动的光子在腔内继续前进,经过谐振腔中的两个反射镜多次反射,不断往返运动,产生振荡,在运动过程中又不断与受激粒子碰撞而产生受激辐射,光子不断增殖放大,在腔内形成方向、频率和相位一致的强光束,使受激辐射的强度越来越强,促使高能级上的粒子不断地发出光来。当光的振荡使光放大到超过光损耗(衍射、吸收、散射等损失)时,产生光的振荡,积累在沿轴方向的光从部分反射镜中射出,形成激光。

由图 2-6 可知:谐振腔中两个反射镜之间有一定的距离,只有某一特定波长的光在腔内不断地反射并加强,而其他波长的光在腔内很快衰减掉,说明激光具有单色性;所有光子都具有相同的相位和偏振,它们叠加起来会产生很大的强度,使激光具有相干性,而激光的高亮度是由光放大产生的,激光的光束窄而集中,具有很强的威力。

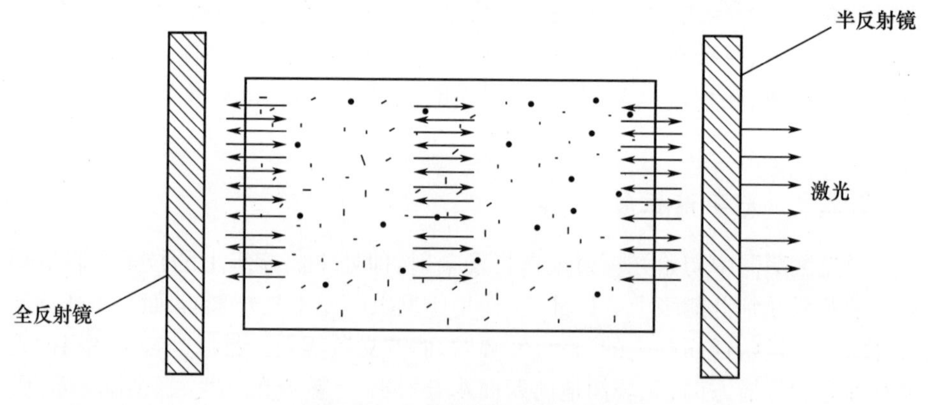

图 2-6　光学谐振腔光学示意图

2.2.4　产生过程

激光的实际产生过程需要由以下 3 个主要组成部分共同完成:

(1) 激活物质(介质),即被激励后能发生粒子数反转的工作物质,也称激光工作物质,如氖、氩、CO_2、红宝石及钕玻璃等,它们都是具有亚稳态能级性质的物质。

(2) 激励装置,而能使激活物质发生粒子数反转分布的能源,如各种激光器使用的电源。

(3) 光学谐振腔,而能使光子在其中反复振荡并多次被放大的谐振腔。

激光产生的过程可归纳为:激励→激活介质(即工作物质)粒子数反转;被激励后的工作物质中偶然发出的自发辐射→其他粒子的受激辐射→光子放大→光子振荡及光子放大→激光产生。

2.2.5 聚焦与传输

当激光在激光器谐振腔中产生,为使激光器输出激光能够用于实际的激光制造,需要将激光光束传输至不同距离的工件表面,在传输过程中,针对不同的激光加工工艺需求,需要采用不同的光学元件进行光路变换和聚焦,以获得要求功率密度以及光强分布的光束。而实际生产中,激光器与待加工工件通常分开布置,相互之间具有一定的距离,激光必须由激光器输出至待工件的加工部位。其传输方法主要有棱镜传输以及光纤传输。

棱镜传输光路相对简单,采用合适的材料作为反射镜,可将原来直线传播的激光束转向任何方向,该传输方式只需三面棱镜和凹面透镜,远距离传输的情况下,如果光束发散角太大,则需采用扩束镜。棱镜传输方式的缺点在于灵活性差,对于复杂的加工环境,难以满足需要。另外,棱镜传输的传输效率较低。目前工业用激光中,CO_2激光波长较长,不能采用光纤传输,主要采用棱镜传输。相比棱镜导光系统,光纤传输系统体积小、结构简单、柔性好、灵活方便,可加工不易加工的部位,能适应相对复杂的工作环境,特别是当要求光束沿复杂路径或者需要对光输出头进行复杂操作时,应采用光纤传输系统,光纤传输原理如图2-7所示。

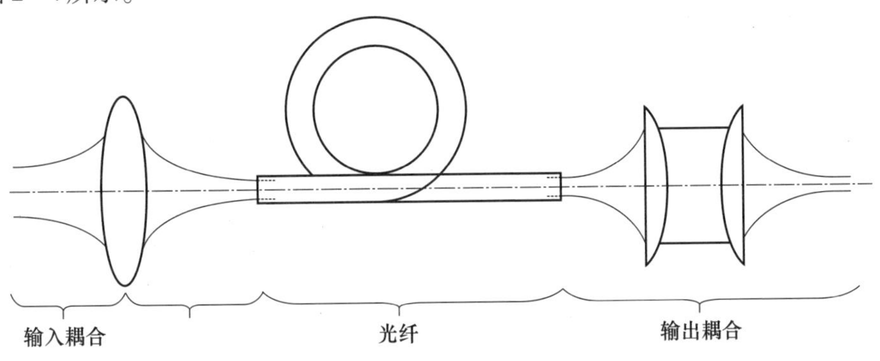

图2-7 光纤传输原理示意图

从几何光学的角度而言，光纤的物理基础是光的全反射，光纤的结构分为纤芯、外层、保护套等，纤芯与外层的折射率不同，纤芯折射率大于外层折射率，以保证入射进入光纤纤芯的光束可发生全反射。光纤改变了传统的光传输方式，从宏观上看，随着光纤的弯曲，光路变得柔性化。设 n_1 和 n_2 为阶梯光纤的纤芯和外包层折射率，当界面上的入射角超过 α_g 时，将发生全反射：

$$\sin\alpha_g = \frac{n_2}{n_1} \tag{2-7}$$

假如激光束从大气中传输进入光纤，则入射到光纤前端面上的光处于开放角为 α_{max} 的圆锥内（图 2-8）：

$$\sin\alpha_{max} = \sqrt{n_1^2 - n_2^2} \tag{2-8}$$

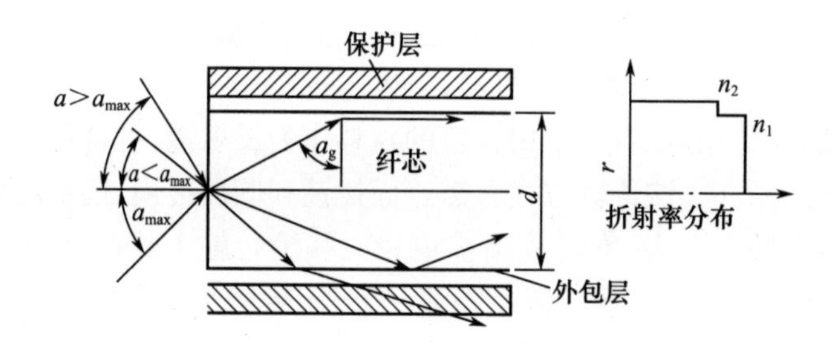

图 2-8 光线在光纤中传输的几何条件

不同功率及波长的激光，不同的用途要求，需要选择不同的光纤传输系统，大功率激光加工中的光纤一般为石英多模光纤，主要考虑功率的传输。光纤的灵活性消除了机械和光学镜组的复杂性，更适合于机器人操作，极大地提升激光传输和加工的自由度。光纤的传输损耗是影响激光功率的主要因素之一。光纤损耗可分为材料吸收、散射损耗以及波导结构损耗两个方面。前者主要由材料杂质离子、缺陷吸收及瑞利散射导致，后者主要由光纤的结构散射及弯曲耗损导致。

不同的激光制造及再制造工艺对激光束功率、光斑大小以及光斑形状等激光特征具有不同的要求，这些要求虽可以从激光器自身加以调节和改进，但在激光束的传输过程中对激光束的变换及调整则更加灵活有效。例如，激光表面改性中，常用金属积分镜、震动反射镜和旋转反射镜等将原型的激光光斑变换为细条形或者矩形，以有效减小激光热处理中的搭接效应。

激光变换和聚焦主要考虑光束的时间特性和空间特性，时间特性主要体现在激光的输出方式，例如脉冲输出、脉冲宽度和脉冲形状等。空间特性考虑光束空间特性的变换，如模式分布、光斑形状。光束的空间调制主要利用各种光学元件，可以调制输出的截面光强分布，实现特殊的空间功率密度分布要求。

激光聚焦系统通常有透射式和反射式两种（图2-9），YAG激光一般采用透射式聚焦，工业用CO_2激光一般功率较大，通常采用反射式聚焦方法。透射式聚焦所用透镜一般由硒化锌或者砷化镓这两种半导体材料制造。反射式聚焦方法所有反射镜一般用无氧铜制造，反射式聚焦又包括球面系统和抛物镜系统，如图2-10～图2-11所示。

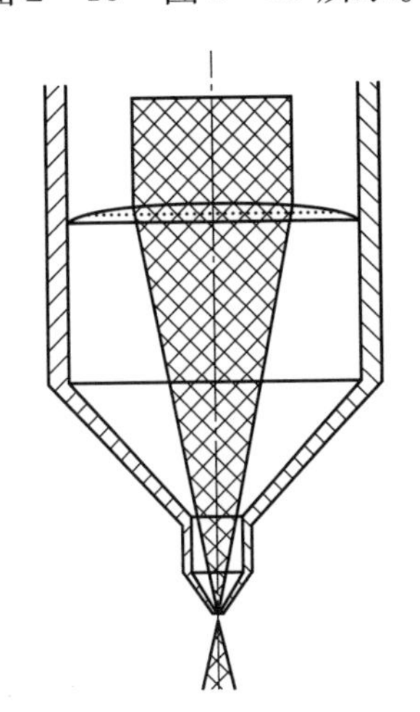

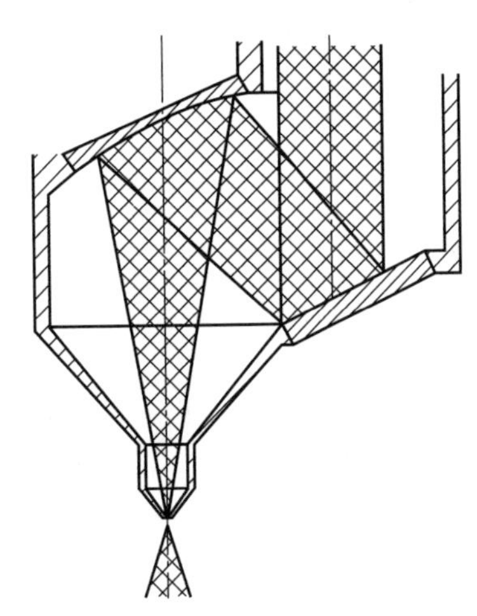

图2-9　透射式和反射式聚焦系统示意图

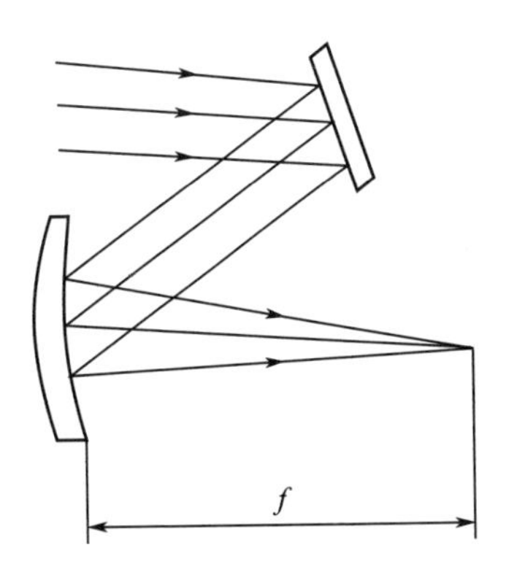

图2-10　球面反射镜聚焦图

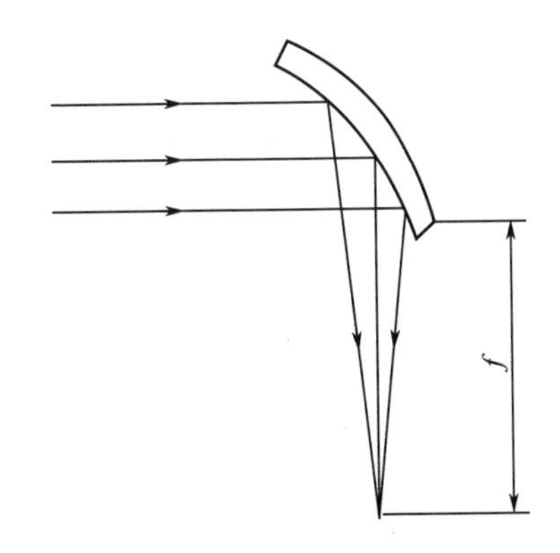

图2-11　离轴抛物面镜聚焦

球面系统包括同轴系统、离轴系统、校正离轴系统，离轴系统光束离轴传输会产生像散，入射角不能太大，必须小于10°。离轴抛物面镜可以消除球差和像散，获得较小的聚焦光斑。积分镜片可以大大提高光强分布的均匀性。如果采用积分聚焦和抛物面镜复合聚焦，则可获得理想的效果，以满足不同形状尺寸和性能的激光表面改性零部件需求，如图2－12～图2－13所示。

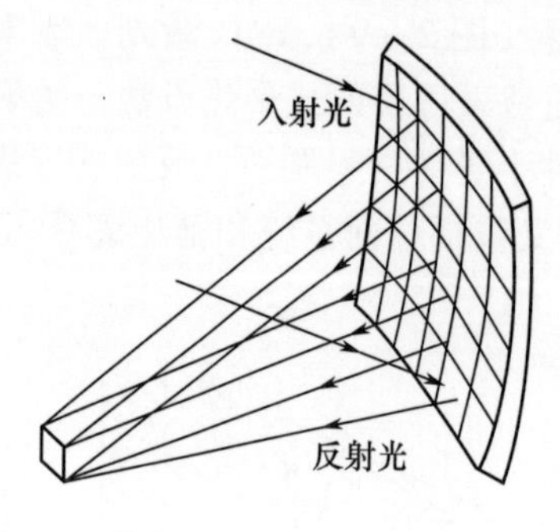

图2－12　积分镜聚焦

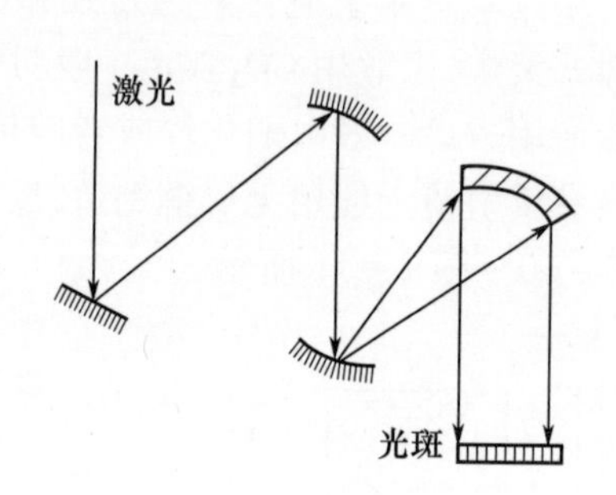

图2－13　积分与抛物面镜复合聚焦

2.3　激光再制造硬件系统

激光再制造系统既包括硬件系统也包括软件系统，对于系统的深入理解利于对激光再制造技术本身的掌握，以及对激光再制造成套设备的优化和改进。

2.3.1　激光器

激光器发展迅速，尤其是近几十年，种类及功能极大丰富。目前适用于激光再制造的激光器有CO_2激光器、掺钕钇铝石榴石（YAG）激光器、半导体激光器和光纤激光器等。据资料统计，1990年国际商用激光加工系统的产值中，CO_2激光器约占2/3，YAG激光加工系统约占1/3。

1. CO_2激光器

作为加工生产中应用最广泛的激光器，CO_2激光器的重要特点是[1]：

（1）输出功率高，其最大连续输出功率已达25kW；

（2）工作效率高，其总效率为10%左右，比其他加工用激光器的效率高很多；

（3）光束质量高，工作模式好，且较稳定。

CO_2激光器主要分为以下几类：

1）封离型激光器

图2－14为扩散冷却准封离型CO_2激光器的结构示意图，此类型CO_2激光

器的工作气体不流动，直流自持放电产生的热量，靠玻璃管或者石英管壁传导散热，故其热导率低。注入功率和激光功率受工作气体温升的限制，每米激光管的输出功率在 50 ~ 70W，由于工作气体放电过程有分解，故其输出激光功率随运行时间延长而逐渐下降。其优点是结构简单、维护方便、造价和运行费用等较低。在百瓦级别的激光功率需求中，此种准封离型 CO_2 激光器是适合选用的。

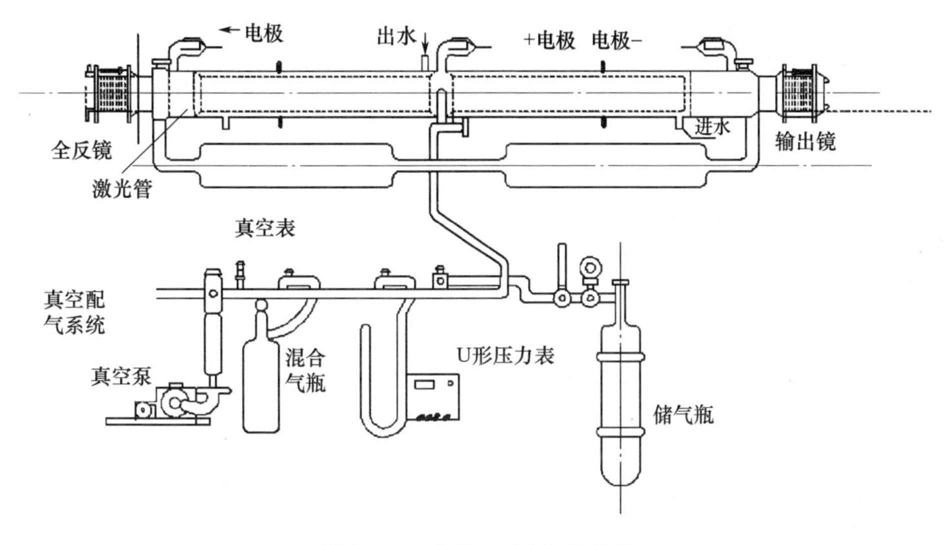

图 2-14 准封离型 CO_2 激光器

2）快速轴流 CO_2 激光器

图 2-15 为快速轴流 CO_2 激光器的结构示意图，该类型激光器由工作气体沿放电管轴向流动实现冷却，且气流方向同电场方向和激光方向一致，其气流速度一般大于 100m/s，有的甚至可以达到亚声速，其结构主要有细放电管、谐振腔体、高压直流放电系统、高速风机、热交换器及气流管道等部分组成。其主要特点有：

（1）光速质量好；

（2）功率密度高；

（3）电光效率高；

（4）结构紧凑；

（5）可以脉冲和连续双制运行。

3）横向流动型 CO_2 激光器

图 2-16 为横向流动型 CO_2 激光器的结构示意图，该激光器的工作气体沿与气体垂直的方向快速流过放电区以维持腔内有较低的气体温度，从而保证有

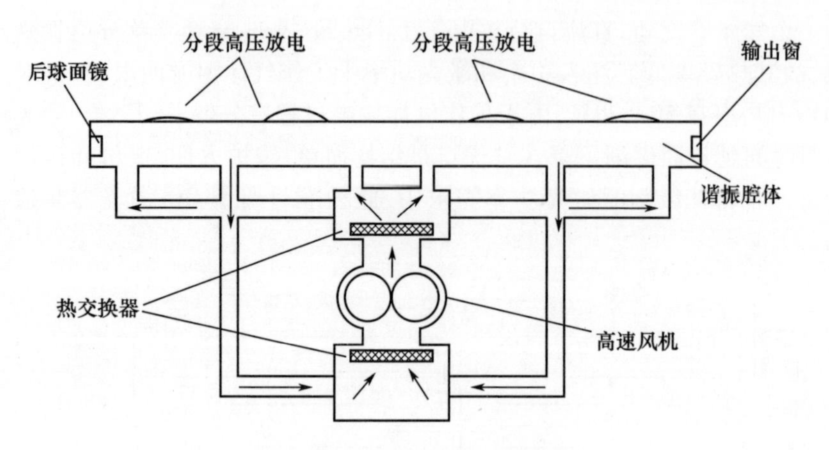

图 2-15　快速轴流 CO_2 激光器

高功率输出。单位有效谐振腔长度的输出光功率可以达到 10kW，商用器件的最大功率可达 25kW。但其缺点是光速质量较差，在好的情况下可以得到低阶模输出，否则为多模输出。这种类型的激光器广泛应用于材料的表面改性加工领域，如激光表面淬火、激光表面合金化、激光表面熔覆、激光表面非晶化等。

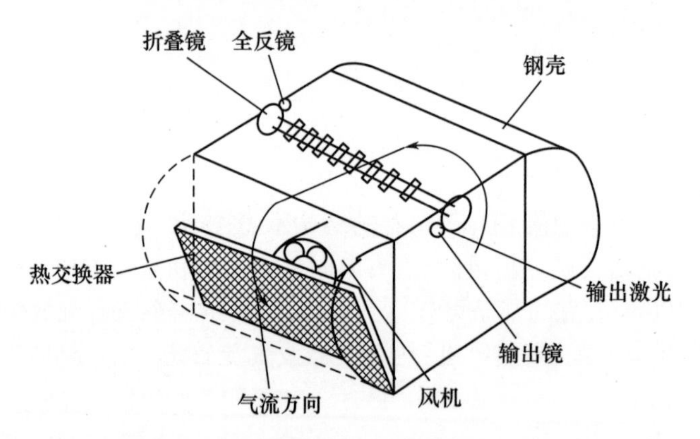

图 2-16　横向流动型 CO_2 激光器示意图

2. YAG 激光器

YAG 激光器具有以下优点：

(1) 输出波长可以为 1.06μm，恰好比 CO_2 激光波长 10.6μm 小一个数量级，因而使其与金属的耦合效率高，加工性能良好；

(2) 可以与光纤耦合，借助时间分割和功率分割多路系统能方便地将一束激光传输给多个工位或远距离工位，便于激光加工实现柔性化；

(3) 能以脉冲和连续两种方式工作,其脉冲输出可以通过调 Q 和锁模技术获得短脉冲及超短脉冲,从而使其加工范围比 CO_2激光更大;

(4) 结构紧凑、重量轻、实用简便可靠、维修要求较低、故其实用前景好。

其主要缺点是:

(1) 转换效率仅为 1% ~3% ,较 CO_2激光器低一个数量级;

(2) YAG 激光棒在工作过程中存在温度梯度,因而会存在温度梯度和热透镜效应,限制了 YAG 激光器平均功率和光速质量的进一步提高;

(3) YAG 激光器每瓦输出功率的成本费比 CO_2激光器高。

图 2 - 17 为 YAG 激光器的基本结构示意图,它通常有掺钕钇铝石榴石晶体棒、泵浦灯、聚光腔、光学谐振腔和光源组成,在工作过程中,激光棒和泵浦灯外围都必须用冷却水冷却,以保证其长时间稳定工作。YAG 激光器目前采用光泵浦。目前的先进水平是:连续泵浦氪灯的使用寿命在满负荷时为 200h;在 70% 负荷下运行时,其寿命是 1000h。脉冲氙灯的寿命是 3×10^6次。

YAG 激光器当前最大峰值功率可达几十千瓦,平均脉冲功率可达数千瓦。单棒连续 YAG 激光器的最大功率为 600W,单模输出最大功率可达 340W,如将几个 YAG 棒串接可获得 2kW 连续激光输出。

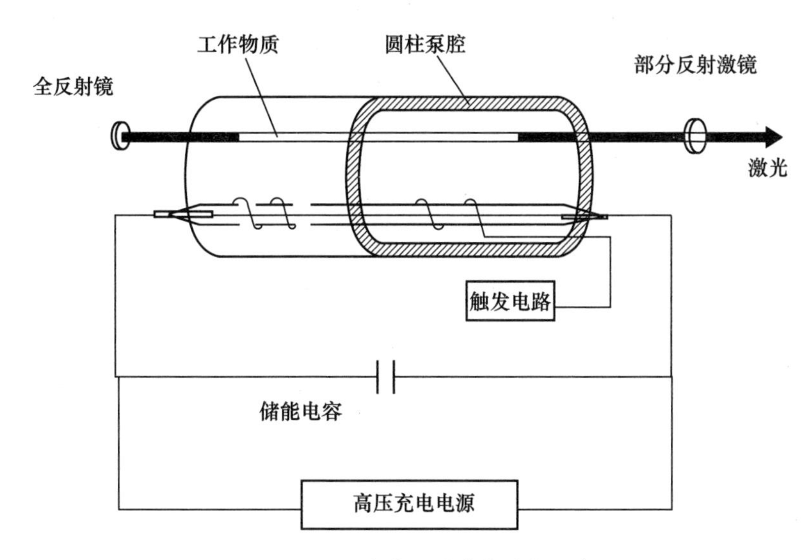

图 2 - 17 YAG 激光器的基本结构示意图

3. 准分子激光器

由于准分子激光器具有波长短、能量高、重复率高及可调谐等特性,因此近几年来发展极为迅速。如今实验室水平已经达到千瓦级,商品水平也达到了数百瓦。准分子激光器的应用也逐渐深入到科学研究、高能量、高重复率以及可调谐等特性,因此近几年来发展极为迅速。如今实验应用也相继进入科学研究、微电子工业、光化学、生物医学等专业领域。准分子激光器包括:放电室、谐振腔、火花隙预电离针、放电电路、热交换器、水冷却系统或油冷泵,以及充、排气系统等。

准分子激光为紫外超短脉冲激光,波长范围为 193 ~ 351nm,其单光子能量高达 739eV,比大部分分子的化学键能都要高,故能直接进入材料分子内部进行加工,其加工机理不同于 YAG 和 CO_2激光。前者属于"激光冷加工",后二者属于"激光热加工"。图 2-18 为准分子激光器示意图。

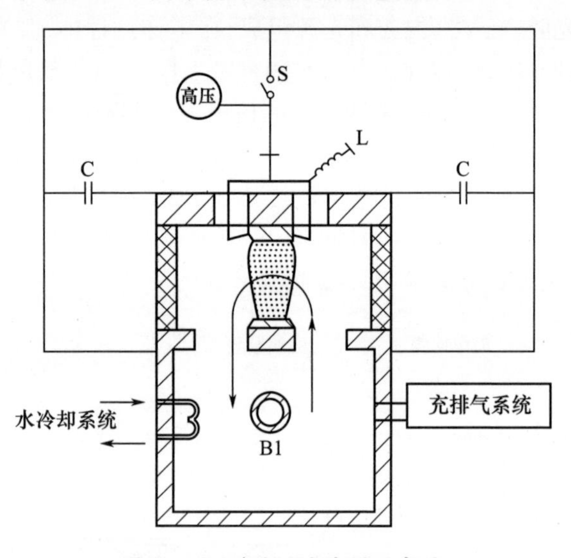

图 2-18　准分子激光器示意图

4. 高功率 CO 激光器

CO 激光的波长为 5μm,被认为是下一代最有希望的激光加工器之一,该类型激光器具有下列优点:

(1) 其波长为 5μm,为 CO_2激光波长的 1/2,发散角也为 CO_2激光波长的 1/2,聚焦后能量密度要比 CO_2激光高 4 倍;

(2) 许多材料对 5μm 波长激光吸收率很高,对激光加工极为有利;

(3) CO 激光的量子效率接近 100%,而 CO_2 只有 40%,其效率比 CO_2 高 20%。

该类型激光器的主要缺点是:

(1) 工作气体必须冷却到 200K 左右的低温;

(2) 工作气体的劣化较快,因此使得 CO 激光器的投资较高,且实际运行费用也较高，故在一定程度上限制了这种激光器的发展；

尽管如此，该种激光器仍然受到人们的重视。

2.3.2 执行机构

若要完成激光加工操作，必须要有激光束与被加工工件之间的相对运动。在这一过程中，不但要求光斑相对工件按照要求完成轨迹运动，而且要求激光光轴自始至终垂直于被加工表面。加工机按照用途可以分为通用加工机和专用加工机。前者用途面较广，能完成的各样工作较多；后者则专门针对某类特定加工对象（产品零件）而设计制造的设备。通用加工机分龙门式激光加工机和激光加工机器人两种，其示意图如图 2－19 所示。

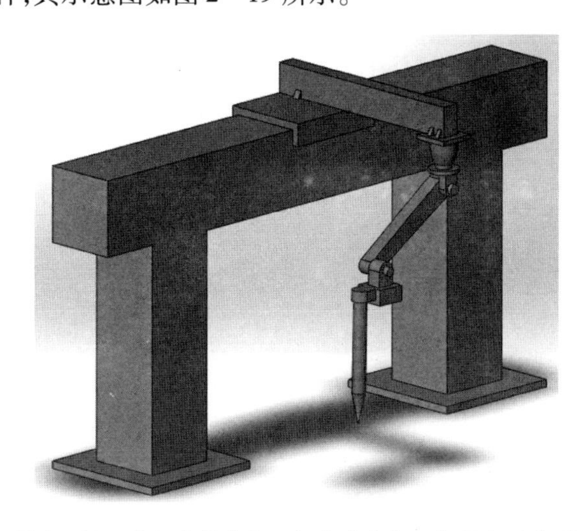

图 2－19　龙门式激光加工机和激光加工机器人示意图

工件和光束的相对运动由直角坐标运动系统完成，可以是工件运动，也可以是光束运动，或者二者的结合。光束运动由导光系统或激光器的运动来实现。龙门式加工机具有较高的刚度和运动精度，加工范围较广，但是机床本身的外部轮廓远大于其工作空间，比较笨重。

2.3.3 光学系统

通常根据零件加工的要求和目的不同，对激光输出功率进行选择，以确定采用连续输出激光或用具有较高峰值功率的脉冲激光。同时还需要考虑激光的输出模式（如多模、低阶模或基模）和激光束发散角。激光器输出功率的大小及其稳定度决定了激光加工能力及加工的重现性，而输出模式、发散角及其稳定性则决定激光加工的范围和加工质量。此外，尚须解决输出激光的传输与处理，以达到各种激光加工的目的，不管选择何种系列的激光器，从谐振腔振荡输出激光，为保持光斑模式与发散角不变，都需要激光窗口对输出的激光进行传输和处理，则涉及反射、聚焦、分光及变换等一系列外光路用的光学元件。

为减少昂贵的气体消耗和降低激光加工的运行成本，直管式和横流 CO_2激光器等一般都利用窗口密封做全封闭循环运行。轴向慢流或快速流动 CO_2激光器亦是通过窗口密封而尽可能减少补充气体，由此可见，窗口不但要作为激光器谐振腔的密封元件而承受外界大气压的均布载荷，而且还在腔内承受很高的振荡光强，同时亦要输出强激光。当窗口受到的大气压力、机械应力和热应力等超过某一临界阈值时，将使窗口破裂而阻断激光输出，乃至中止激光加工。所以，能在 10.6μm 波长下透过强激光的红外窗口就成为激光器的核心部件。因为由一整套机电装备组成的激光器，其最终目的是经窗口整合振荡并输出激光，故常把窗口称为“卡脖子”元件。随着激光窗口材料制备工艺技术的不断更新，采用同时兼备性能优良和价格低廉的小功率 GaAs 窗口已成可能。对于中、大功率 CO_2激光器，则成功地采用了我国发明的复合型 GaAs 窗口，而且大功率 GaAs 激光窗口也已逐步走向系列化，国外中、大功率激光器常用 ZnSe 窗口。国际上对于 10kW 以上的高功率激光器，在实验室试验过程中曾少量采用过 KCl 窗口，但也存在潮解和强度等工艺问题。我国研制的高质量 GaAs 窗口的采用已获得连续输出超过 11kW 的激光功率，成为国内、外颇具实用价值的高功率激光窗口材料及元件。高重复频率和高脉冲功率的 CO_2激光器，由于其脉冲输出功率高达 20MW，常用于激光打标以及强激光对抗等应用背景，因为该激光器的输出能量很高，所以对激光窗口的破坏也很大。经采用 Ge、ZnSe、KCl 和 GaAs 等多种固体窗口进行试验对比，结果证明，我国研制生产的 GaAs 强激光耦合输出窗口已在性能和应用上满足了脉冲输出功率 20MW 级 CO_2激光器的使用要求。

为使激光器输出的激光能进行激光加工，尚需把激光束传输到不同距离，再经过分光镜分光或反射镜进行反射，利用透射式或反射式聚焦镜将较大面积激光光斑聚成不同直径且具有高功率密度的激光束，才能用于激光热处理、表面合金化、涂覆、切割及焊接等激光加工领域。反射镜与反射式聚焦镜等一般采用金属镜（即铜镜），而分光镜或透射式聚焦镜则用红外光学材料及元件。目前，利用新的光学技术已研制出能把输出的多模激光直接聚焦成细焦点、长焦深激光束的长波长 GaAs 光衍射聚焦透镜，其衍射效率高达 95%，并可最大限度地利用多模输出的激光功率（≥90%）进行聚焦后直接用于切割与焊接。为了减少激光热处理中的搭接效应，提高表面热处理、激光合金化和激光涂覆的效率，改善表面处理的质量，常利用金属积分镜、振动反射镜和旋转反射镜等，将激光器输出的圆光斑等变成细的条形或矩形光斑，以进行激光宽带扫描，但激光分布的均匀性及使用寿命等问题尚待解决。我国最近研制成的长波长砷化稼光辐射变换器件，可将激光器输出的圆形或长方形大光斑变成细的条形或者矩形光斑，以直接进行宽带激光扫描加工。在输出功率为1200W时，以500～1800mm/min的扫描速度可以获得100mm宽的均匀激光淬火层。在激光切割中，为增加材料对激光的吸收，提高激光加工的效率及质量，可采用各种偏振元件，以获得或控制激光的偏振待性（如线偏振或圆偏振等）。若要消除线偏振对激光加工过程的影响，则可采用圆偏振镜将激光器输出的线偏振光转换成圆偏振光，从而使吸收率与加工材料表面无关。

2.3.4 外光路系统

导光聚焦系统简称导光系统，它是将激光束传输到工件被加工部位的设备。根据加工工件的形状、尺寸及性能要求，经激光束功率测量及反馈控制、光束传输、放大、整形、聚焦，通过可见光同轴瞄准系统，将被加工部位找准，实现各种类型的激光精细加工。这种从激光器输出窗门到被加工工件之间的装置称为导光系统，国外称为外围系统。

导光系统主要包括：光束质量监控设备、光闸系统、扩束望远镜系统（使光束方向性得到改善并能实现远距离传输）、可见光同轴瞄准系统、光传输转向系统和聚焦系统。导光系统的关键技术是：激光传输与变化方式、光路及机械结构的合理设计、光学元件的选择（包括光加工工艺及镀膜技术、光束质量的在线监控、自动调焦及加工工件质量实时监控技术等）。

1. 激光传输与变化

激光传输需根据加工工件的形状、尺寸、重量、被加工的部位及性能要求等因素决定。激光传输的距离与光损耗成正比，因此，在达到加工件性能要求的条件下，应尽量缩短光束传输的距离。

目前，适用于生产的激光传输手段有光纤和反射镜两种。光纤多用于YAG固体激光器（波长1.06μm），它由光学玻璃或石英拉制成型。反射镜多用CO_2激光器，其材料采用铜、铝、钼、硅等，经光学镜面加工或金刚石高速切削。在反射镜面上渡高反射率膜，使激光损耗降至最低。

当激光输出光斑在10～50mm时，激光传输的自由度主要受激光发散角的限制，如使用扩束系统，工件加工的位置可远离激光器。为了人身安全和防止空气悬浮物对光学元件的损伤，应将全部传输的光束导入保护套管内，并保持高于常压的循环保护气。

激光束利用反射镜不仅可以静态偏转，而且还可以通过镜面万向关节进行多轴自由运动，这时导光系统可以组装在一个运动系统，或由机器人引导的被动式导光系统上。当激光束传送到需要的方位后，还需根据被加工工件的性能要求选配聚焦系统，使其达到高功率密度的要求。

2. 光路及机械结构的合理设计

在导光聚焦系统中，光路及机械结构设计合理与否直接影响激光功率的充分利用。一般加一块反射镜，激光功率损失 3%，如果采用冷却等措施，可以将功率损耗降低至 1%。因此，在光路设计中应尽可能减少反射镜的数量。

3. 激光参数的测量与控制

激光光束参数是衡量激光器性能、保证加工质量的必要指标。激光光束参数包括激光功率、能量、空间强度分布、光束直径、模式、发散角等，目前国内最常用的是测功率。此外，正在研制的有激光多参数测量仪和温度场测量仪。

目前，国内、外在生产线上均采用功率计测量和控制激光输出的功率大小和稳定性。激光功率是描述激光器特性和控制加工质量的最基本的参数，其测量的基本原理是采用光电转换法，利用吸收体吸收激光能量后温升，通过温升的变化间接测出激光功率，其测量方法有全光斑和部分光斑取样两大类。国外多采用激光器后腔片镀膜法取样。我国采用高速转针取样，每次平均截取全光束的千分之二，将截取的功率通过透镜聚焦到热电探头上，经放大可直接读出功率，并可反馈控制输出功率的稳定性。

2.4 激光再制造软件系统

激光再制造成形硬件系统在相应软件系统支持下，其功能和适用性进一步增强，尤其是对激光在制造全过程的性能提升、使用效率及精确度的提高，以及路径的规划方面都具有极大的促进作用。

其中，工业机器人是一个可编程的机械装置，其运动灵活性和智能性很大程度上决定于机器人控制器的编程能力。由于机器人应用范围的扩大和所完成任务复杂程度的增加，其作业任务和末端运动路径的编程已成为一个重要问题。通常，机器人编程方式可分为示教再现编程和离线编程。目前，在国内外生产应用的机器人系统大多为示教再现型，具有完全再现示教路径的功能，其在应用中存在的问题主要有：

（1）在线示教编程的过程相对烦琐、加工效率相对低；

（2）示教路径的精度靠示教者的经验和目测决定，对复杂路径难以取得令人满意的示教效果；

（3）对于一些需要根据外部信息进行实时决策的任务无法实现。

2.4.1 软件系统功能

机器人离线编程系统是基于计算机图形学原理，建立机器人及其工作环境的三维精确模型，利用路径规划算法，通过对虚拟机器人的控制和操作，在离线的情况下进行机器人末端的轨迹规划。机器人离线编程系统通过对编程结果进行三维图形动画仿真来检验编程的正确性和可执行性，最后将生成的机器人运动轨迹代码传输或者复制到机器人控制柜，再执行程序以完成规划路径及动作。机器人离线编程系统不仅可以增加机器人操作的安全性，还可以减少机器人不工作时间并降低运行成本，因而在机器人应用中得到广泛关注。

机器人离线编程系统是机器人编程语言的拓展，通过该系统可以建立机器人和 CAD/CAM 之间的联系。一个离线编程系统应实现以下功能：

（1）所编程工作过程的相关知识；

（2）机器人和工作环境的三维数字模型；

（3）机器人几何学、运动学和动力学的知识；

（4）基于图形显示的软件系统、可进行机器人运动的图形仿真算法；

（5）轨迹规划和检查算法，如检查机器人关节角超限、检测碰撞以及规划机器人在工作空间的运动轨迹等；

（6）传感器的接口和仿真，以利用传感器的信息进行决策和规划；

（7）通信功能，以完成离线编程系统所生成的运动代码到各种机器人控制柜的通信；

（8）用户接口，以提供有效的人机界面，便于进行人工干预和系统的操作。

此外，离线编程是基于机器人系统的三维数字模型模拟其实际环境中的加工工作，因此，为了使编程结果能与实际情况准确对应，全系统模型在构建过程中应将三维模型与实际环境之间的空间位置误差降到最低，随光学测量等现代化技术的不断发展，上述精准标定已经可以实现，并成功应用到离线编程的实际加工过程中。

机器人离线编程系统不仅需要在计算机上建立机器人系统的物理模型，而且需要对其进行编程和动画仿真，以及对编程结果后置处理。一般说来，机器人离线编程系统主要包括传感器、机器人系统 CAD 建模、离线编程、图形仿真、人机界面以及后置处理等模块。其中，机器人系统的 CAD 建模一般包括以下内容：零件建模、设备建模、系统设计和布置、几何模型图形处理。

离线编程系统的一个重要作用是离线调试程序，程序的离线调试最直观有效的方法是在不接触实际机器人及其工作环境的情况下，利用图形仿真技术模拟机器人的作业过程，提供一个与机器人进行交互作用的虚拟环境。计算机图形仿真是机器人离线编程系统的重要组成部分，它将机器人仿真的结果以图形的形式显示出来，直观地显示出机器人的运动状况，从而可以得到从数据曲线或数据本身难以分析出来的许多重要信息，离线编程的效果正是通过这个模块来验证的。随着计算机技术的发展，在计算机的 Windows 平台上可以方便地进行三维图形处理，并以此为基础完成 CAD、机器人任务规划和动态模拟图形仿真。一般情况下，用户在离线编程模块中为作业单元编制任务程序，经编译链接后生成仿真文件。在仿真模块中，系统解释控制执行仿真文件的代码，对任务规划和路径规划的结果进行三维图形动画仿真，以模拟整个作业的完成情况，检查发生碰撞的可能性及机器人运动轨迹是否合理，并计算机器人的每个工步的操作时间和整个工作过程的循环时间，为离线编程结果的可行性提供参考。

编程模块一般包括：机器人及设备的作业任务描述（包括路径点的设定）、建立变换方程、求解未知矩阵及编制任务程序等。在进行图形仿真以后，根据动态仿真的结果，对程序做适当的修正，以达到满意效果，最后在线控制机器人运动以完成作业。在机器人技术发展初期，较多采用特定的机器人语言进行编程。一般的机器人语言采用了计算机高级程序语言中的程序控制结构，并根据机器人编程特点，通过设计专用的机器人控制语句及外部信号交互语句控制机器人的运动，从而增强了机器人作业描述的灵活性。

近年来，随着机器人技术的发展，传感器在机器人作业中起着越来越重要的作用，对传感器的仿真已成为机器人离线编程系统中必不可少的一部分，并且也是离线编程能够实用化的关键。利用传感器的信息能够减少仿真模型与实际模型之间的误差，增加系统操作和程序的可靠性，提高编程效率。对于有传感器驱动的机器人系统，由于传感器产生的信号会受到多方面因素的干扰（如光线条件、物理反射率、物体几何形状以及运动过程的不平衡性等），使得基于传感器的运动不可预测。传感器技术的应用使机器人系统的智能性大大提高，机器人作业任务已离不开传感器的引导。因此，离线编程系统应能对传感器进行建模，生成传感器的控制策略，对基于传感器的作业任务进行仿真。

后置处理的主要任务是把离线编程的源程序编译为机器人控制系统能够识别的目标程序，即当作业程序的仿真结果完全达到作业的要求后，将该作业程序转换成目标机器人的控制程序和数据，并通过通信接口下载到目标机器人控制柜，驱动机器人去完成指定的任务。由于机器人控制柜的多样性，要设计通用的通信模块比较困难，因此一般采用后置处理将离线编程的最终结果翻译成目标机器人控制柜可以接受的代码形式，然后实现加工文件的上传及下载。机器人离线编程中，仿真所需数据与机器人控制柜中的数据是有些不同的，所以离线编程系统中生成的数据有两套：一套供仿真使用，一套供控制柜使用，这些都是由后置处理进行操作的。

与示教编程相比，离线编程系统具有如下优点：

（1）减少机器人停机的时间，当对下一个任务进行编程时，机器人可仍在生产线上工作；

（2）使编程者远离危险的工作环境，改善编程环境；

（3）离线编程系统使用范围广，可以对各种机器人进行编程，并能方便地实现优化编程；

（4）便于和 CAD/CAM 系统结合，做到 CAD/CAM/ROBOTICS 一体化；

（5）可使用高级计算机编程语言对复杂任务进行编程；

（6）便于修改机器人运动程序。

因此，离线编程软件引起了广泛重视，成为机器人学中十分活跃的研究方向。

2.4.2 功能实现过程

激光再制造成形立体结构需根据零件的三维坐标进行路径的规划和编程，将该软件应用于激光再制造，还需根据实际的激光加工环境进行具体细化，其中的主要内容包括：将软件中机器人末端工具换成了激光熔覆加工头，并对激光加工头按实际尺寸进行建模；确定待成形模型的分层方式和分层厚度；对成形路径进行规划；软件与硬件系统的通信连接等。

1. 建模

离线编程系统自带 CAD 建模模块，能进行简单三维模型的数字建模。考虑到直接应用现成的大量零件三维数字模型的需要，一般情况下，离线编程软件系统带有图形数据转换模块，可以识别 IGES 和 SAT 格式的图像文件。采用其他零件三维数字建模软件建立的零件三维图形数据一般可保存为 SAT 格式，然后通过图形数据转换模块转换为离线编程软件图形仿真系统可显示的图形。图 2-20所示为用 Solidworks 软件建立的激光加工头三维数字模型，图中将激光束模拟处理为一个尖锥，将工具中心直接固定在锥尖上，便于确定其在加工路径上的位置。

将该模型保存为 SAT 格式的图像文件，然后经图像转换模块转化后安装到虚拟机器人上，其效果如图 2-21 所示。

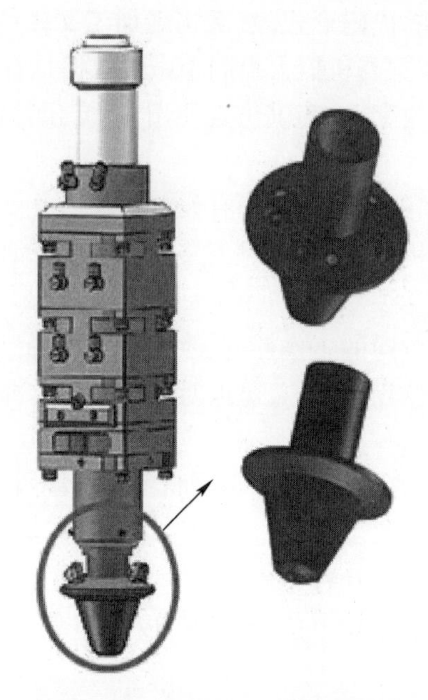

图 2-20　激光加工头装配模型

图 2-21　虚拟机器人加工系统

2. 分层

模型的分层一般希望借助专业的分层软件进行。但是,对于局部损伤的装备零件,其激光再制造成形的体积一般较小或结构形状较简单,所以其加工模型的分层与快速成型或其他实体成形有一定区别。通常的解决办法是在三维建模软件中按熔覆层的典型厚度对加工模型进行直接分层。

3. 路径规划

已有的热加工工艺中的路径规划方法和结论都可作为激光再制造成形的路径规划。

2.4.3 通信与碰撞检测

离线编程软件在个人计算机上运行。软件与硬件系统的连接主要是与机器人控制器的通信,可通过数据存储介质在控制器和计算机之间复制程序。通过数据存储介质进行程序传输时,只需要在个人计算机上编写好机器人运行程序,然后将程序复制至机器人控制器内即可,也可通过网线在个人计算机和机器人控制器之间进行数据通信。通过双机互联网线进行程序传输时,需要设定服务器,并通过 FTP 软件或机器人公司开发的专用软件进行通信。

目前,针对的激光成形再制造零件,其需要堆积的结构形状一般较简单,或厚度较薄,所以模型分层与路径规划一般可采用人工直接分层与路径规划。相对目前离线编程系统的成形速率平均小于 $12cm^3/h$,人工模型分层与路径规划时间显然是快速的。

离线编程软件的本质是提供一个机器人运动的虚拟环境,其主要功能是不用实际运行机器人就可以在虚拟环境中进行示教与编程,以及演示与检查程序执行情况。软件应用的目的是提高再制造成形编程的效率和检察程序准确性。该软件应具有较高的快捷性,可快速将在计算机虚拟的成形模型转化为实际工件;该软件也具有良好的控制直观性,可对三维复杂形状零件成形路径控制进行直观的干涉检查,使成形工序更加可靠,减少现场修正工作量,从而大幅提高成形效率。

通常情况下,离线编程软件的操作主要分为以下几个步骤:

(1) 在虚拟环境中导入机器人模型、工件模型和加工枪头模型;

(2) 调整加工头位置,进行可视化编程;

(3) 程序模拟运行,进行干涉检查和程序修改;

(4) 实际工件位置标定;

(5) 上传程序到机器人控制器,进行实际运行。

离线编程软件通过实际应用验证,在操作简易度、控制精度以及实际应用方面呈现出以下优点。

1. 软件的操作性方面

图 2-22 给出了 AX-ST 软件的运行和控制界面,该软件高精度地模拟了机器人及其操作控制系统,程序编写、导入、运行方式也与实际控制面板的操作

方式相同，通过 Solidworks 等画图软件导入待成形工件的三维模型，可实现在模拟状态下的成形路径规划、成形工序干涉检查以及基于实测数据的工件位置标定等功能操作。

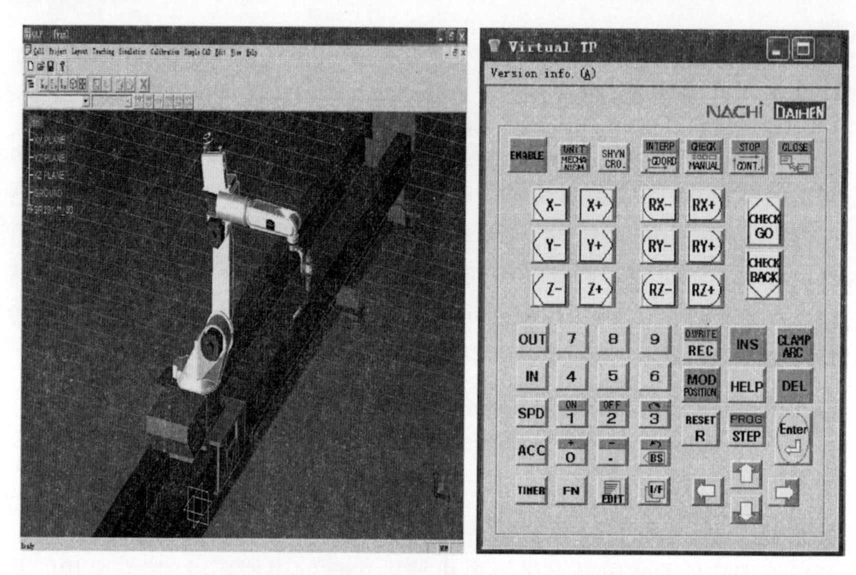

图 2-22　AX-ST 软件的运行和控制界面

该软件界面简洁、清晰，使激光熔覆修复实际工件的操作更加直观、可控，对于提高激光快速成形的效率、精确性大有裨益。然而，该软件在一些方面也存在着不足，如一个数据的更正可能会导致整个程序的更改；在机器人与模拟软件之间不能实现实时在线更正程序等。

2. 软件的精确性方面

在实际应用过程中，成形的误差不可避免。但是，离线编程软件的标定(Calibration)功能可大幅减小误差范围，提高修复的精确度。在外部环境方面，机器人与加工区域相对位置标定测量的不精确、机器人运动速度过大导致整体发生的抖动等因素都会对最终的加工、成形精确性产生很大影响；在软件方面，待修复零件待修复部位具有不规则轮廓变化，而这些微小变化无法在三维建模软件中精确构建出，都可能导致实际零件与模型零件外形的不吻合，反映在加工零件上就是加工误差。

2.5　激光再制造材料体系

激光再制造材料的初始供应状态可以分为粉末状、膏状、丝状、棒状和薄板状，其中应用最广泛的是粉末状材料。按照材料成分构成，激光熔覆粉末主要分为金属粉末、陶瓷粉末和复合粉末等。其中，叶片类部件激光再制造熔覆材料主要采用自熔性合金，常用的主要分为镍基、铁基、钴基。此外，部分复合材料以及钛基合金也被用于部分叶片类装备部件的激光再制造成形。

自熔性合金是加入具有较好的脱氧和自溶性的合金元素，例如：Si、B 等元素的合金粉末。在激光再制造过程中，Si、B 等元素具有较好的造渣功能，可优先与合金粉末中的氧和工件表面氧化物一起熔融生成低熔点的硼硅酸盐，在熔池的对流搅拌作用下，浮于熔池表面，以防止液态金属过度氧化，从而实现对基体金属润湿能力的改善，并且可以减少熔池的夹杂和含氧，提升再制造成形性形状和性能。其中，自熔性合金材料体系主要包含镍（Ni）基、钴（Co）基和铁（Fe）基自熔性合金粉末。上述 3 种自熔性合金粉末对碳钢、不锈钢、合金钢、铸钢等多种基材有较好的适应性，可获得质量较优的再制造成形层。但对于含硫钢，容易在交界面形成一种低熔点的脆性物相，使成形层结合强度极大降低，因此，不适合含硫钢材料的激光再制造。上述 3 种自熔性合金粉末的主要特点见表 2－2。

表 2－2　自熔性合金粉末的主要特点

自熔性合金粉末	自熔性	优点	缺点
铁基	差	良好的韧性、耐冲击性、耐热性、抗氧化性，较高的耐蚀性能	高温性能差
镍基	较好	耐高温性最好，良好的耐热振、耐磨耐蚀性能	价格较高
钴基	好	成本低	抗氧化性差

2.5.1　镍基自熔性合金

Ni 基自熔性合金粉末以其良好的润湿性、耐蚀性、耐高温、自润滑作用和高性价比等优势，在激光熔覆材料中研究开发最多、应用最广。主要适用于局部耐疲劳、耐腐蚀及耐摩擦表面。该类合金激光再制造所需功率比铁基合金更高，其合金化原理是运用 Fe、Cr、Co、Mo、W 等元素进行奥氏体固溶强化，运用 Ba、Zr、Co 等元素进行晶界强化，而各合金元素的含量则依据具体的激光再制造工艺确定。

2.5.2　钴基自熔性合金

Co 基自熔性合金粉末具有良好的耐高温性能和耐蚀耐磨性能，常被应用于石化、电力、冶金等工业领域的耐磨、耐蚀、耐高温等场合。Co 基自熔性合金润湿性良好,熔点低于碳化物,受热后 Co 元素最先处于熔化状态,而合金凝固时最先与其他元素形成新的物相,起到强化熔覆层的作用。目前,Co 基合金所用的合金元素主要是 Ni、C、Cr 和 Fe 等。其中,Ni 元素可以降低 Co 基合金熔覆层的热膨胀系数,减小合金的熔化温度区间,有效防止熔覆层裂纹,提高熔覆合金对基体的润湿性。

2.5.3 铁基自熔性合金

Fe 基自熔性合金粉末适用于要求局部耐磨且易变形的零件,基体多为铸铁和低碳钢,其最大优点是成本低且抗磨性能好。与 Ni 基、Co 基自熔性合金粉末相比,Fe 基自熔性合金自熔性较差、熔覆层易开裂、易氧化、易产生气孔等成形缺陷。在 Fe 基自熔性合金粉末的成分设计上,通常采用 B、Si 及 Cr 等元素提高熔覆层的硬度与耐磨性,采用 Ni 元素提高熔覆层的抗开裂能力。

2.5.4 复合材料合金

复合粉末主要是指碳化物、氮化物、硼化物、氧化物及硅化物等各种高熔点硬质陶瓷材料与金属混合或复合而形成的粉末体系。复合粉末可以借助激光熔覆技术制备出陶瓷颗粒增强金属基复合涂层,它将金属的强韧性、良好的工艺性和陶瓷材料优异的耐磨、耐腐蚀、耐高温以及抗氧化性有机结合起来,是目前激光熔覆技术领域研究发展的热点。目前研究和应用最多的复合粉末体系主要包括:碳化物合金粉末(如 WC、SiC、TiC、B_4C、Cr_3C_2 等)、氧化物合金粉末(如 Al_2O_3、Zr_2O_3、TiO_2 等)、硼化物合金粉末、硅化物合金粉末等。其中,碳化物合金粉末和氧化物合金粉末研究和应用最多,主要被用于制备耐磨涂层。复合粉末中的碳化物颗粒可以直接加入激光熔池或者直接与金属合金粉末混合成混合粉末,但更有效的是以包覆型粉末(如镍包碳化物、钴包碳化物)的形式加入。在激光熔覆过程中,包覆型粉末的包覆金属对芯核碳化物能起到有效保护,减弱高能激光与碳化物的直接作用,避免碳化物烧损、失碳以及挥发。

2.5.5 其他金属体系

Ti(钛)基熔覆材料主要用于改善基体合金金属材料表面的生物相容性、耐磨性或耐蚀性等。研究的钛基激光熔覆粉末材料主要是纯 Ti 粉、Ti6A14V 合金粉末以及 Ti - TiO_2、Ti - TiC、Ti - WC、Ti - Si 等钛基复合粉末,研究表明复合涂层中原位自生形成了微小的 TiC 颗粒,复合涂层具有优良的摩擦磨损性能。通过对不同材料熔覆层质量分析发现,熔覆层与基体为同种类型材料时,熔覆层具有良好的润湿性,可形成良好的冶金结合。

2.6 再制造材料选用原则

针对叶片类部件激光再制造成形合金材料/基体金属搭配体系，通过优化激光熔覆工艺，可以获得良好的金相组织形貌及力学性能。若材料体系不能实现匹配，则难以获得质量和性能理想的再制造成形层。因此，激光再制造成形层材料的设计与优选对激光再制造的工程应用至关重要，一般应考虑热膨胀系数、熔点以及润湿性相近等方面。

2.6.1 热膨胀系数相近

再制造成形层材料与基体二者间的热膨胀系数应尽可能相近，否则，二者差异过大将直接导致成形层裂纹甚至剥落，其中，文献[9]给出了激光熔覆层材料与基材热膨胀系数的匹配原则，即二者的相关参数应满足式(2-9)：

$$\sigma_2(1-\gamma)/(E\cdot\Delta T)<\Delta\partial<\sigma_1(1-\gamma)/(E\cdot\Delta T) \tag{2-9}$$

式中：$\sigma1$、$\sigma2$ 分别为熔覆层与基材的抗拉强度；$\Delta\partial$为二者的热膨胀系数之差；ΔT为熔覆温度与室温的差值；E、γ 分别为熔覆层的弹性模量和泊松比。从式(2-9)可以看出，熔覆层的热膨胀系数应控制在一定范围内，超出该范围，则易在基材表面形成残余拉应力，造成成形层与基材开裂甚至剥落。

2.6.2 熔点相近原则

再制造成形材料与基体金属熔点不能存在过大差距，否则难以形成与基体结合良好且稀释度小的成形层。一般情况下，若成形材料熔点过高，加热时熔覆材料熔化少，则成形层表面粗糙度相对较高，或者由于基体表面过度熔化导致成形层稀释度增大，成形层被严重污染；与此相对应，若成形材料熔点过低，则会因成形层材料过度熔化，使熔覆层产生空洞和夹杂，或者由于基体金属表面不能很好熔化，成形层与基体难以形成良好的冶金结合。因而，在激光再制造叶片类部件过程中，一般选择熔点与基体金属相近的熔覆材料。

2.6.3 润湿性原则

成形层材料和基体金属之间应当具有良好的润湿性，可采取多种途径进行表面处理，提升再制造成形层表面性能。常用的再制造成形层处理方法有机械合金化、物理化学清洗、电化学抛光和包覆等。另外，可选择适宜的激光工艺参数提高润湿性，如提高熔覆温度、降低覆层金属液体的表面能等。此外，基于同步送粉激光熔覆工艺的最优化目标，再制造成形合金粉末设计还应遵循流动性原则,即合金粉末应具有良好的液态熔融流动性。而这种粉末流动性还与合金粉末的形状、粒度分布、表面状态及粉末的湿度等因素有关。在各种形状的粉末中,球形粉末的流动性最好,粉末粒度最好在 40 ~ 200μm 范围内。粉末过于细小,在气流输送过程中,容易散失;粉末粒度过大,熔覆成形工艺性差。粉末受潮后流动性会变差,进行熔覆成形时应时刻保持粉末的干燥性。

2.7 激光与材料相互作用

激光与材料相互作用过程涵盖一系列基础理论,包括激光与基材作用、激光与粉末作用、粉末与熔池等相互作用,也包括基体稀释、熔覆材料元素扩散等传质过程以及材料吸收激光能量、熔池热传导等过程[5-9]。因此,研究激光再制造过程的质量传输、能量变化规律对于获得优异的激光再制造效果具有重要指导意义。

2.7.1 光粉作用过程

激光熔覆送粉过程是激光束、熔覆粉末颗粒以及基体交互作用的结果,由于粉末粒子对激光的消光作用,穿过粉末束流的激光束到达基体/熔覆层时将发生能量衰减,其损耗程度与粉末的种类及尺寸、送粉量、载气量等送粉工艺有关[10]。若激光输出功率被粉末流遮挡而造成衰减过大,则到达工件的激光能量不足以在其表面形成熔池,致使熔覆成形过程无法进行。

激光束穿过粉末束流的同时,粒子因吸收能量而使自身温度升高。因此,粉末颗粒落入熔池前既可能未熔化,也可能部分熔化或完全熔化。通常,固体颗粒撞到固体表面而被反弹,而液态颗粒撞到固体基体表面,会被其黏附。但无论粉末处于固态还是液态,进入熔融态熔池,都将被熔池吸收。可见,粉末颗粒到达基体/熔覆层的状态将对再制造成形层的质量平衡状态产生直接影响。此外,进入熔池的材料将与液相混合,其温度及状态会影响熔池的流场和温度场。当合金粉末材料进入熔池前温度高于激光熔池温度时,合金粉末粒子将释放能量给熔池,其温度及状态也将影响熔池的流场和温度场;当合金粉末材料进入熔池前的温度低于熔池液体温度时,粉末粒子会吸收熔池的能量。因此,掌握激光束与粉末束流相互作用过程对阐明激光再制造机理具有重要意义。

光粉作用的一般过程如下。

激光熔覆再制造过程中,光束能量密度一般控制在 10^4 ~ 10^6 W/cm^{2}范围之内,该功率密度范围不会引起材料的蒸发和光致等离子体的形成,即不存在强激光作用下基体金属对激光的反常吸收，它是指金属对激光的吸收率远超过它与温度依赖关系所决定的数值的现象。因此，不考虑等离子体的影响，粒子的散射、吸收是激光能量损耗的根本原因。当激光作用于金属材料表面时，在激光功率足够高的条件下，材料迅速熔化并产生强烈蒸发，在基体表面的激光作用空间内形成高温、高密度、低电离的蒸发原子层，这种高温金属蒸汽因为热电离而产生大量的自由电子。同时，材料表面热反射也将提供大量电子，这两种机制在材料表面上方将产生的电子数密度高达 $10^{13} \sim 10^{15} cm^{-3}$。如此，高密度自由电子将通过电子及中性粒子的逆致韧辐射吸收激光能量，加热并电离金属蒸汽，形成金属蒸汽等离子体。

2.7.2 光粉作用规律

激光束与粉末束流相互作用涉及两方面的内容：激光在粉末束流中传播以及激光/粉末粒子的热作用。其中，激光在粉末束流中的传播是指光波通过粉末粒子流所引起的光学特性的变化，它主要包括由于粒子流散射与吸收造成的辐射能量衰减（简称激光能量衰减）、由于粒子流速度和浓度的变化造成的光束的漂移扩展，以及传输的线性和非线性光学效应。其中，较为成熟的理论模型是 Picasso 等提出的粉末遮光理论模型[11]，它是指被金属粉末遮挡的激光功率 ΔP 与输出的激光功率 P_0之比，且等效于参与遮光的金属粉末和激光束在工件表面的投影面积之比，其原理如图 2－23 所示。借助以下假设给出式(2－10)。

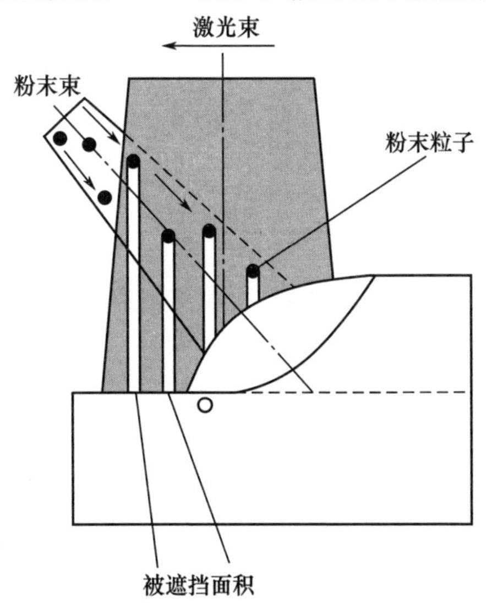

图 2－23　粉末遮光理论模型示意图

(1) 金属粉末颗粒均匀,且为半径 r_p 的球体;

(2) 金属粉末颗粒在气－粉射流中的体积分数很低,粒子之间不发生相互重叠;

(3) 不考虑被金属粉末反射的能量;

(4) 激光束穿过金属粉末颗粒间空隙时不发生衍射、散射;

(5) 粉末束流和激光束为两个相互交叉的圆柱体。

$$\frac{\Delta P}{P_0}=\frac{S_{\mathrm{p}}}{S_{\mathrm{l}}}=\begin{cases}\dfrac{M_{\mathrm{p}}}{2\rho_{\mathrm{p}}R_{\mathrm{l}}r_{\mathrm{p}}v_{\mathrm{p}}\cos(\varphi)} & (R_{\mathrm{p,w}}\leqslant R_{\mathrm{l}})\\[2ex] \dfrac{M_{\mathrm{p}}}{2\rho_{\mathrm{p}}R_{\mathrm{p,w}}r_{\mathrm{p}}v_{\mathrm{p}}\cos(\varphi)} & (R_{\mathrm{p,w}}>R_{\mathrm{l}})\end{cases} \tag{2-10}$$

式中:S_{p} 为参与遮光的金属粉末在工件表面的投影面积;S_{l} 为激光束在工件表面的投影面积;M_{p} 为单位时间内输送的金属粉末质量;ρ_{p} 为熔覆材料密度;φ 为粉末束流与水平面的夹角;$R_{\mathrm{p,w}}$ 为粉末流束流到达工件表面时的半径;R_{l} 为激光束半径。

黄延禄和刘珍峰等研究者认为,穿过粉末束流的激光,其功率密度按指数衰减,方程的表示形式相近,即

$$I_{\mathrm{l}}(r,l)=I_0(r,l)\mathrm{e}^{-Xc_{\mathrm{p}}l} \tag{2-11}$$

式中:$I_0(r,l)$ 为激光距其中心 r 处的功率密度;$I_l(r,l)$ 为激光在粉末束流中穿过距离 l 后距其中心 r 处的剩余功率密度;c_{p} 为金属粉末浓度(粒子数浓度或质量浓度);X 为光学因子,在一定波长下与材料本身的特性及入射光束的特性有关,若用符号 ε_{p} 表示,由式(2－11)确定,即

$$\varepsilon_{\mathrm{p}}=\frac{3(1-\xi)}{2r_{\mathrm{p}}\rho_{\mathrm{p}}} \tag{2-12}$$

式中:ξ 为熔覆材料对激光的吸收系数,常用单位为 cm^{-1}。式(2－12)给出两个假定:

(1) 消光截面与光束入射辐射强度、介质浓度无关。对于辐射强度大于一定值的强激光,要考虑到衰减率受到辐射强度的影响;

(2) 消光系数与介质的浓度无关。然而,大量的研究证明,低浓度时,该假定是正确的,当介质浓度增加时,衰减系数会发生变化。

2.7.3 能量吸收影响因素

金属材料对激光能量的吸收率不只与材料本身理化性能有关,还与激光光

束的物理性能、材料外界环境、几何形状等密切相关。

(1) 性能不同的材料对激光的吸收率是不同的。大多数金属对激光均具有较高的反射率(约为70% ~90%)和大的吸收系数(约为 $10^5 \sim 10^6 cm^{-1}$),光在金属表面能量即被吸收。研究表明,光吸收由导电材料的电子产生,材料的导电性决定了光吸收率,材料对激光的吸收率随电导率的增大而减小。

(2) 激光波长决定了材料对激光能量的吸收率,一般情况下,波长越短,吸收率越高。根据 Hagen - Ruben 关系,在 Fresnel 吸收条件下,金属对激光能量吸收率 A 还可表示为

$$A = 365.15\sqrt{\frac{\rho}{\lambda}} \tag{2-13}$$

式中:ρ 为材料电导率;λ 为激光波长。

通过计算得到,金属材料对 YAG 激光器能量的吸收率是 CO_2 激光器的3.16倍[11]。同时,由于激光在金属中穿透深度与波长平方根成正比[12],波长越长,穿透深度越大,因此,对于不同激光器而言,材料吸收与透射的激光能量也存在差异。以 YAG 和 CO_2 激光器为例,CO_2 激光器发射激光对材料的穿透能力大于 YAG 激光器,从而导致在熔覆过程中,有更多的基体材料熔入熔池,增大了稀释率,也限制了较薄材料进行激光熔覆的可操作性。相比较而言,在提高激光能量利用率、降低稀释率和低厚度材料熔覆可操作性方面,YAG 激光器更适合应用于激光熔覆。

(3) 材料温度。在 Drude 理论公式中,材料对激光吸收以及电阻与温度之间的关系归因于随着温度升高,电子 - 晶格碰撞频率 v_m 的增加。研究显示,金属材料对激光的吸收率随着材料温度的增加而增加。

(4) 表面杂质涂层。再制造零件表面会存在锈蚀、氧化皮等表面涂层。这些表面杂质涂层会增加材料对激光的吸收率。

(5) 表面粗糙度。增大材料表面粗糙度,相对提高了承受激光辐照的表面积,同时提高漫反射效应,表面累积吸收的激光能量增加。因此,增大材料表面粗糙度有利于提高材料对激光的吸收率。失效零件激光再制造前常见的表面粗化方法为喷砂处理、砂纸打磨等。

另外,激光再制造过程气体、工件周围材料等环境条件、工件表面轮廓线、工件几何形状等也是影响对激光吸收率的重要因素。

目前,工业应用比较广泛的激光器包括气体、固体、半导体、光纤等类型激光器。由于这些激光器输出光束波长不同,导致材料对这些激光器激光能量吸收率不同,表2-3为不同材料对几种常见类型激光器的吸收率。

表 2-3 不同材料对几种常见类型激光器的吸收率

材料	波长			
	氩离子激光器 0.5μm	红宝石激光器 0.7μm	YAG 激光器 1.06μm	CO_2 激光器 10.6μm
Al	0.09	0.11	0.08	0.019
Cu	0.56	0.17	0.10	0.015
Fe	0.68	0.64	—	0.035
Ni	0.4	0.32	0.26	0.03
Ti	0.48	0.45	0.42	0.08
W	0.55	0.50	0.41	0.026
Mo	0.48	0.48	0.40	0.027
Zn	—	—	0.16	0.027
注:表中吸收率数据采用光洁的金属表面在真空中测得				

2.7.4 激光能量吸收规律

激光再制造成形时,成形结果主要决定于工件表面单位时间吸收的能量。评估用于成形的激光功率 P_{abs} 的标准是材料的吸收率 A。A 代表与工件耦合的激光能量与到达工件的激光能量之比:

$$A = \frac{P_{abs}}{P} \tag{2-14}$$

式中:P 为激光器输出功率;P_{abs} 为用于成形的激光功率。A 的值介于 0 ~ 1 之间,但能量吸收率是一个通用的变量,这一变量不能表示工件内光束能量的存储位置及热量转化的位置。

吸收率可以通过直接测量材料上的入射激光能量得出,也可以通过对材料吸热后升高温度测量进行热力学计算进而获得材料的吸收率,还可以间接测量反射激光功率 P_r 及透射激光功率 P_t:

$$P_{abs} = P - P_r - P_t \tag{2-15}$$

如果材料较薄或为透光材料,部分进入材料的激光可穿透材料,则式(2-13)可表达为

$$A = 1 - R - T \tag{2-16}$$

式中:R 为材料对激光的反射率;T 为材料对激光的透射率。

对于大部分金属而言,$T=0$,有吸收率 $A = 1 - R$。研究表明,大部分金属对激光的反射率介于 0.7 ~ 0.9,当材料表面与空气接触且光波在空气中正入射

时，R 可由下式估算：

$$R=\left|\frac{\tilde{n}-1}{\tilde{n}+1}\right|^2 \tag{2-17}$$

从材料微观角度看，光吸收是由材料内部电子产生的，在激光的作用下自由电子被加速，发射出射线，而能量的耗损通过在射线场中被加速的自由电子与周期晶格的碰撞以及光子的碰撞进行，特别是主要由导电电子吸收的红外射线，将从射线场中通过非弹性碰撞获得的能量转移给晶体结构。Drude 理论模型很好地解释了具有简单的各向同性金属的材料-激光作用机理。金属中的光学常数吸收率 κ 和折射率 n 与材料的导电性、导磁性之间的关系如式（2-18）所示：

$$(n+\mathrm{i}\kappa)^2=\left(\varepsilon-\frac{\sigma}{\mathrm{i}\omega\varepsilon_0}\right)\mu \tag{2-18}$$

式中：σ 为激光电磁波频率；ω 为材料的电导率；ε 为介电常数；μ 为磁导率。式（2-18）所示即表征材料的光学常数与材料导电、导磁性关系的 Drude 理论模型。如果激光与材料的相互作用只发生在辐射和自由电子之间，即在激光的波长红外区域，此时 $\varepsilon\approx1$，$\mu\approx1$，则 Drude 公式可简化为

$$(n+\mathrm{i}\kappa)^2=\left(1-\frac{\sigma}{\mathrm{i}\omega\varepsilon_0}\right) \tag{2-19}$$

金属中自由电子的运动公式为

$$m\cdot\frac{\mathrm{d}v}{\mathrm{d}t}+m\cdot v_m v=-\mathrm{e}E \tag{2-20}$$

式中：m^* 为电子的有效质量；v 为电子的平均速度；E 为激光束的电场；v_m 为电子碰撞频率。

电子以这一频率在与光子或晶格缺陷碰撞时释放出脉冲。因此，结合 Drude 公式，可分别得出材料对激光的吸收率 κ、折射率 n：

$$\kappa^2=\frac{1}{2}\sqrt{\left(1-\frac{\omega_p^2}{\omega^2+v_m^2}\right)^2+\left(\frac{v_m}{\omega}\frac{\omega_p^2}{\omega^2+v_m^2}\right)^2}-\frac{1}{2}\left(1-\frac{\omega_p^2}{\omega^2+v_m^2}\right) \tag{2-21}$$

$$n^2=\frac{1}{2}\sqrt{\left(1-\frac{\omega_p^2}{\omega^2+v_m^2}\right)^2+\left(\frac{v_m}{\omega}\frac{\omega_p^2}{\omega^2+v_m^2}\right)^2}+\frac{1}{2}\left(1-\frac{\omega_p^2}{\omega^2+v_m^2}\right) \tag{2-22}$$

$$\omega_p^2=\frac{e^2n_\mathrm{e}}{\varepsilon_0 m_\mathrm{e}} \tag{2-23}$$

式中：ω_p 为材料电子频率；e 为电荷电量；n_e 为电子密度；m_e 为电子质量。

对于给定材料，吸收率 κ 和折射率 n 只取决于电子碰撞频率 v_m、入射波长

及频率。

2.7.5 传热与传质过程

叶片类部件的激光再制造成形过程也是能量和质量传递守恒的过程,成形过程中熔池经历瞬态的熔化凝固过程,实现局部的再制造成形。激光再制造成形过程中,高能量密度激光束与合金粉末、基材相互作用,是快速冷凝的冶金过程,具有非线性、耦合性及局部性等特征,过程伴随着能量和质量的传递与转移,成形过程中,高能激光束与材料相互作用时间极短,加热及冷凝过程极快,但过程中能量和质量的传递与转移,作为成形实现的基础,直接决定该过程中温度场及应力场的产生及衍化,对成形形状及精度控制具有直接影响。

成形过程的功率密度一般处于 $10^4/cm^2 \sim 10^6/cm^2$之间,光束与材料相互作用时,能量由以下形式散失:一部分被空气散射,未到达材料表面,但这部分能量散失极小,可忽略不计;一部分被输送状态下的合金粉末所散射、折射及遮挡,未能到达材料表面,但这部分能量也相对较小,忽略不计;一部分能量由于材料表面的反射作用,未能参与成形过程;还有一部分被材料所吸收,熔化合金粉末,通常情况下,金属常温时吸收率相对较低,当温度达到熔点后,能量吸收率可达40% ~50% ,而沸点时吸收率可高达90% 。

根据能量守恒原理,成形过程中能量传递方程可近似表达为

$$E_0 = E_1 + E_2 \tag{2-24}$$

式中:E_0为照射材料表面的总能量;E_1为因材料表面反射而散失的能量;E_2为材料最终吸收的能量。式(2-24)可简化为

$$I = \frac{E_1}{E_0} + \frac{E_2}{E_0} \tag{2-25}$$

$$I = R + C \tag{2-26}$$

式中:R 为基体材料反射率;C 为基体材料吸收率。

根据郎伯定律可知,光强 $I_{(x)}$ 随深度 x 衰减规律为

$$I(x) = I_0 \mathrm{e}^{-4k\pi x/\lambda} \tag{2-27}$$

式中:I_0 为激光在材料表面的强度;k 为材料吸收指数,即材料复折射率虚部。

$$n_c = n + \mathrm{i}k \tag{2-28}$$

光束在界面上的反射率为

$$R_1 = \frac{(n-1)^2 + k^2}{(n+1)^2 + k^2} \tag{2-29}$$

并可得材料对激光的吸收率为

$$C=\frac{4n}{(n+1)^2+k^2} \tag{2-30}$$

由上述分析可知，成形过程中，光束照射基体表面时，光束部分能量被工件所吸收，温度迅速升高，形成熔池，同时载气输送金属粉末进入熔池。基体的热传导作用会一定程度地降低熔池温度，粉末粒子携带激光能量进入熔池后，也会继续吸收熔池内能量而迅速升温，瞬时达到熔化状态，在经历复杂的熔化凝固过程后，实现再制造成形[15]。因此，从能量吸收的角度分析，影响再制造成形尺寸和形状精度的能量主要来源于熔池吸收的能量，而其他能量对成形的影响可相对忽略。

成形过程中，基体材料吸收激光能量升温是一个复杂的物理、化学及冶金过程，涉及较为深入的专业理论，液态熔池的面积、温度、体积、热传导速率及对流强度等特征参数都直接体现了过程的能量输入。再制造工件形状特征具有相对有限的几何尺寸，假定：工件材料各项同性，热物性值随温度呈线性变化；熔池无表面波动；熔池液态金属为层流形式；忽略表面张力及液态金属浮力作用影响；载气及保护气对熔池作用影响较小，可忽略；忽略可能存在摩擦作用的影响。可建立能量传递模型为

$$\frac{\partial\rho c_v T}{\partial t}+\nabla\cdot(\rho c_v T v)=-\nabla\cdot q+wr \tag{2-31}$$

$$q=-k\,\nabla T \tag{2-32}$$

式中：T 为温度；ρ 为密度；c_v 为质量热容定容；w 为单位体积耦合的激光能量；v 为热流速率；q 为热流密度；K 为传热系数。但上述研究并未考虑熔池能量吸收及熔覆送粉过程中，成形层几何形状的特征变化、粉末遮光及熔池吸收能量等因素对能量传递过程的影响。而根据文献[16]研究成果进行推导可得基体熔化功率 P_{ms}：

$$P_{ms}=\frac{\sqrt{\pi}k_s(T_{ms}-T_{is})}{2\sqrt{a_s t_{int}}\left(\frac{A_s}{S_{int}}\exp\left(\frac{-\varepsilon F P_d}{\pi V_p(r_n^2+r_n P_d\tan\theta)}\right)+\frac{3A_{pe}FA_p}{4S_{int}\rho_p r_p \pi v_p}\int_0^{P_d}\frac{1}{(r_n+Z\tan\theta)2}\exp\left(\frac{-\varepsilon F_z}{\pi k_p}\right)(r_n^2+Zr_n\tan\theta)\,\mathrm{d}z\right)} \tag{2-33}$$

该模型关联合金粉末半径、送粉速率以及合金粉末利用率等工艺参数，与再制造成形形状微观参数也具有较好的量化关系，其中，量化关系模型中各参数名称含义见表2-4。

表 2-4 参数符号及对应物理量关系

参数符号	参数意义	参数符号	参数意义	参数符号	参数意义
k_s	基体热传导率	T_{ms}	基体熔化温度	T_{is}	基体初始温度
a_s	基体热扩散率	t_{int}	基体与激光交互作用时间	A_s	基体对激光吸收系数
S_{int}	光斑作用面积	ε	粉末消光系数	F	送粉速率
P_d	激光束与粉末交互长度	V_p	粉末粒子飞行速率	r_n	光束与粉末交互半径
θ	光束发射角	A_p	材料对激光的吸收系数	A_{pe}	粉末的熔覆利用效率
r_p	粉末颗粒半径	ρ_p	粉末密度	Z	粉末轴向长度

式(2-33)中,粉末消光系数 ε 可表示为

$$\varepsilon = \frac{3(1-A_p)}{2\rho_p r_p} \tag{2-34}$$

进一步,可推导出熔池内熔化的粉末粒子所需功率为

$$P_{mr} = \frac{m_r C_r (T_{mr} - T_{ir})}{\frac{S_p A_p}{\pi v_p}\int_0^{p_d} \frac{1}{(r_n + Z\tan\theta)^2}\exp\left(\frac{-\varepsilon F z}{\pi k p}\right)(r_n^2 + Z r_n \tan\theta)\,\mathrm{d}z)} \tag{2-35}$$

式中:m_r 为粉末粒子质量;C_r 为粉末粒子比热容;T_{mr} 为粉末颗粒熔化温度;T_{ir} 为粉末颗粒初始温度;S_p 为粉末颗粒横截面面积。尽管该模型具有一定的复杂性,并且部分参数的测量要求和条件也相对较高,但是该模型却较为全面系统地阐述了成形过程中,能量的输入利用与粉末、基体之间相互作用关系,并且实现一定程度的量化。

结合上述分析,再制造成形过程中,合金粉末及基体经过激光束扫描,吸收部分激光能量,温度迅速升高并在熔池区域经过复杂的冶金反应,在骤热急冷的过程后,凝固形成具有一定规则几何形状的成形层[17]。合金粉末从熔覆加工头送出到最终成形,可以分为以下 4 部分:一部分进入熔池,熔化凝固后形成成形层;一部分在载气输送过程中被飞溅或被基体表面反弹,未进入熔池区域;一部分被激光束的高温烧蚀;还有一部分黏结在成形层表面。根据合金粉末质量守恒可知,全过程可表示为

$$M = M_1 + M_2 + M_3 + M_4 \tag{2-36}$$

式中:M 为熔覆加工头送出粉末的总质量;M_1 为形成成形层的粉末质量;M_2 为被飞溅或基体表面反弹的粉末质量;M_3 为高温烧蚀的粉末质量;M_4 为黏结在成形

层表面的粉末质量。设再制造成形全过程时间为 t,激光光束扫描的速度为 v,熔覆层横截面积为 S,成形层粉末密度为 ρ,忽略成形层与基体之间的稀释作用对成形层密度的改变,假定成形层生长的速度与激光光速扫描的速度近似相等,则

$$M_1 = \rho Svt \tag{2-37}$$

而激光再制造成形过程中,无论是同轴送粉还是侧向送粉,激光光斑直径通常都不大于送粉的粉斑直径,如图 2-24 所示,进入熔池的粉末经过熔化凝固形成成形层,但在凝固成形过程中,成形层处于熔融状态,在某时刻仍具有较高温度,当粉末黏结在成形层表面后,瞬间被卷裹其中而熔化凝固成形,因此最终成形层的合金粉末并非全部是进入熔池而熔化凝固,而熔池温度也会因此而处于动态平衡。综合上述分析,成形过程中,随着光速扫描位置的移动、成形层形状及位置的变化,光斑及粉斑的位置关系始终处于动态的变化过程,进一步,进入熔池的粉末量、粉末的减光系数、熔池温度以及基体散热条件等,都处于动态变化的平衡过程,通过粉末热物性参数及粉末粒子几何特征参数量化成形过程的途径,在理论推导和实际测量过程中难以实现。因此,研究应从再制造成形工艺过程和成形几何形状特征方面入手,建立具有一定通用性的该类部件形状控制数学模型,实现成形形状和精度的量化控制。

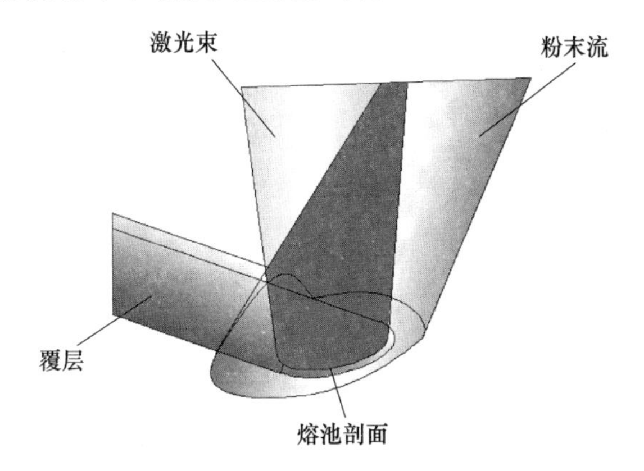

图 2-24　激光束与粉末交互作用关系

参 考 文 献

[1] 关振中. 激光加工工艺手册[M]. 北京:中国计量出版社,2007.

[2] 左铁钏. 21 世纪先进制造——激光技术与工程[M]. 北京:科学出版社,2007.
[3] 陈继民,徐向阳,肖荣诗,等. 激光现代制造技术[M]. 北京:国防工业出版社,2007.
[4] 黄卫东. 激光立体成形[M]. 西安:西北工业大学出版社,2007.
[5] 徐滨士,朱绍华. 表面工程的理论与技术[M]. 2 版. 北京:国防工业出版社,2010.
[6] 王维,林鑫,陈静,等. TC4 零件激光快速修复加工参数带的选择[J]. 材料开发与应用,2006,22(3):19-23.
[7] 虞钢,虞和济. 激光制造工艺力学[M]. 北京:国防工业出版社,2012.
[8] 李亚江,李嘉宁. 激光焊接/切割/熔覆技术[M]. 北京:化学工业出版社,2012.
[9] Picasso M, Marsden C F, Wagniere J D. A simple but realistic model for laser cladding[J]. Metallurgical and Materials Transactions B,1994,25(4):281-291.
[10] 杨义成,黄瑞生,方乃文,等. 光粉交互对同轴送粉增材制造能量传输的影响[J]. 焊接学报,2020,41(6):19-23.
[11] 李亚江. 特种焊接技术及应用[M]. 3 版. 北京:化学工业出版社,2011.
[12] 徐滨士. 装备再制造工程的理论与技术[M]. 3 版. 北京:国防工业出版社,2007.
[13] 浦诺威,张冬云. 激光制造工艺:基础展望和创新应用实例[M]. 北京:清华大学出版社,2008.

第3章　叶片类部件结构与损伤特征

3.1　叶片类部件再制造需求

以对叶片类部件服役条件苛刻且又蕴含较大再制造价值的航空发动机叶片为例,航空发动机叶片在转子高速或超高速运转离心力以及强气流冲击的复合作用下,承载着轴向拉伸、非定向扭曲以及非周期性的非定幅振动载荷。尤其是进气端的叶片边部以及前风扇叶片尖部,受离心力、空气激振力等复合作用以及强气流运载输送下刚性异物撞击作用,容易产生蚀孔、裂纹以及断裂等形式的体积损伤。此外,空气中水蒸气泡、空气泡的气蚀以及工况环境的腐蚀作用,也进一步加速了叶片的体积损伤速度及程度,易造成发动机整体失效,极大影响和威胁飞行器运行的整体安全[1-6],如图3-1所示。

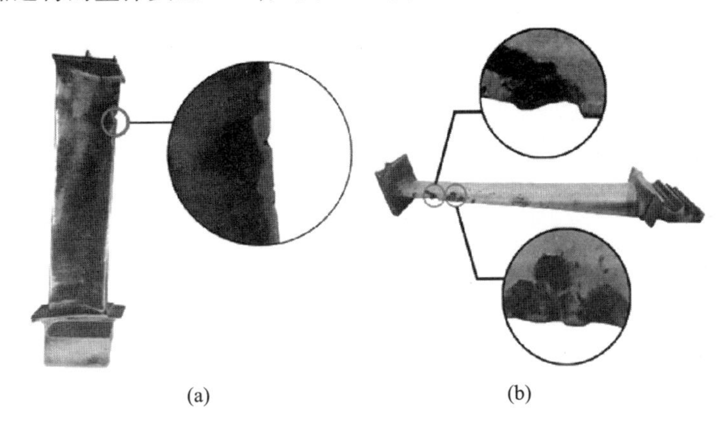

图3-1　体积损伤航空发动机叶片整体及局部形貌

进一步,钛合金因比强度高以及耐腐蚀性好等优点被广泛运用于飞行器发动机及叶片的制造,例如我国F-15型三代战机钛合金使用量达到30%,而叶片类材料的钛合金用量更高达80%[7],钛合金叶片自身材料价值高、热处理及加工工艺复杂,因而具有较高的产品附加值和再制造价值[8]。

因此,应以高速高冲击载荷工况下某型飞行器TC4合金叶片为研究载体,基于脉冲激光能量精确化输出及波形可调控的工艺优势,基于面向再制造的工程理念，实现材料场、能量场、温度场以及应力场交互耦合作用下的多场融合成形。从激光能量输入最优化实现、材料表/界面性能控制、损伤部位再制造控形工艺制定、多层形状生成行为及形变衍生机制建立、多场融合条件下再制造成形入手，实现该类合金叶片形状与性能的“再生”。该领域激光再制造工程的实现，具有以下重要意义。

3.1.1 资源环境需求

我国钛合金储量丰富，其中海绵钛的产能及产量约占全球的1/3。但随着我国经济发展和产业布局规模的调整，军用及民用领域钛合金的需求量迅速提高，尤其是军用、医用、航空航天、装备制造以及体育建设等领域需求巨大，且该类部件一般具有部件制造价值及产品附加值高、型线及结构复杂等特点，图3-2所示为我国某新型军用发动机内部结构及叶片各截面型线结构。据不完全市场统计表明，我国钛和钛合金材料年需求量应达到20000~30000t，而目前生产量仅不足10000t，尤其航空航天领域装备部件的钛合金原材料缺口更为巨大，有很大一部分需要依赖进口。2016年，国家工业和信息化部专门发布《新材料产业标准化工作三年行动计划》，专门制订了以钛合金材料为主的新型轻合金材料的使用和研发计划，体现了国家对该领域需求的极大重视。

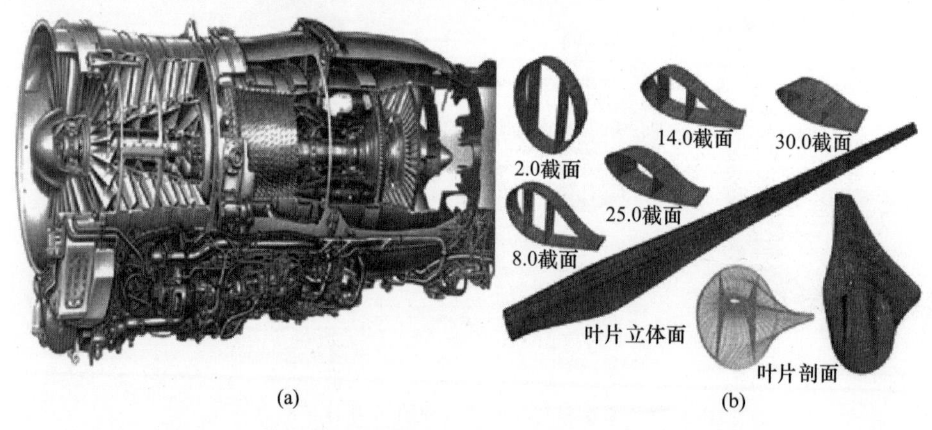

图3-2 某型号军用发动机内部结构及叶片各截面型线结构
(a) 某型号军用发动机内部结构；(b) 叶片不同截面结构及型线。

仅以我国双发远程宽体客机A350为例，其整体机身以及局部的功能结构制造中都采用了大量钛合金部件，约占总体材料的34%，而其中的钛合金叶片类部件比重更高达74%，如图3-3所示。尤其是随着世界范围内各国飞行器研发性能的不断提升，钛合金结构和部件的比例迅速提升，见表3-1。

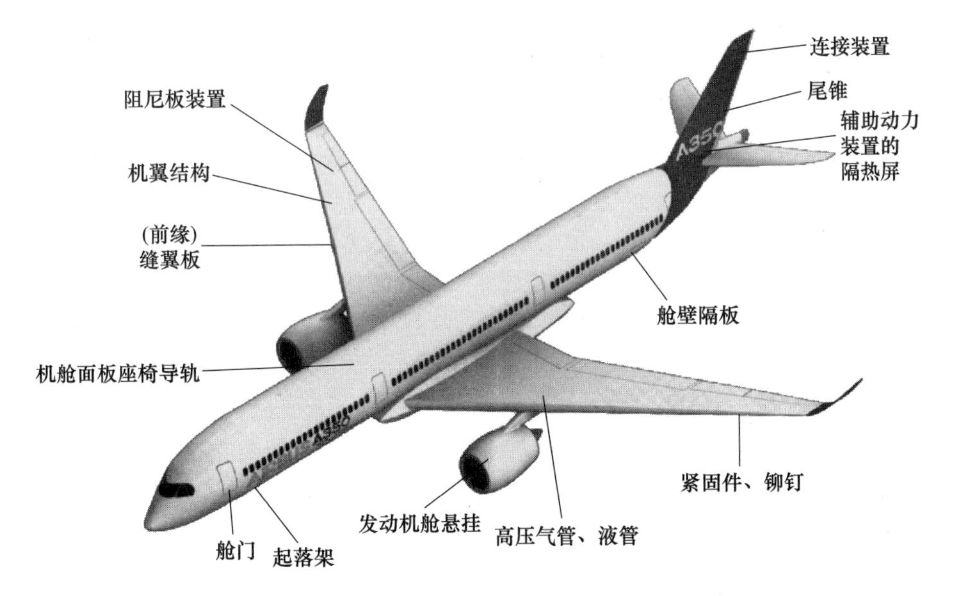

图 3-3 A350 型客机主要钛合金结构及部件分布

表 3-1 美国及西方主要国家军用机钛合金材料应用占比

美国机型	F-16	F/A-18A/B	F/A-18C/D	F/A-18E/F	F/A-22	F-35
服役时间	1978	1980	1986	2002	2005	2008
钛合金比例	2%	12%	13%	15%	41%	42%
叶片占比	57%	58%	61%	67%	73%	78%
其他国家机型	J-79	JT3D	TF39	F100	CF6	V2500
服役时间	1956	1960	1968	1973	1985	1990
钛合金比例	2%	15%	33%	34%	36%	39%
叶片占比	48%	53%	59%	61%	75%	81%

新型航天运载器、军用机等的发展需要促进先进材料与工艺的不断创新，以实现有力支撑[9]。国内航天领域钛合金精密锻造技术主要涉及 TC4ELI、TA7ELI、TC4、TC11、TA15 等牌号，大量应用于压力容器、局部高强承力结构及大承载紧固件[10]。TC4 合金叶片作为具有特殊结构形态的重要典型钛合金部件，体现出材料自身价值高、生产工艺复杂、生产及制造周期长等典型特征，因此体积损伤部件的回炉、重铸、装配给生产、资源、环境都带来极大浪费，上述问题的产生也促成再制造研究领域巨大空间的产生和形成。进一步，以 TC4 合金叶片为代表的叶片类部件激光再制造研究的开展，对于解决我国钛合金叶片再制造产业瓶颈、开展重要行业及领域探索，以及将资源能源产值效应最大化，具有重要的推动作用。尤

其对提升高端行业领域再制造水平的国内及国际竞争力，具有重要意义。

3.1.2 科学基础挑战

钛合金叶片处于高温烟气腐蚀、高速粒子冲蚀以及高速载荷冲击作用的工况条件下，起到压缩空气、传递动力等作用。在复杂外场热/力等交变载荷作用下，该类部件易出现宏/微观尺度的磨损、腐蚀、裂纹、微空洞蠕变、微孔隙乃至晶格畸变等。此外，该类部件还具有形壁较薄、曲面型线非规则变化、能量吸收率低、表/界面性能以及再制造尺寸精度要求高等特征，尤其是损伤程度不确定、损伤部位离散化、性能损失不均衡等问题，使该类结构件再制造面临以下科学问题：

（1）高温、高转数工况与复杂交变载荷作用下，该类复杂曲面型线薄壁结构的多尺度损伤机理及演变规律不明确；

（2）高熔点难熔合金复杂形状精度成形条件下，再制造部位表/界面性能高匹配工艺及方法体系未建立；

（3）局部的性能和体积的“再生”、局部离散化热输入以及同/异质材料增材制造过程，对再制造形状和形变精度控制、性能均一性以及高速动平衡特性影响机制不明确；

（4）复合再制造工艺模式下，非基准端面的局部非规则体积再制造形变衍生历程及机制不明确，形变控制工艺及方法不能实现精确调控。

因此，以 TC4 合金叶片为研究对象，以部件体积恢复和性能“再生”为目标，解决叶片类部件激光再制造工艺模式下表/界面性能优化机制不明确、三维形变调控不精确以及复合再制造理论和工艺研究科学化程度不高等问题，针对性地破解体积损伤失效、产业需求以及资源环境三者间既依存又矛盾的难题，化解三者间相互掣肘关系，对实现资源与环境再生和循环利用，实现绿色、可持续再制造，创造国家经济产业最大化机制具有积极作用。

3.1.3 应用探索开发

以 TC4 合金叶片为代表的叶片类部件一般包含制造以及再制造两方面的特殊性，如下。

（1）曲面型线结构复杂，不具有通用的数学曲线模型，结构加工工艺和精度均要求较高，高温、高腐蚀及高转数的服役工况也对材料性能提出了更高要求，使该类结构件材料自身价值、制造价值及产品附加值均大幅提升。

（2）再制造是部件局部的性能和体积的“再生”过程，局部的热输入和同/异质材料增材制造过程将对该类高转数曲面薄壁结构的再制造形变、形状精度、性能均一性以及高速动平衡特性产生影响。相对于制造而言,再制造对成形形变以及表界面性能提出了更高的要求。

(3) TC4 合金(中国国际牌号)即钛铝钒合金 Ti-6Al-4V 及其各种发展牌号,属于$\partial+\beta$合金,约占钛合金消费量 60%,具有更大的再制造空间和产业应用需求。

而脉冲激光作为再制造成形热源较其连续输出模式,具有以下工艺优势。

(1) 热输入及热影响区范围较同功率下连续输出模式更小,更利于热输入的量化控制以及叶片类部件再制造形变的控制。

(2) 脉冲输出模式波形可调,在实现激光再制造成形的同时,可通过波形调整,实现一定程度上的成形周期内保温、缓冷以及热处理功能。

(3) 通过控制成形周期内激光的输出与关闭,实现一定程度的控制区域热累积效应、性质、形状的功能。

因此,基于"面向再制造对象"的工程理念,解决上述叶片类部件激光再制造过程中的科学挑战和应用难点,有针对性地破解损伤失效、产业需求以及资源环境三者间的依存和矛盾难题,化解三者间相互掣肘关系,对实现资源与环境再生和循环利用,实现绿色、可持续再制造,创造国家经济产业最大化机制具有积极作用。

3.2 航空发动机叶片结构

航空发动机作为航空飞行器的心脏,是提供飞行器运载动力的核心部件,以我国国产涡扇-6(WS-6)型航空发动机为例,该发动机设计为 5 支点支承方案合理安排转子,结构紧凑,布局合理。整体机身以钛合金材料为主,实际重量较其他发动机更轻,因而具有较大推重比,可极大提高其高速推力,因此其起动、加速度快,其外部形貌和内部组织结构如图 3-4 所示。

该发动机主要包括如下内部结构。

1) TC4 钛合金材料风扇

该部分分为一级跨声速级,两级亚声速级。压比为 2.15,转速为 6400r/min,跨声速级静子叶片共 34 片,其中超过 80% 为实心叶片,其余叶片为加厚空心叶片,实心叶片支撑转子的前支点,空心叶片可实现轴承部分的回油和通气。亚声速级静子叶片是中间填充了塑料泡沫的空心结构,中部填充物使得该部分风扇拥有较高刚性。这类结构可以有效削减振动,保障安全运行。

2) TC4 钛合金材料中介机匣

该部分由 TC4 钛合金铸造、焊接制成,位于风扇与压气机之间,其首要作用

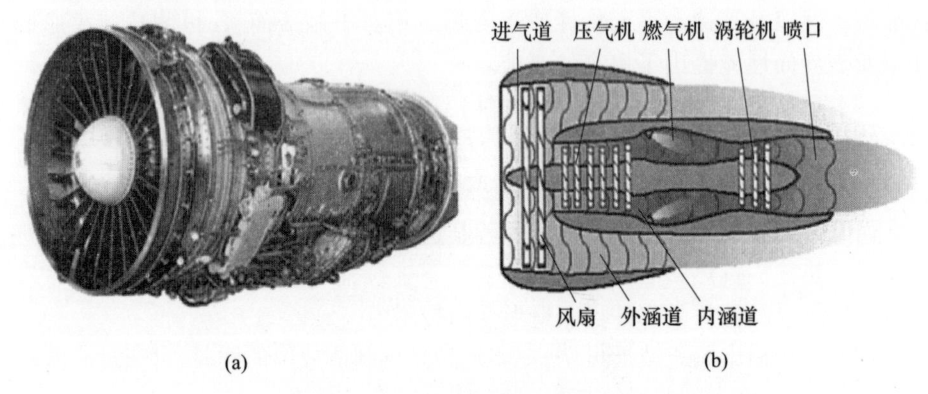

图 3-4　WS-6 型发动机整体形貌及内部结构组成
(a) WS-6 型发动机外部形貌；(b) WS-6 型发动机内部组织结构。

是承力。由内外壳体、分流环和 8 根支板等组成。中介机匣从中部分开，被隔为内、外涵两股气流通道。可调导流叶片位于内涵道的出口处，中介机匣内腔固定着叶片的操纵机构以及中央传动齿轮机匣。

3）高压压气机

该部分呈现盘鼓式结构，含有 11 级转子。前、后两段静子机匣也属于该部分，两者在垂直平面内均有纵向接合面。该部分中转子第 1 级为跨声速级，其余转子为亚声速级，压比为 6.78，转速为 9400r/min。TC4 钛合金材料制成其前 6 级叶片、叶盘及机匣前段部位，铝镁耐热合金制成机匣后段和后 5 级转子部分。压气机进口设有可调导流叶片，与第 5 级后设置的放气环共同作用，用于控制运行期间转换转速。

4）燃烧室

该结构包括三个主要部分，分别为 10 个带预混室头部、6 段气膜冷却式火焰筒和 10 个双油路离心喷嘴。其中第 4、7 号火焰筒上分别安装了高能电嘴，目的是用于直接点火。燃烧室外机匣分为扩压器外壁前段及直圆筒后段，目的是方便拆卸。镍基高温耐热合金为燃烧室的主要材料。

5）涡轮机

该部分包括 2 级轴流式低压涡轮以及 2 级轴流式高压涡轮，两者均由整体焊接制成，含有两级导向器，导向器的叶片均为镍基高温合金。WS-6 的工作安全性与其内部的转子息息相关，转子叶片的质量直接影响发动机的使用性能和使用可靠性，甚至可能损伤发动机，危及飞行安全。

一般将转子叶片称为工作叶片，将静子叶片称为导向叶片，如图 3-5 所示。导向叶片一般被布置在前，工作叶片在后，因为导向叶片的存在，燃烧室中爆发的高温高压燃气流通过收敛管道最终会转换为动能，加快气流运动速度，使得气流以最高效率撞击转子叶片。转子叶片转动带动压气机部件工作，提供压气机进一步对气体做功的能量。

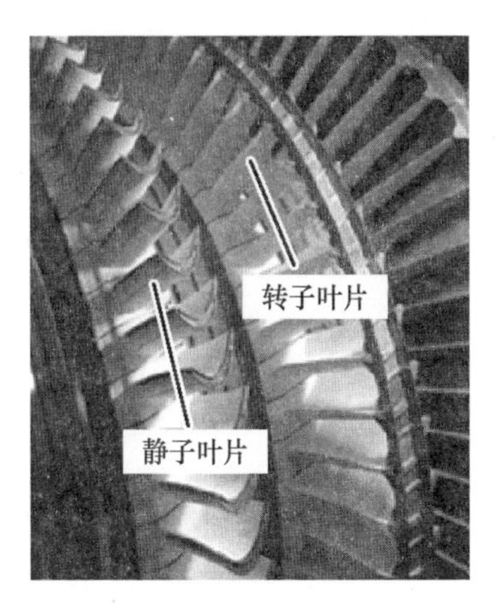

图 3－5　涡扇发动机静子叶片与转子叶片结构

如图 3－6 所示为涡轮的工作叶片（叶身与榫头）。

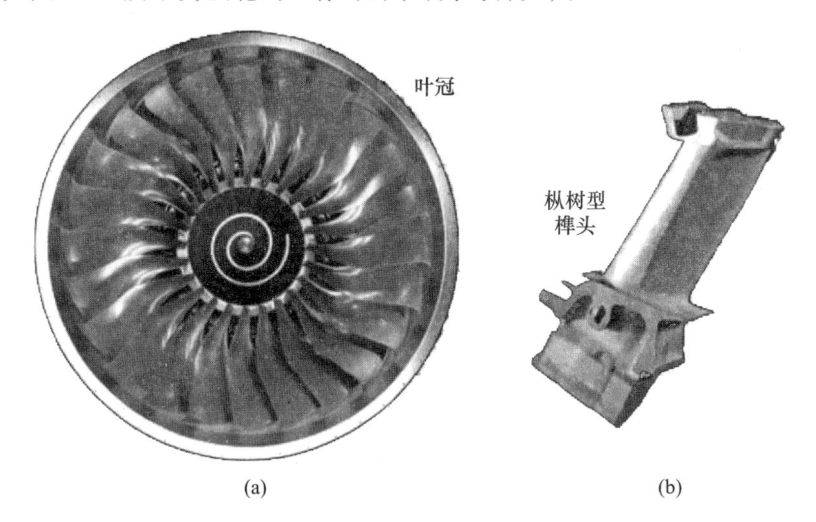

图 3－6　涡轮工作叶片实体

（a）工作叶片整体；（b）工作叶片单片。

叶片结构主要包括以下两部分：

1）叶身

涡轮的工作叶片叶身部位剖面曲率大，厚度较大，并且截面叶高变化也相对明显,是为了最大程度转换能量,获得较高气流速度以及较大气动力。此外,为降低振动、提高叶片刚性,通常在叶尖部位会有一些特殊结构,例如叶顶戴冠、叶尖切角等。

2）榫头

为保证高温、高压工况下叶片的正常工作,工作叶片通常采用枞形榫头,这种结构材料利用率高,可以有效减少叶片重量、提高叶片强度,但是要求制造精度高,但实际制造成本高且其榫槽内热应力大,因而通常在叶身和榫头之间设一段伸根,伸根上有冷却空气的进口,可以有效改善应力分布状态,减小热应力。为满足高温工况,通常将叶片材料选为耐高温合金材料,将第一级高压涡轮叶片叶身内部设计为具有复杂回路通道以冷却空气的一种中空结构,此外还采用各类合理的冷却技术以降低叶片工作时产生的温度。

涡轮部件中温度最高和承受热冲击最猛烈的零件为导向叶片,它对材料的要求如下。

(1）具有良好的高温抗氧化和抗热腐蚀的能力。

(2）具有良好的抗热疲劳与抗热冲击的性能,以及足够的耐热强度。

(3）具有良好的铸造工艺性,特别是铸造的流动性能好。

3.3 体积损伤原因及特征

TC4 合金叶片的体积损伤形式主要为浅表面裂纹、断裂、凹坑、弯曲变形和折断等[11]。其中,断裂最易发生且危害度最高。在发动机叶片高速旋转状态下,当某叶片断裂后,损伤断裂的叶片将在高速运转离心力作用下飞出或破坏其他叶片,导致整台发动机故障甚至爆裂。离心力叠加弯曲应力引起的疲劳断裂、扭转共振及弯曲振动复合引发的疲劳断裂、由环境介质以及接触状态引起的高温疲劳以及微动疲劳和腐蚀损伤疲劳断裂等是引起叶片损伤失效的主要原因。但由于叶片工作环境较为复杂,叶片实际工作中的疲劳断裂原因不只局限于其中一种,而是多种情况叠加引起。此外,叶片的变形伸长也是一类失效形式,叶片的伸长会直接导致叶身和机匣摩擦,导致发动机运行的可靠性和安全性降低。综合叶片产生的各级各类损伤原因及特征,主要可概括为以下方面。

1）叶片本身性能不足导致的损伤

(1）强度不足。叶片工作时,某一部位所承受应力超过材料抗拉强度后,叶片出现裂纹甚至断裂,这样的损伤就是由于强度不足导致的叶片失效。工艺设计缺陷、叶片制造过程中残留的内部缺陷、叶片材料力学性能不足、瞬时冲击载荷过大和苛刻的工作环境等影响因素都会导致这类故障的发生。挠曲变形,横向裂纹生长以及叶片断裂等故障,都是因为强度不足而出现的。此外,当材料选用不当或热处理工艺不当使叶片的屈服强度偏低、叶片强度在工作过程中下降时,会导致转子叶片伸长失效,也应极力避免。因此,在叶片设计过程中选择合适的材料制造叶片是减少叶片损伤的最基本方法。

(2) 应力水平。叶片断裂易发生在叶片的最大应力截面上,截面位置与振型有关,尤其以弯曲振型最为常见,该类振型通常出现在叶片根部,引起的振动应力值最高,离心力相对最大,导致的最终危害性大,极易出现断裂疲劳损伤。一般来说,涡轮叶片的断裂循环次数在 $10^5 \sim 10^6$ 次之间,叶片的疲劳应力和振动应力共同决定了循环次数的多少,应力水平越高,其对应断裂循环次数越少。这种弯曲振动所引发的疲劳断裂一般以高频失效的形式出现,是断裂故障中较为常见的损伤形式之一。

2) 叶片工作条件导致的损伤

(1) 扭转共振。叶片工作过程中产生的扭转共振、叶片表面出现的点腐蚀现象以及遭受外物打击出现的小体积损伤是扭转共振疲劳断裂的常见原因。

(2) 温度和应力交变作用。高温高压工况下,涡轮转子叶片承受温度交变和应力交变作用,出现蠕变损伤和疲劳损伤,由于该原因而导致的断裂失效被称为高温疲劳断裂失效。实际工作中的转子叶片因热损伤而出现的疲劳断裂也较为常见,其本质原理与高温疲劳断裂失效相接近,由于发动机工作过程叶片的工况温度超过所能承受的最高温度,使叶片出现过热或过烧损伤,除叶片本身耐温性不足外,主要是由于发动机内部排热系统设计不合理,导致进出气道发生畸变,发动机出现喘振,导致发动机故障。

(3) 零件微动。发动机内部零件接触表面存在法向压应力并使得两零件间做微小范围的相对滑移,这类滑移不影响发动机的正常运转,但使零件产生微动损伤,包括微小裂纹、轻微磨损、表层轻微腐蚀等,其中前两者会导致零件尺寸改变,最终丧失正常的配合关系,表层轻微腐蚀最终演变为零件的表面腐蚀损伤,使得零件的疲劳抗力大大减小。这类损伤极难被检测到,通常需要通过分解零件才能进行有效监控。

(4) 化学腐蚀。叶片的化学腐蚀通常表现为点腐蚀、应力腐蚀、剥落等各类腐蚀形式,这是由于在涡轮转子叶片工作过程中,会产生大量化学或电化学腐蚀,其表面腐蚀损伤位置刚好与最大应力部位相重合或接近,易出现损伤裂纹,这类裂纹将极大降低材料疲劳强度,导致断裂失效。

如图 3 - 7 所示为其中某些失效叶片整体形貌实例。

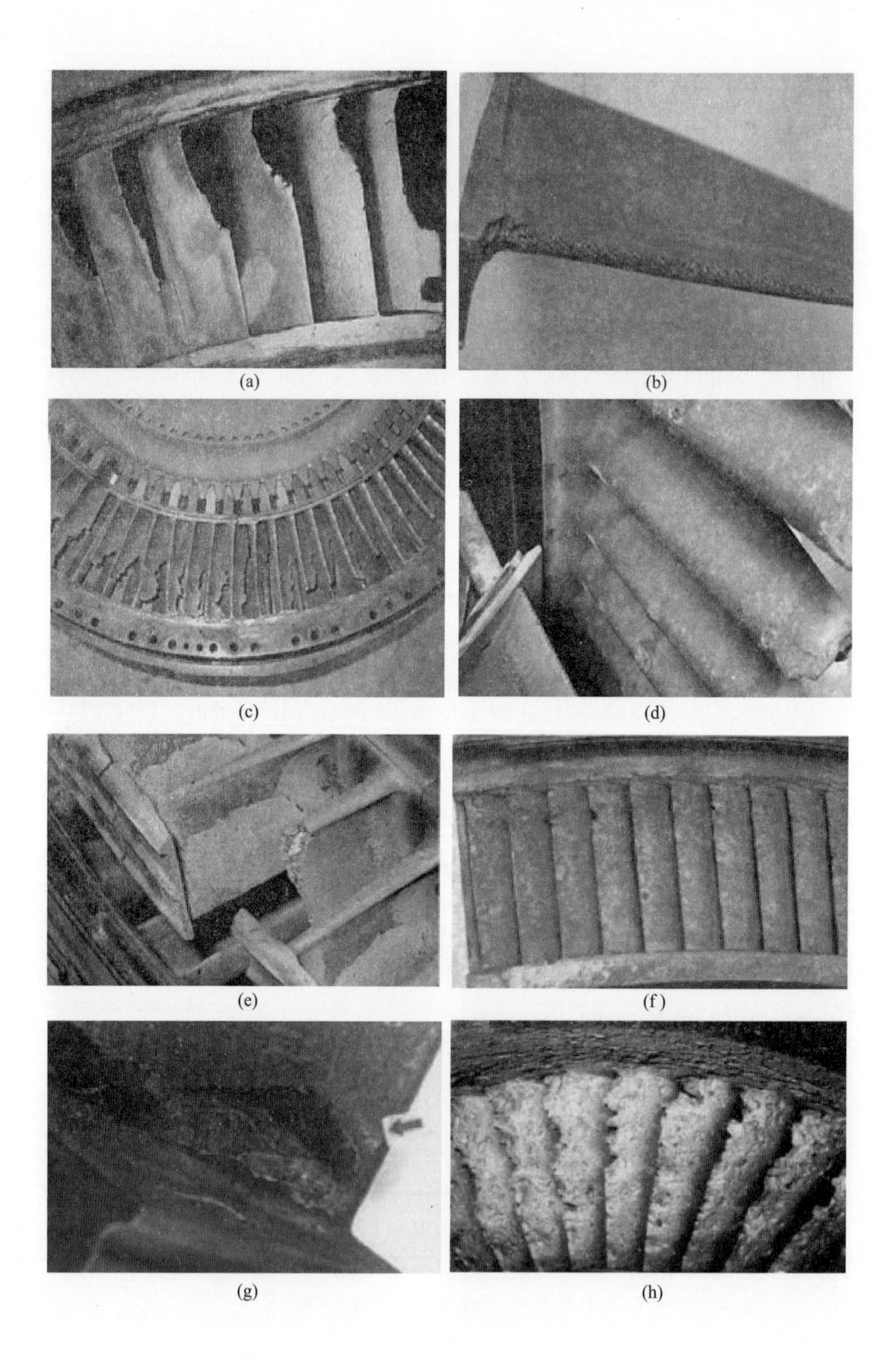
(a)
(b)
(c)
(d)
(e)
(f)
(g)
(h)

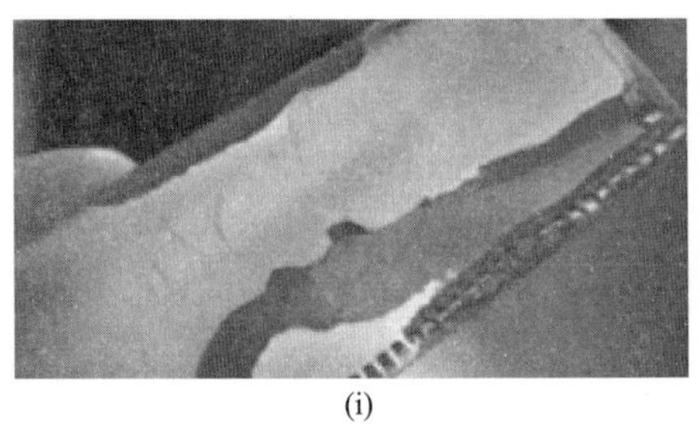
(i)

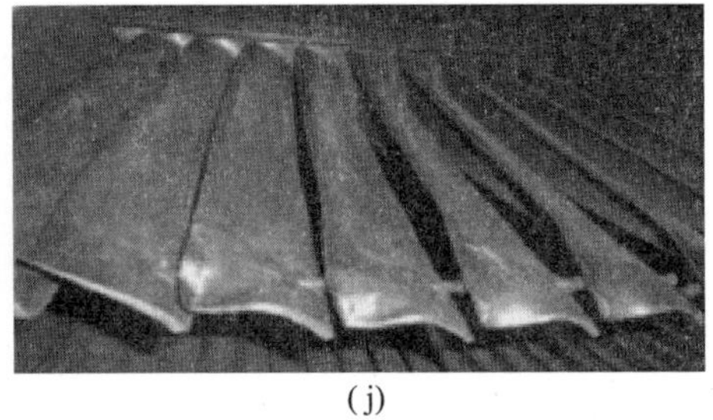
(j)

图 3 − 7　叶片的各类损伤形式

(a) 叶片被固体颗粒侵蚀；(b) 叶片表层剥落；(c) 叶片断裂失效；(d) 叶片长期侵蚀；
(e) 叶片的蠕变断裂；(f) 叶片表面凹坑；(g) 叶片根部疲劳裂纹扩展；
(h) 叶片严重腐蚀；(i) 叶片表面涂层剥落；(j) 叶片变形。

3.4　成形缺陷及影响因素

叶片类部件属于非规则扭曲薄壁类结构件，该叶片类部件主要损伤形式、再制造策略及方法见表 3 − 2。

表 3 − 2　发动机叶片损伤形式及再制造策略及方法

损伤形式	损伤特征	损伤机理	再制造策略及方法
叶顶磨损与排气边断裂	裂纹较粗短，呈裂口状，零件表面有色泽	热疲劳断裂	先激光堆焊或表层熔覆；激光堆焊，熔覆根据成形厚度，按照成形策略选择材料
表面裂纹	可修复型裂纹损伤	烧蚀、腐蚀	熔覆成形以异种材料为主，也可选择同种材料
涂层损伤	涂层不同程度缺损	摩擦、磨损或冲蚀	去除原涂层，重新熔覆，根据熔覆成形厚度，按照成形策略选择同种或异种材料
叶边界连接处横向裂纹	裂纹沿晶界扩展或出现在边缘，断口颗粒状或细短断裂，表面有氧化膜，有时伴有零件外形变化	蠕变断裂	热静压：将叶片保持在 1000 ~ 1200℃ 温度和 100 ~ 200MPa 压力的热等压条件上
叶根裂纹	迎气面叶片根部起裂，向叶片内、外边缘扩展	粒子冲蚀；高温过载	粒子冲蚀引起损伤可采用异种材料；高温疲劳过载引起损伤应选择同种材料

续表

损伤形式	损伤特征	损伤机理	再制造策略及方法
叶片腐蚀	沿晶界龟裂,呈现绿色锈质	应力腐蚀、热腐蚀	不可再制造
叶片减薄		修理过程不正常磨损	同种金属多层熔覆成形

由表3-2可知,采用激光堆焊、熔覆成形等工艺方式对体积损伤叶片开展再制造是实现损伤叶片形状和性能恢复的主要工艺方式[12-14]。但体积损伤叶片再制造成形和性能再生过程中,面临以下难点。

(1) 裂纹及塌陷。激光再制造成形是一个局部加热的非平衡过程,成形过程中,熔池处于熔融状态,熔池附近区域温度梯度大于远离熔池区域,靠近熔池附近区域受压应力,而远离熔池区域受拉应力,此时基体处于塑性状态,残余应力对基体影响相对较小。随着激光扫描位置向前推移,熔池冷却凝固成形过程中,由于热膨胀率的差异,熔池经过熔化凝固过程将对周围基体材料产生较大的拉应力,受力的反作用,成形层也将受到周围基体材料相应的拉应力作用,并产生相应的应变,当应变超过成形层金属所具有的塑性时,成形层就会有裂纹产生,因此成形裂纹的控制成为再制造过程中的难点[14]。

J. Hernandez 等在试验过程中对残余应力进行了测试,并给出成形层残余应力计算公式如式(3-1)所示,相关试验结果及计算公式为研究者所普遍接受。

$$\sigma = \frac{E\ \nabla\alpha\ \nabla T}{(1-v)} \tag{3-1}$$

式中:E 为成形层材料弹性模量;v 为成形层材料泊松比;$\nabla\alpha$ 为成形层与基体材料热膨胀系数差;∇T 为成形层与室温之差。由式(3-1)可知,在材料一定的条件下,成形层内残余应力的大小由$\nabla\alpha$、∇T 共同决定,而残余应力性质由$\nabla\alpha$ 决定。对于确定的材料体系,$\nabla\alpha$ 也相对确定,因此∇T 的控制成为控制成形层应力大小的关键,即应减小成形层与基体之间的温度梯度。如果温度梯度过大,将在成形层内部产生较大的拉应力,使成形层萌生裂纹或直接开裂。而针对压缩机叶片成形对基体进行预热降低温度梯度的方法,又受到加工工艺限制,难以采用,因而控制成形过程热输入、降低成形层与基体之间温度梯度成为控制成形层内残余应力的直接方法。

如图3-8(a)所示,体积损伤再制造过程中的多层成形堆积使热累积作用进一步加强,产生较大温度梯度及层内残余应力,使成形部位萌生裂纹甚至开裂;图3-8(b)所示为对成形后叶片进行着色探伤试验,结果表明,成形层内有大量裂纹萌生。

(a)

(b)

图 3－8　体积损伤叶片形貌及叶片再制造后表层裂纹

(a) 边部体积损伤叶片整体形貌；(b) 表层存在裂纹的叶片再制造成形层。

此外，由图 3－8(b)可知，由于单道成形层的边缘塌陷在叶片再制造的多层成形过程中，叶片边缘顶端存在较为明显的塌陷，使该部位尺寸缺失，并且受成形光粉聚焦限制，无法在后续成形中补偿成形。

(2) 边角光粉难聚焦成形。图 3－9(a)所示为边部存在体积损伤的压缩机开式叶轮叶片，如图中标识所示，体积损伤部位底面与叶边存在一定倾角。图 3－9(b)为根据叶片体积损伤形貌制作的叶片模拟件。图 3－9(c)所示为由底面向上逐层堆积成形的再制造过程。成形过程中，底边逐层堆积并不断向两侧斜面偏置的过程中，由于底边形状尺寸增长速度大于侧斜面形状增长速度，所以会在底边与侧斜面交接部位形成沟槽结构，如图 3－9(c)中方框所示的两个位置，而沟槽位置难于实现良好成形，原因为：①成形离焦量受成形层形状尺寸的限制，无法在沟槽部位成形；②粉末输送过程中与已成形部位碰撞，难以送达沟槽部位或送粉不充分。因此，在再制造该形状特征过程中，应使成形层增长速度与向两侧偏置的角度进一步量化精确拟合，或采用其他成形工艺。

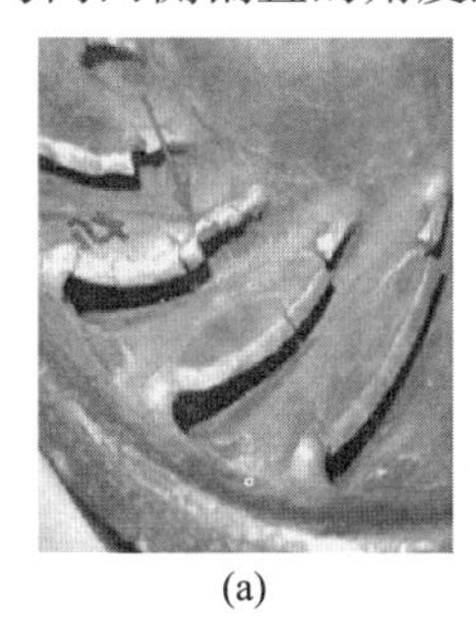
(a)

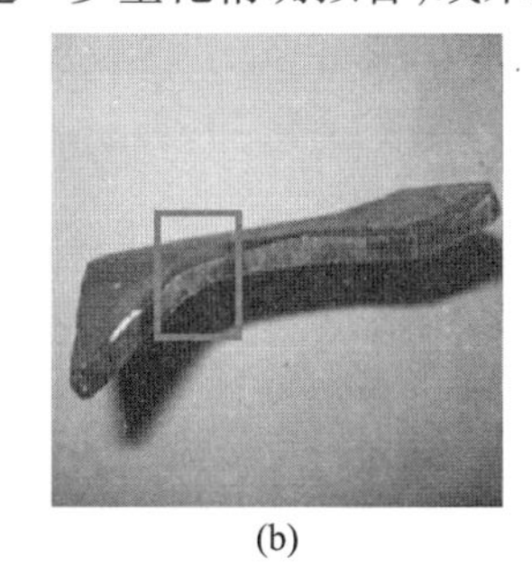
(b)

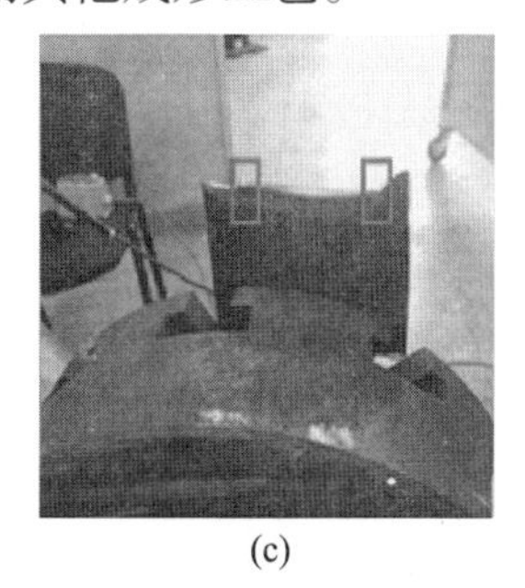
(c)

图 3－9　边角体积损伤叶片及模拟件再制造过程形貌

(a) 体积损伤压缩机叶轮叶片；(b) 体积损伤叶片模拟件；(c) 逐层堆积成形过程。

图3－10(a)、(b)所示为体积损伤叶片激光再制造成形后整体形貌，对比分析可知，成形层表面无明显粘粉，也无明显裂纹、气孔等缺陷，但基体靠近成形界面附近可观察到由于热输入过大而出现明显烧蚀氧化轮廓。

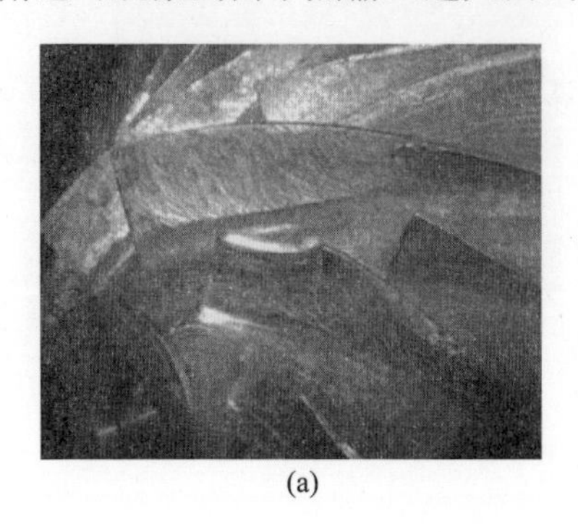

(a)

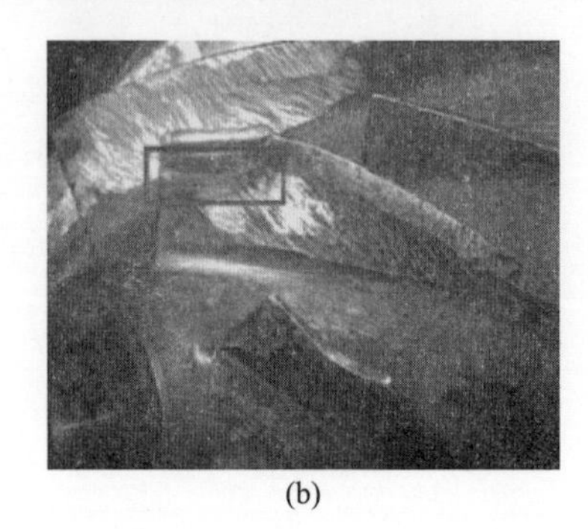

(b)

图3－10　体积损伤叶片激光再制造成形后整体形貌
(a)叶轮叶片首层成形形貌；(b)叶轮叶片整体成形形貌。

激光热源作用于粉末时，热源设定为体热源，能量密度符合高斯函数分布：

$$I_{0(x,y)}=\left[\frac{2AP}{\pi r_a^2}\right]\exp\left(-\frac{2r^2}{r_a^2}\right) \tag{3-2}$$

式中：A为基体材料对激光的吸收系数；P为激光功率；r_a为最大峰值密度的光斑半径。由式(3－2)可知，位置点距离光斑中心越近，该点相应温度越高。激光熔覆成形功率密度高达$10^4 \sim 10^6 \mathrm{W/cm^2}$，在初始成形的过程中，基体距离激光熔池较近，受激光光束辐照、高温熔池传导以及等离子体的加热作用，基体温度迅速升高并与周围环境空气接触，出现较明显的烧蚀氧化轮廓。随着激光熔覆层数的增加，热源中心距离基体的距离不断增加，光束对基体的直接热作用逐渐减小，在激光连续输出的工艺模式下，前道激光熔覆产生热量还未散失，后续激光光束对前道进行再次加热，导致成形层内热量不断累积并向基体传导，使基体热影响区不断扩大，呈现较为明显烧蚀氧化轮廓。

由于粉末和基体成分、热膨胀系数和热物理性能存在一定差异，在成形过程中，成形层与基体将发生不同程度的膨胀和收缩，从而产生较大的残余应力及残余变形，这将直接影响叶轮修复的形状尺寸精度，而残余应力的存在也将增加成形层内部裂纹萌生及开裂的可能。

综合上述分析，成形过程热输入过大将给再制造成形后叶片带来以下影响。

(1) 基体热影响区范围过大，造成再制造后叶片热影响区部位力学性能下降。

(2) 成形层及基体内残余应力过大，引发叶片型面产生变形，影响叶片再制造后与叶盘的整体配合性及空气动力学性能。

(3) 成形热输入过大将造成合金元素的过度烧损，同时使成形层及基体组织粗大，影响成形部位及基体金相组织分布及状态，如图3-10所示。

(4) 成形影响因素规划。综合上述成形难点及成形缺陷成因，结合激光再制造成形过程特点，将影响激光再制造成形形状控制相关因素，按照对成形形状尺寸、成形形变影响进行规划分类，成形形状影响相关因素规划见表3-3。

表3-3 激光再制造成形形状影响因素规划

	影响因素	成形形状影响	成形形变影响	优化方案
材料方面	热物理性能	——	1. 影响材料成形性	1. 选择成形性好
	材料成分		2. 影响成形层内部残余应力大小及分布	2. 选择与基体成分接近
	成形性		3. 影响成形形变大小	3. 选择与基体热物理性能参数接近
激光工艺	激光功率	1. 单道成形形状尺寸	1. 参数优化关系热输入以及成形形变	1. 优化工艺参数
	扫描速度	2. 成形层表面粗糙度	2. 路径规划关系残余应力、形变	2. 优化再制造成形路径
	送粉速率	3. 成形层稀释率	3. 激光输出模式关系成形热出入及形变	3. 优化激光输出模式
	离焦量	4. 成形热输入		
	连续/脉冲输出	5. 工艺关系粘粉、成形形状、过烧		
工装	防辐照铜片	顶部塌陷模块可解决叶片成形顶部尖端塌陷	防辐照铜片可减少光束对基体的热损伤	响应滞后性，抗干扰差
	防顶部塌陷搭接块体			
闭环控制	闭环控制系统	监测成形形状尺寸，实时调节闭环成形过程	减少过度成形输入	1. 成形高度实时监测 2. 激光功率在线实时调节

从表3-3对成形形状影响因素的规划可知，在再制造成形材料选定的情况下，对激光再制造成形形状影响可控的因素主要包括激光再制造成形工艺，配套工装以及相应闭环控制系统三个方面。其中，激光再制造成形工艺主要包含成形工艺参数、成形路径规划以及激光输出模式，激光工艺参数包括激光功率、扫

描速度、送粉速率以及离焦量等。因此，在成形材料优选确定的前提下，对激光工艺、相应工装以及过程闭环控制系统3个方面主要因素进行调整控制，实现再制造成形形状控制水平和尺寸精度的提高。

参考文献

[1] 杨元,王仲奇,杨勃,等. 基于SVR的航空薄壁件夹具布局优化预测模型[J]. 计算机集成制造系统,2017,23(6):1302-1308.

[2] 陆斌,朱刚贤,吴继琸,等. 基于光内送粉激光变斑直接成形薄壁叶片的工艺研究[J]. 中国激光,2015,42(12):1203003-1-1203003-7.

[3] 于霞,张卫民,邱忠超,等. 飞机发动机叶片缺陷的差激励涡流传感器检测[J]. 北京航空航天大学学报,2015,41(9):1582-1588.

[4] 王浩,赵世伟,王立伟,等. 离心压缩机受损叶轮再制造方法[J]. 农业机械学报,2016,47(5):407-412.

[5] 李宏坤,张晓雯,贺长波,等. 利用随机共振的叶片裂纹微弱信息增强方法[J]. 机械工程学报,2016,52(1):94-101.

[6] 周勃,谷艳丽,项宏伟,等. 风力机叶片裂纹扩展预测与疲劳损伤评价[J]. 太阳能学报,2015,36(1):41-47.

[7] 聂树樊,何卫锋,王学德,等. 激光冲击强化对TC17钛合金微观组织和力学性能的影响[J]. 稀有金属材料与工程,2014,43(7):1692-1696.

[8] 徐滨士,董世运,朱胜,等. 再制造成形技术发展及展望[J]. 机械工程学报,2012,48(15):96-104.

[9] 王小军,徐利杰. 我国新一代中型高轨运载火箭发展研究[J]. 宇航总体技术,2019,3(5):1-9.

[10] 陆子川,张绪虎,微石,等. 航天用钛合金及其精密成形技术研究进展[J]. 宇航材料工艺,2020,50(4):1-7.

[11] 李文辉,温学杰,李秀红,等. 航空发动机叶片再制造技术的应用及其发展趋势[J]. 金刚石与磨料磨具工程,2021,41(04):8-18.

[12] 赵伟,曲伸,杨烁,等. 激光焊接技术在发动机制造及修理中的应用[J]. 世界制造技术与装备市场,2019,2:85-87.

[13] 赵爱国,钟培道,刁年生,等. 高压涡轮导向叶片裂纹分析[J]. 材料工程,1998,1(12):35-38.

[14] Nal-Saewe T, Gahn L, Kittel J, et al. Process Development for Tip Repair of Complex Shaped Turbine Blades with IN718[J]. Procedia Manufacturing,2020,47:1050-1057.

第4章 激光再制造系统与表征设备

用于叶片类部件激光再制造的系统主要包括:光纤激光再制造成形系统、机器人系统、水冷机构、送粉机构以及相关工装夹具等。用于非破坏性测量叶片成形形状及形变尺寸的设备为蓝光精密性三维扫描仪。对成形层进行组织和性能分析的试验仪器主要包括:用于分析成形层组织成分以及分布特征的光学金相显微镜、场发射扫描电子显微镜、能谱分析仪;用于成形层力学性能分析的显微硬度测试仪、万能拉伸性能试验机;用于成形层温度场测试的非接触式红外高温热像仪以及测定成形层残余应力的X射线残余应力测试仪等。

4.1 叶片基体及成形材料

以 Ti-6Al-4V 合金(牌号 TC4)叶片为代表,考察其激光再制造的一般方法,通过金相观察,可知其金相组织如图4-1所示。

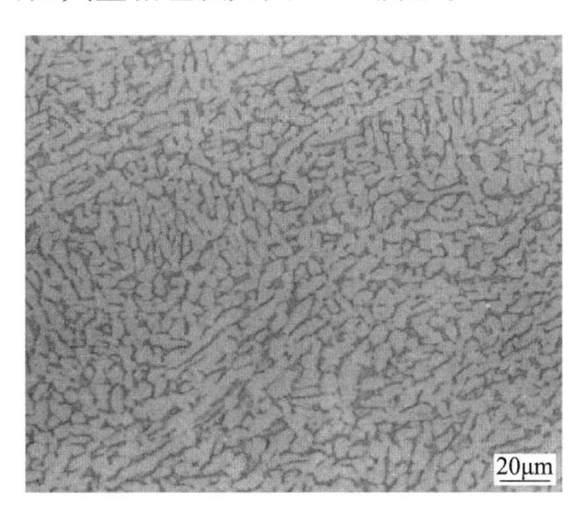

图4-1 Ti-6Al-4V 合金叶片金相组织

对于处于高转数工况下部件的激光再制造,应尽可能考虑采用同种合金材料开展激光再制造,以尽可能保证覆层与基体良好的结合强度和性能适配。因此,激光再制造合金粉末也同样选择采用 Ti-6Al-4V 合金粉末,该合金粉末为采用同种材料经真空雾化冶炼而成,其与 TC4 合金叶片材料间具有良好润湿性,进行激光再制造成形时,可形成良好的冶金结合,二者主要成分见表4-1。

表4-1　TC4合金叶片基体与成形合金粉末主要成分(质量分数,wt%)

成分	Ti	C	O	Al	V	Fe
粉末	82.02~88.09	2.82~3.43	6.02~6.53	4.52~5.33	3.72~3.95	Bal
基体	80.08~84.02	2.52~3.06	5.8~6.44	5.52~6.82	3.42~4.53	Bal

TC4合金基本力学性能及物理性能见表4-2,同种材料间热膨胀系数偏差相对较小,熔点接近,易于形成具有良好稀释率的熔覆层。另有研究表明:稀释率处于8%~20%之间时,熔覆层与基体间易形成较高的结合强度,且相对稀释作用不明显,其主要力学及物理性能见表4-2。

表4-2　TC4力学性能及物理性能

<table>
<tr><th>分类</th><th>性能名称</th><th>室温</th><th colspan="2">400℃</th></tr>
<tr><td rowspan="4">力学性能</td><td>屈服强度 R_m/MPa</td><td>≥895</td><td colspan="2">≥620</td></tr>
<tr><td>延伸强度 $R_{P0.}$/MPa_2</td><td>≥825</td><td rowspan="3" colspan="2">持久强度
100h≥570MPa</td></tr>
<tr><td>断后伸长率 A/%</td><td>≥10</td></tr>
<tr><td>断面收缩率 Z/%</td><td>≥25</td></tr>
<tr><td rowspan="9">物理性能</td><td>密度 ρ/(g·cm^{-3})</td><td>4.45</td><td colspan="2"></td></tr>
<tr><td>熔点/℃</td><td>1678</td><td colspan="2"></td></tr>
<tr><td>相变点/℃</td><td>980~1000</td><td colspan="2"></td></tr>
<tr><td>电阻率/(Ω·mm^2·m^{-1})</td><td>1.60</td><td colspan="2"></td></tr>
<tr><td></td><td>100℃</td><td>400℃</td><td>600℃</td></tr>
<tr><td>比热容 J/(g·℃)</td><td>0.678</td><td>0.741</td><td>0.879</td></tr>
<tr><td>线膨胀系数 10^{-6}/℃</td><td>7.89</td><td>9.24</td><td>9.75</td></tr>
<tr><td>导热系数 J/(cm·S·℃)</td><td>0.067</td><td>0.126</td><td>0.159</td></tr>
</table>

该再制造成形材料成形性好、与叶片基体材料成分接近且具有较好的脱氧造渣能力,具有较好的成形工艺,粉末粒度为50~150μm,成形试验前对TC4合金粉末在DSZF-2型真空干燥箱内150℃干燥2h,并对基材进行砂纸打磨,去除表面铁锈及氧化膜,并用丙酮清洗。

4.2 激光再制造成形系统

4.2.1 系统总体构成

激光再制造成形系统主要由数控系统、机器人系统、送粉系统以及配套工装卡具构成,也可辅助配备成形过程监测系统与远程控制系统。系统控制设备与机器人控制器、激光器、送粉系统之间采用现场总线或者以太网连接,进行交互通信,完成全系统之间的协调控制,系统整体结构如图 4 - 2 所示。

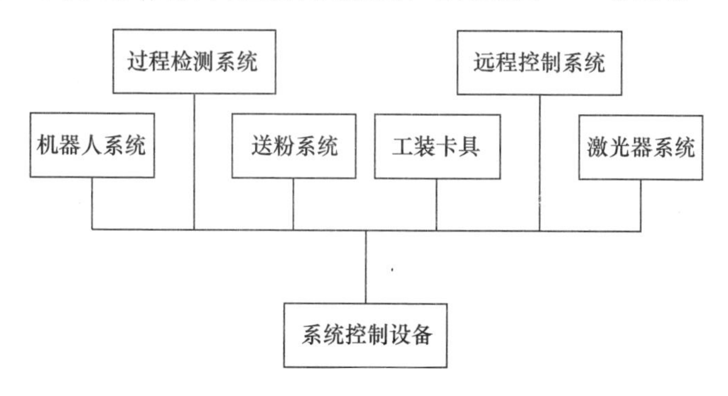

图 4 - 2　激光再制造成形系统整体结构

图 4 - 3 所示为光纤激光再制造成形系统,系统整体构建采用主从式网络结构,即以激光器信号控制设备为中心,通过系统总线接收示教及再生相关指令,再通过现场总线向从属设备(如:机器人系统、送粉系统、工装卡具、过程监控系统以及远程控制系统)发送动作指令,完成相应动作。各从属设备执行动作完毕后,向系统控制设备发送完成确认指令,系统控制设备在系统命令中完成最终确认。

图 4 - 3　光纤激光再制造成形系统

4.2.2　激光器系统

激光器系统是激光再制造成形系统的核心,该系统采用柔性多功能激光加工系统,采用 4kW 光纤激光器,由 1mm 芯径的光纤输出,配合四路同轴送粉,同时对熔池施加氮气保护,通过机器人实现定点或现场激光再制造,通过连接激光焊接头也可以实现各种金属件的激光焊接,系统主要性能参数见表 4-3。

表 4-3 光纤激光器主要性能参数

性能指标项目	单位	YLR-4000 光纤激光器
波长	nm	1070~1080
额定输出功率	W	4000
功率可调范围	%	10~100
功率切换时间	ms	<0.1
冷却方式		水冷

激光器通过数字电压信号控制功率输出,同时对激光输出的波形进行控制和调节;激光器通过与机械手及机床集成,实现大范围的柔性加工;通过以太网接口及 Device Net 接口可实现与 3 台以上外部设备的通信和联动,实现系统集成。

4.2.3 机器人系统

系统使用的机器人为德国 KUKA 机器人,型号 KR60HA。这种机械臂运动范围广,角度可调范围广,可安装多种不同加工头进行加工,适用各类中小型零件的激光加工,其外观形貌及运动角度如图 4-4 所示。

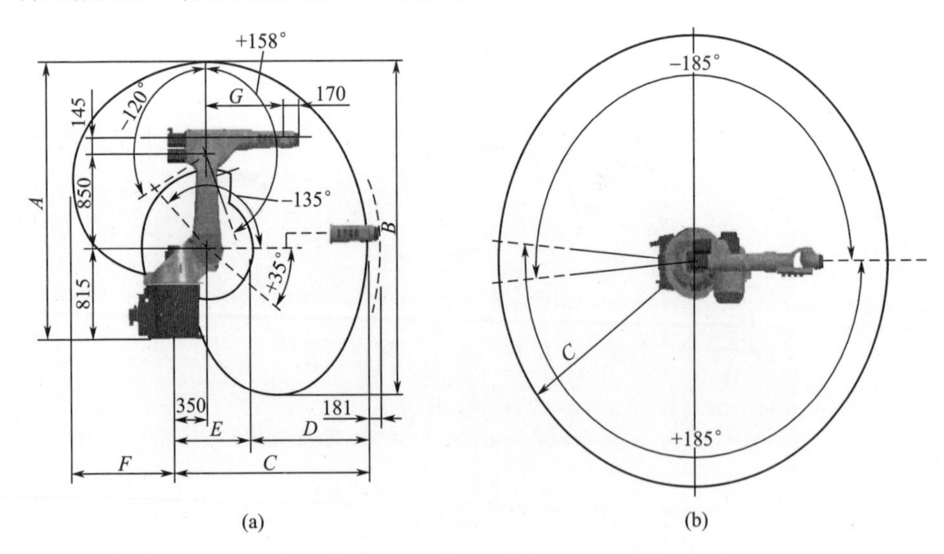

图 4-4 机器人外观及其工作运动范围

(a) KUKA 机器人尺寸左视图; (b) kuka 机器人俯视图及其运动范围。

KR60HA 机器人性能参数见表 4－4。

表 4－4　KR60HA 机器人性能参数

额定负载	60kg
最大总负载	95kg
连轴数	6
安装位置	地面，天花板
安装精度	±0.05mm
平面精度	±0.16mm
控制器	KR C2 edition2005
总质量	665kg
允许运行温度	10～55℃
保护等级	IP64，IP65（同轴臂）
机器人占地	850mm×950mm
链接件	7.3kVA
噪声等级	<75dB

4.2.4　送粉器系统

本试验采用的是德国 GTVImpexGmbH 公司 XSL－PF－01B－2 型送粉器，如图 4－5 所示，该送粉器可实现双通道送粉，电压为 110～230V，工作频率为 50～60Hz，最大电压为 10A。

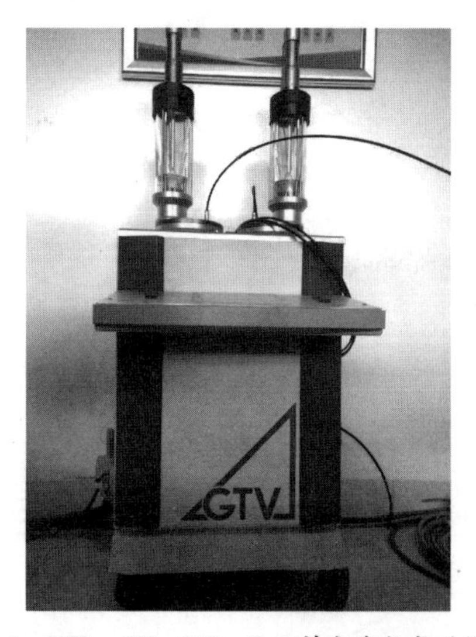

图 4－5　XSL－PF－01B－2 双料仓载气式送粉系统

4.3 面结构光三维反求系统

采用 PowerScan Ⅱ蓝光精密扫描仪对叶片类部件激光再制造前后型面点云数据进行扫描和采集，如图 4－6 所示，通过点云数据的分析对比，实现形变的精确测量[1-3]。该系统具有测量速度快、精度高、高分辨率、高解析度以及全自动拼接等优点，测量数据及模型可与 CATIA、Pro/E 等常用三维软件以及其他测量系统对接，被广泛应用于逆向工程、精度检测以及三维数字化等方面的研究[4-5]。

图 4－6 PowerScan Ⅱ蓝光精密扫描仪

通过对叶片及其模拟件再制造前后点云数据的分析比对，实现形变的精确测量分析，测量过程中，通过系统转台的转动，可以实现部件多角度快速拼接测量，从而可以在系统一次标定的条件下，实现非接触、非破坏、全方位测量，系统相关性能指标见表 4－5。

表 4－5 PowerScan ⅡS 蓝光精密型三维扫描仪性能参数

单幅测量范围（mm · mm）	分辨率像素	点距/mm	精度/mm	单幅时间/s	扫描方式	拼接方式
200 × 160 ~ 400 × 320	131 万	0.273	0.01 ~ 0.02	≤3	非接触	自动拼接

4.4 高度监测闭环控制系统

为实现叶片类部件激光再制造过程中成形高度及相关尺寸的实时监测和测

量，通过相关尺寸参数与预期结果比较实现过程的工艺控制，研究和构建了激光再制造成形高度闭环监测控制系统，通过尺寸参数的比较实现成形激光功率的实时在线调节，在试验验证系统准确性的基础上，采用该系统对叶片激光再制造成形过程进行尺寸的闭环监测控制。

该系统测量精度可达0.1mm之内，通过可调电平信号的数字发射模块，实现对成形系统主控柜及可编程逻辑控制器数字发射模块的控制，基于0～24V间电压与0～3kW激光功率之间线性对应关系，实现激光功率的实时在线调节。电压控制精度可达0.01V，反应时间在0.02s以内，具有较好的实时精度，表4－6所列为系统组件选型配置。

表4－6 系统组件选型配置

名称	规格	数量
跟踪控制软件	实时数据监控显示；硬件信号控制	1
多点跟踪结构光高度测量算法	高精度系统定标；亚像素级图像特征点提取；基于空间坐标重建的测量	1
PointGrey Flea 工业相机	USB3.0 工业相机型号：FL3－U3－88S2C－C 1/2.5"，1.55μm，4096×2160，21 帧/s	2～4
镜头	需根据实地测量后待选	2～4
激光发生器	650nm 波长线型激光发生器	2
定标板	实时定标用小型定标板	1
计算机	CPU4 核心。内存 4GB。USB3.0 接口	1
USB 电压信号发送模块	根据实际需要设计	1

4.5 非接触式红外高温测量仪

采用 CellaTemp 型非接触式红外高温测量仪，实现成形过程中熔池及热影响区的温度测量，通过设置熔池及热影响区部位测温点，分析过程中温度场变化规律及特征，仪器如图4－7所示。该测量仪可捕捉被测物发出的红外辐射并将其转换为电信号，通过模拟输出显示相应读数，测温范围为600～3000℃，参数反馈周期为30次/s。该测量仪通过采用模拟和数字线性化的组合，使高温计实现高分辨率的信号处理，传感器具有测温范围广、分辨率高以及快速响应的特点，并且具有较强的抗干扰性能，能够满足强光干扰条件下的高温非接触测量。

图 4-7 CellaTemp 非接触式红外高温测量仪

4.6 金相与断口形貌观察

采用 OLYMPUS BX51 金相显微镜对成形层及基体进行金相组织观察，该显微镜可实现 50~1000 的放大倍率，观察前对成形层待观察部位进行线切割，切取试块、镶样、打磨并抛光，利用 4g $CuSO_4$ +20ml HCl +20ml H_2O 的腐蚀液配方腐蚀 20~25s，并可选配置明场、暗场、偏光、微分干涉相衬，该型号显微镜可实现行程为 25mm，最小刻度单位为 1μm，通过转盘实现不同放大倍率之间的切换。

采用 Quanta 200FEG 场发射环境扫描电子显微镜，对再制造成形层不同成形方向拉伸试样进行断口形貌观察，该型号扫描电子显微镜可实现的放大倍率为 20~200000 倍，试验前超声清洗断口，确保断口表面清洁。BX51 金相显微镜及 200FEG 扫描电子显微镜分别如图 4-8(a)、(b)所示。

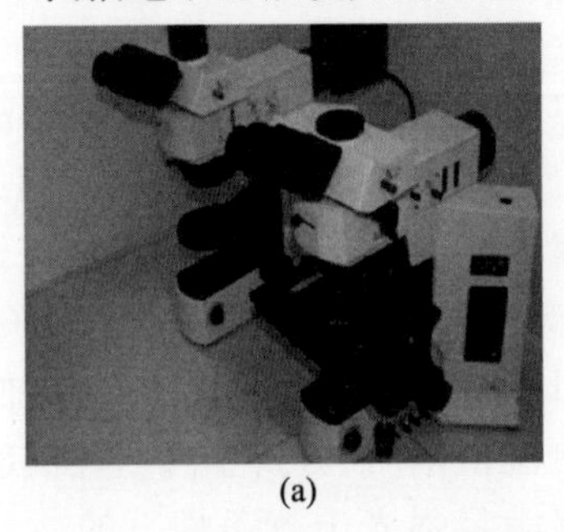

(a)

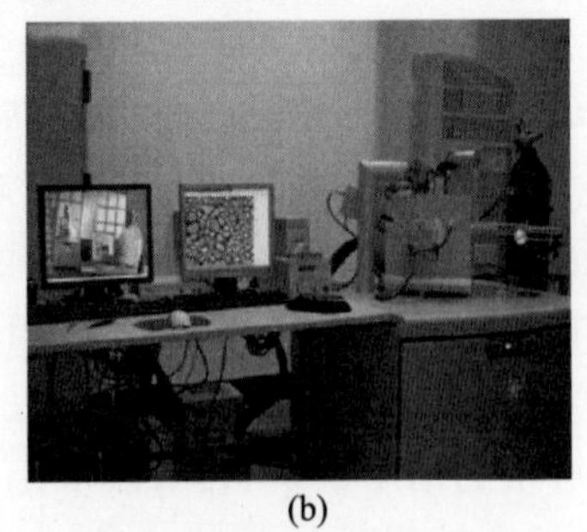

(b)

图 4-8 金相组织与断口形貌观察设备

(a) OLYMPUS BX51 金相显微镜；(b) Quanta 200FEG 扫描电子显微镜。

4.7 力学性能测试设备

4.7.1 表面显微硬度测试

硬度代表成形层抵抗压入变形和被破坏的能力，采用 DSZF－1 数显显微硬度计对成形层截面金相试样进行测试，一个成形层试样在厚度方向上选择测量 5～10 个点，同一点的硬度值按照该点及与其在同一水平线上相距 0.3mm 的其余 4 个点的平均值计算，测试方法参照 GB 9790—88 标准进行，该显微硬度计可自动计算测试点硬度，备有 RS－232 接口，可与计算机联机，实现数据的自动读取。

4.7.2 覆层抗拉强度测试

抗拉强度是材料抵抗拉伸变形或断裂能力的直接表现，为评价基体及覆层两种材料以及两种材料对接影响区对结合强度的影响[6-8]，采用 INSTRON 万能试验机对再制造基体及不同成形方向成形层抗拉强度进行测试，参照GB/T 15248—94《金属材料拉伸试验方法》标准进行，试件尺寸如图 4－9 所示。

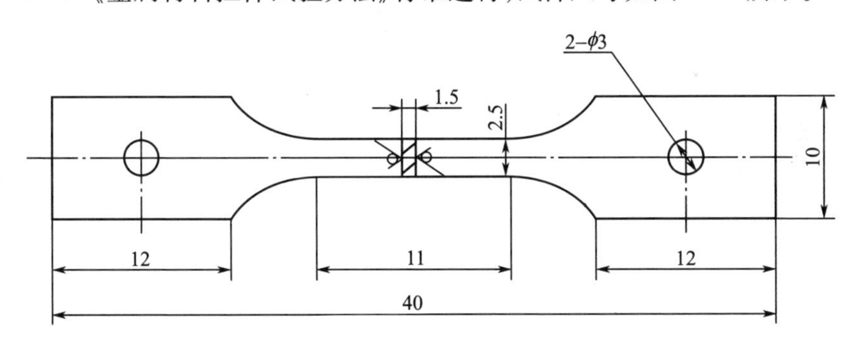

图 4－9 成形层拉伸试样尺寸标准

拉伸试样为 3 类，包括 Ti－6Al－4V 合金覆层试样（横向、纵向）及二者对接试样，对接试样制备过程为：在 Ti－6Al－4V 板件上铣出截面为（4mm × 2mm，120°）的倒梯形凹槽，采用激光逐层堆积 Ti－6Al－4V 合金材料填满凹槽，制备对接试样，如图 4－10 所示。

拉伸试验在 INSTRON 型万能试验机上进行。试验时，先将试样的一端垂直固定在试验机的下夹头上，然后缓慢提升下夹头，使试样的夹持部位进入上夹头夹持范围内，锁定上夹头，开始试验。试验参数选择如下：加载速率为 0.02mm/s，初始载荷为 0.003kN。给定试样的截面面积，其应力－应变曲线由计算机直接

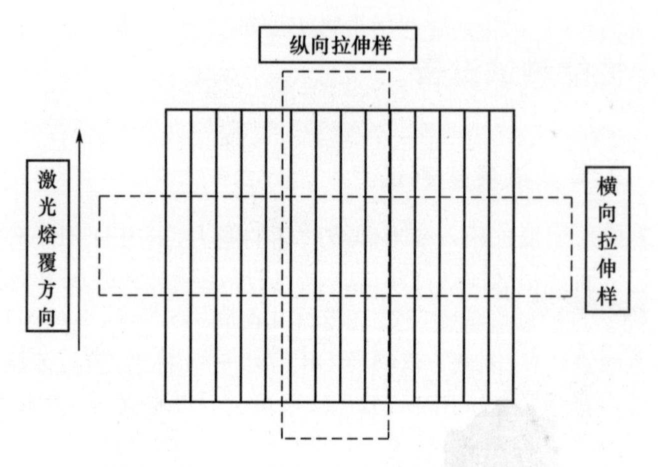

图 4－10　纵向拉伸和横向拉伸制样示意图

输出。加载变形速率为 2mm/min。

4.7.3　覆层残余应力测试

成形层内残余应力的大小和分布状态影响成形后力学性能[9-12]，采用 X－350A型 X 射线应力测定仪进行成形层残余应力测试，选择 Cu 钯，用交相关方法测定峰位移的方向和大小，测试点在同层表面按照成形次序等距选择 5 点。

覆层残余应力测试主要基于芬兰应力技术有限公司推出的 XStress Robot 机器人应力检测系统进行，如图 4－11 所示，该系统是用于分析多晶体材料的快速定量分析仪器，广泛应用于齿轮、轴承、压力容器及其他零部件热处理中，进行处理过程中的在线分析以及中心实验室的产品检验。XStress 机器人系统配有机器人专用准直器，使得它在测量复杂工件、大型工件及微小工件上更轻松、更灵活。XStress 机器人系统是一款非常高端的 X 射线应力分析仪，它基于固态线性检测技术，直接把 X 射线转变成电信号。XStress 机器人系统测角仪包括 G3 管手柄单元，附属于机器人手臂。因此，准直器可以沿被测件的不同测量面快速移动。XStress 机器人系统可操纵所有的测角仪功能，如倾斜、旋转。也能对复杂工件自动绘图，如涡轮叶片。XStress 机器人系统设置了嵌入式安全互锁功能，可以确保工厂 X 射线设备的安全要求。

XStress 机器人系统具有以下特点。

（1）具有自动校准功能，方便操作。

（2）自动对焦功能，可以根据物体距离自动调节。

（3）具有激光定位功能，可保证测量的准确性。

（4）G3 测角仪有效地避免探臂式结构的干扰现象。

（5）可满足多种工况测试，适用于微小测量。

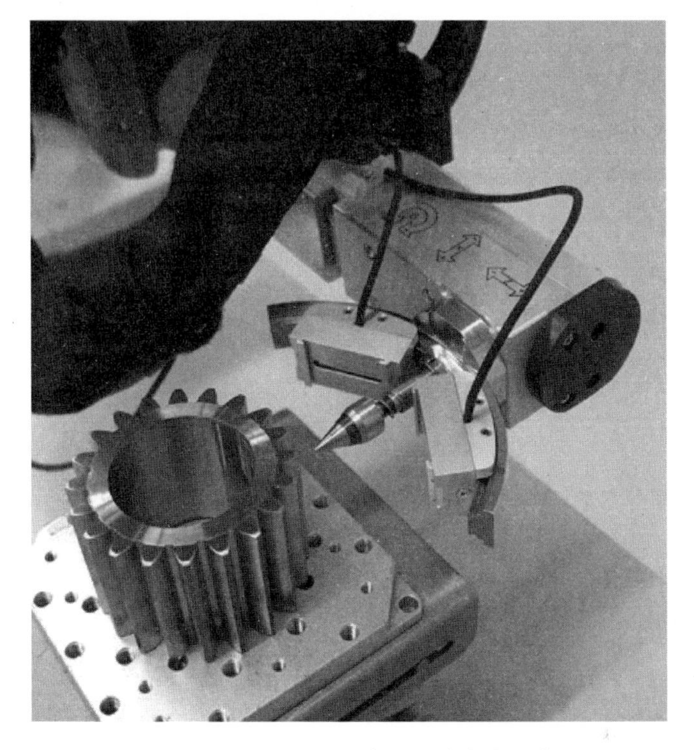

图 4－11　XStress Robot 机器人应力检测系统

参考文献

[1] 周亚男，乔勋．基于逆向工程的三维激光扫描点云数据滤波方法[J]．激光杂志，2021，42(09)：170－174.

[2] 蒋心学，唐飞笼，杨迪．机载三维激光点云数据分类数学模型[J]．激光杂志，2021，42(07)：142－146.

[3] 曹贤龙．基于 VR 技术的激光三维点云数据的虚拟重建[J]．激光杂志，2021，42(05)：205－209.

[4] 曾令权．基于点云数据的船舶轮廓线测绘研究[J]．舰船科学技术，2021，43(12)：208－210.

[5] 黄昕龙，杨拴强，沈振辉，等．面向逆向工程的二维轮廓曲线重构方法研究[J]．现代制造工程，2021(11)：121－127.

[6] 张哲峰，邵琛玮，王斌，等．孪生诱发塑性钢拉伸与疲劳性能及变形机制[J]．金属学报，2020，56(04)：476－486.

[7] 丁祖德,肖南润,文锦诚,等. 逆断层错动下 ECC 衬砌结构非线性力学响应分析[J]. 铁道科学与工程学报,2021,18(09):2375-2384.

[8] 丁前峰,庞铭. 抽油泵内筒材料激光熔覆高熵合金的热力耦合仿真研究[J]. 激光与光电子学进展,2021,58(05):176-185.

[9] 权国政,杨焜,盛雪,等. 电弧熔丝增材制造残余应力控制方法综述[J]. 塑性工程学报,2021,28(11):1-10.

[10] 岑伟洪,汤辉亮,张江兆,等. 提升分区搭接质量的激光选区熔化扫描策略[J]. 中国激光,2021,48(18):173-183.

[11] 赵春玲,李维,王强,等. 激光选区熔化成形钛合金内部缺陷及其演化规律研究[J]. 稀有金属材料与工程,2021,50(08):2841-2849.

[12] 原瑞泽,闫献国,陈峙,等. 深冷处理对 YG8 硬质合金/42CrMo 钢钎焊接头残余应力的影响[J]. 金属热处理,2021,46(10):204-208.

第5章　脉冲激光再制造工艺论证

5.1　脉冲激光工艺优化

叶片类部件型线复杂、曲率非规则变化、叶片型壁较薄的结构特征使其再制造热影响区范围以及成形形变控制成为成形形状控制难题。例如:基于已有的工艺参数试验经验,采用激光功率1.1kW、扫描速度5mm/s、送粉速率8.1g/min、载气流量150L/h的工艺参数,对边部规则体积损伤叶片进行激光再制造,成形后叶片整体形貌如图5-1所示,由图5-1可知,采用该工艺进行成形虽具有较好的形状拟合,但热损伤程度及热影响区宽度较大,而这将导致成形后形变过大以及关键力学性能下降。

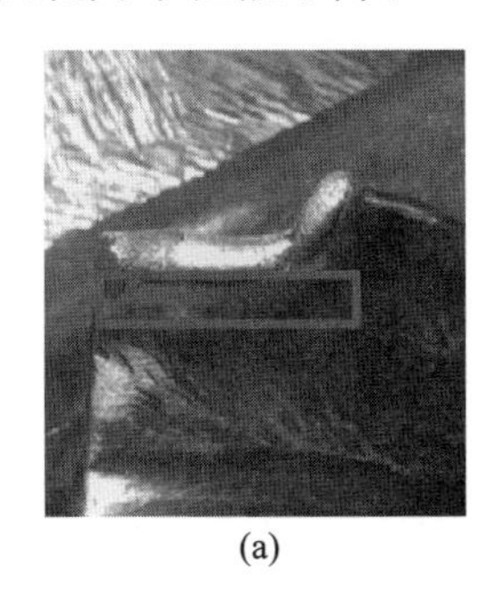
(a)

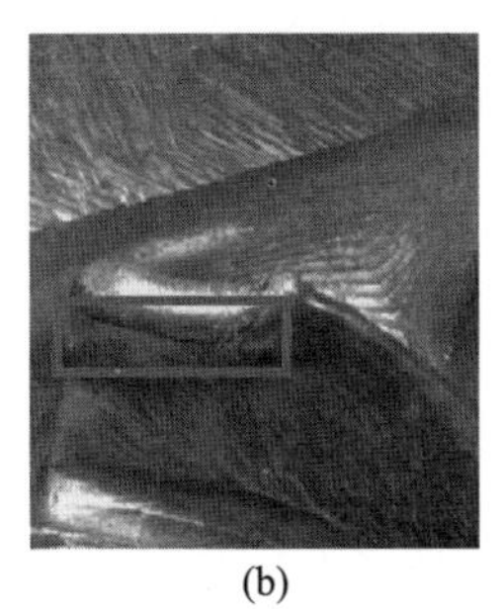
(b)

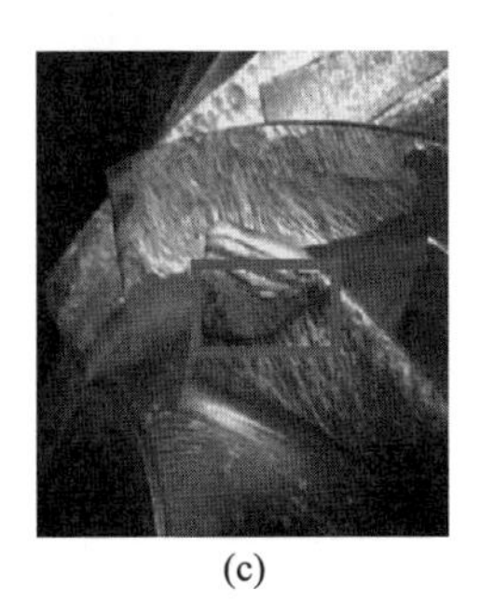
(c)

图5-1　叶片连续激光成形及热影响区整体形貌

(a) 首层成形形貌;(b) 压缩机叶片堆积2层成形形貌;(c) 成形后整体形貌。

另一方面,叶片成形表/界面性能的优化控制以及与原基体的匹配成为该类合金部件激光再制造控制的难点。因此,表/界面性能控制以及成形形状与形变控制成为相互关联、耦合交互的两个方面,寻求“形性”联合优化调控的激光再制造工艺参数成为再制造优化的关键。但“控形”与“控性”之间的联合调控机制以及方法并不明确,即:以“控形”基础,以“控性”为辅助是否可实现形变控制与性能匹配优化;或以“控性”为基础,以“控形”为辅助是否可获取激光优化工艺窗口参数。综上,寻求形状形变控制工艺窗口与性能优化工艺窗口的重叠区间,成为形状与性能联合优化调控的基础和关键。而上述问题往往需进行大量的工艺试验进行验证。

针对上述问题,以叶片激光再制造成形形变和表/界面联合调控为目标,从减少再制造过程热输入、缩小热影响区宽度、调控温度场与应力场分布状态、控制形状与形变生成过程和限度、优化表/界面性能入手,基于有限元分析与工艺试验相结合的方式,探索形状-形变-性能协同调控的优化工艺窗口,并验证相关结论的正确性。

在已有激光再制造成形过程模拟的相关研究中,主要存在以下不足。

(1) 局部再制造成形过程的动态模拟相对较少,大部分相关模拟研究多集中在激光熔覆及表面涂层制备过程的研究,相关温度场及应力场的分析多集中在涂层所在的二维平面内。

(2) 已有模拟研究大多针对激光连续输出模式进行,而对于具有成形工艺优势的脉冲激光输出模式的研究相对较少;

(3) 已有有限元模拟研究中的热源模型位置固定,且对相变潜热的影响考虑较少,难以准确模拟热源位置及加热模式动态变化的激光再制造过程。

针对上述已有研究的不足,研究基于"生死"单元法动态模拟叶片类部件脉冲激光再制造过程,考虑相变潜热影响,在验证有限元模型正确性的基础上,分析再制造成形过程的温度场及应力场分布,为工艺优化提供理论依据。

5.2 条件假设与建立方法

5.2.1 条件假设与简化

激光再制造是一个瞬态的熔化凝固冶金过程,熔池尺寸相对整个再制造成形零件的尺寸通常可忽略,再制造成形开始后,熔池在较短时间内即进入准稳态,进入准稳态后的熔池大小、温度、成形环境及条件基本保持恒定,为简化计算过程,确定以下边界条件基本假设。

(1) 激光再制造熔覆层生长速度与激光扫描速度概略相等,忽略熔池熔化凝固的瞬态时间过程。

(2) 成形开始后,极短时间内熔池大小及温度场就达到相对稳定的准稳态,并保持至整个成形过程结束。

(3) 在成形过程中,温度变化较大,但与温度相关的力学性能及应力应变关系在微小时间增量内服从线性变化规律。

(4) 材料初始应力假设为零,服从双线性强化准则,服从 Von - Mises 屈服准则。

(5) 基体及合金粉末材料为各向同性材料,并假定整个成形过程中没有材料汽化现象的存在[1-3]。

5.2.2 再制造成形导热控制

激光再制造成形过程中,遵循如下导热控制过程:

$$\frac{\partial H}{\partial t}+\nabla\cdot(VH)-\nabla\cdot(K\nabla T)=Q \tag{5-1}$$

式中:H 为一个光滑函数,主要是考虑激光再制造成形过程中固态相变和固液相变这两类相变问题给计算结果带来的偏差,$H=\int\rho c(T)\mathrm{d}T$;$V$ 为激光束扫描速度;Q 为单位体积热生成率。

与空气接触表面存在自然对流换热:

$$-K(\nabla T\cdot n)=-h_c(T-T_a) \tag{5-2}$$

式中:n 为与空气接触的表面数;h_c 为换热系数;T_a 为环境温度。基材下方为铜质底座,假设换热理想,始终与环境温度保持一致:

$$T=T_a \tag{5-3}$$

5.2.3 热源模型能量分布

在激光再制造成形过程中,激光光源设定为体热源,能量满足高斯分布:

$$I_{0(x,y)}=\left[\frac{2AP}{\pi r_{a^2}}\right]\exp\left(-\frac{2(x^2+y^2)}{r_{a^2}}\right) \tag{5-4}$$

式中:A 为基体材料对激光的吸收系数;P 为激光功率;r_a 为最大峰值密度的光斑半径。当激光与粉末相互作用,以及受到熔池上方气体阻挡而衰减时,激光能量在熔池表面的能量分布可近似描述为

$$I_{(x,y)}=I_{0(x,y)}[1-\beta n(x,y)] \tag{5-5}$$

式中:β 为衰减系数;$n(x,y)$ 为垂直光束平面粉流颗粒分布函数。

有限元分析理论中,通过定义热焓考虑材料随温度变化时熔化和凝固潜热对热量载荷施加的影响[4],即

$$H=\int\rho C(T)\mathrm{d}T \tag{5-6}$$

式中:$C(T)$ 为比热容随温度变化的平滑函数。

5.2.4 计算方法与物理模型

根据已有激光再制造工艺试验参数以及实际测温试验获得的熔池尺寸,具体计算过程如下。

(1) 基于已有工艺优化试验获得的激光功率、扫描速度、光斑大小以及离焦

量等相关工艺参数,作为模型构建参照的基本参数。

(2) 通过按照时间和路径顺序控制有限单元"生死"状态实现再制造成形过程的模拟。

(3) 采用焓法统一考虑熔化凝固温度场传热过程。

通过"薄壁边"结构模拟薄壁叶片的"薄壁"特征,既能实现压缩机叶片实体结构热量传导及分布过程特征的动态模拟,又可以减少叶片复杂型线有限元分析过程中的计算量,同时计算结果也具有相对较高的计算精度。通过"薄壁"结构单侧边上有限单元的"生死"状态控制,实现叶片边部体积损伤再制造成形动态过程的模拟[4]。对成形层及热影响区可能存在的部位采用较密的网格划分,其他部位划分相对较粗[5-6],采取六面体单元 Solid70 对成形层及叶片进行网格划分[7-9]。

5.2.5 点云采集与实体生成

由于 TC4 合金叶片属于非规则曲面薄壁结构,不具有通用的数学模型和机械结构,为准确建立叶片实体模型,采用面结构光测量对体积损伤叶片进行三维点云数据采集,采集前在叶片表面涂覆一薄层吸光材料并设置标识点,以进行不同方位点云数据的拼合,并进行进一步的融合优化,完成三维实体的点云数据采集过程,采集过程的试验环境构建如图 5-2 所示。

图 5-2　三维点云数据反求试验环境构建

采用 Geomagic Studio 12 三维软件对采集的三维点云数据进行优选,筛除部分偏差较大的非优化点云,形成三维点云数据群,基于软件的内置算法进行实体生成，获得 TC4 合金叶片实体的三维反求数字模型，其点云数据群以及生成实体的三维实体数字模型如图 5－3 所示。

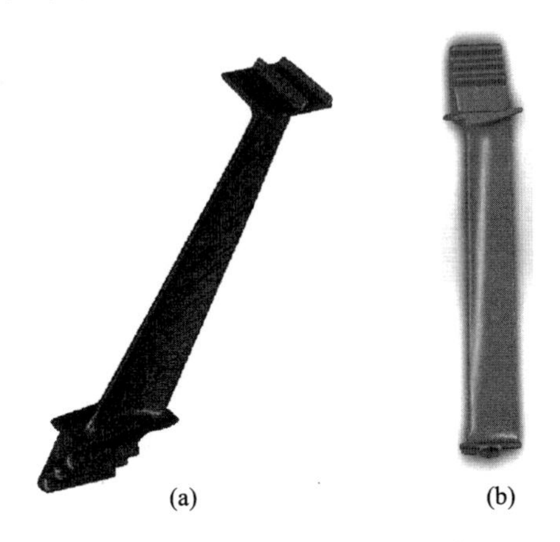

图 5－3　叶片三维反求点云数据群(a)及三维实体模型(b)

经过三维点云数据的优化和实体模型的生成（精度高于 0.03mm），对实体数字模型主要形状尺寸数据进行测量，由叶顶至叶根分别截取 5 个等距截面进行尺寸采集，各截面间距 40mm，如图 5－4 所示。

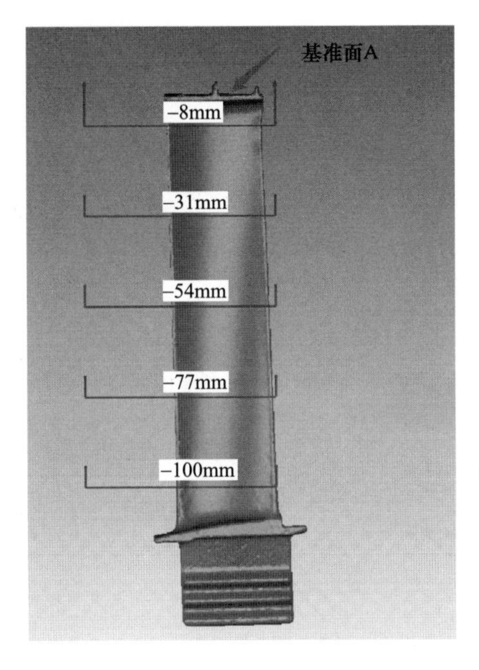

图 5－4　三维形状尺寸测量截面设置

获取的不同截面尺寸数据见表 5-1。

表 5-1　叶片不同截面型线尺寸数据

名称	测量值（截面 1）	测量值（截面 2）	测量值（截面 3）	测量值（截面 4）	测量值（截面 5）
最大弦长/mm	29.2817	28.6570	27.9303	27.4499	27.1214
最大厚度/mm	2.8407	3.0961	3.7226	4.3973	5.6588
后缘半径/mm	0.3388	0.5998	0.8394	0.9455	1.3468
后缘厚度/mm	0.0026	0.0069	0.1115	0.1294	0.0088
弦长/mm	29.2817	28.6570	27.9297	27.4499	27.1214
BA 角度/(°)	31.9011	28.4207	23.4759	18.9892	13.7479
前缘半径/mm	0.1900	0.3166	0.3779	0.4294	0.4597
前缘位置/mm	3.3555	2.7544	2.1977	1.5739	1.0497
前缘厚度/mm	0.4405	0.4940	0.7097	0.4400	0.9414
轴弦/mm	24.8644	25.1663	25.5435	25.8715	26.2504

其中，TC4 叶片中截面的三维尺寸型线及数据如图 5-5 所示。

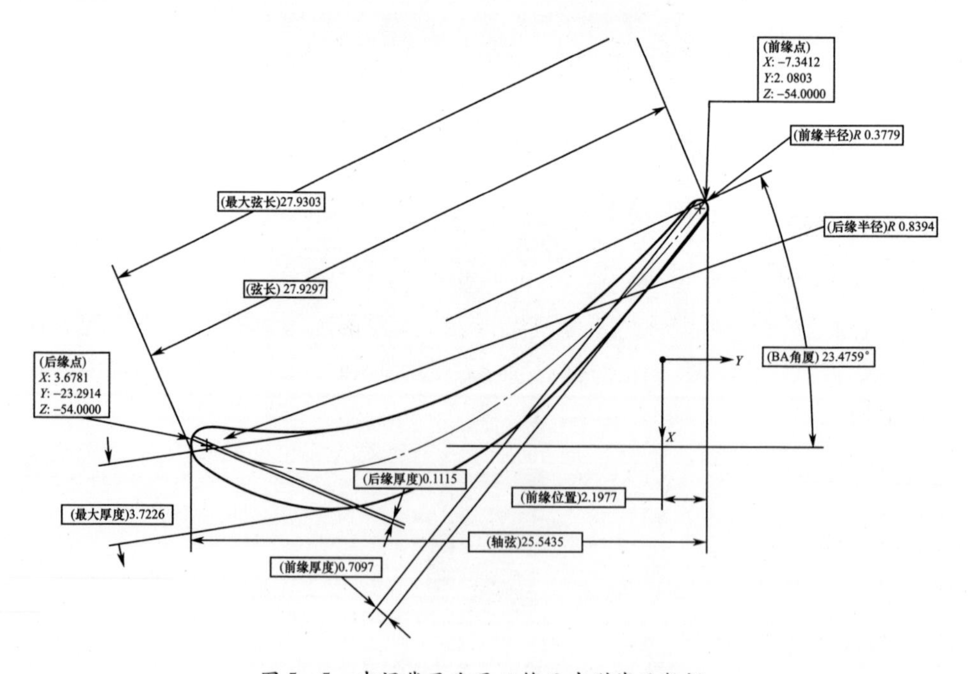

图 5-5　中间截面曲面三维尺寸型线及数据

5.3 有限元模型建立过程

对叶片整体三维实体进行网格划分,为减少模型计算量,对叶片以及榫头部位划分密集,而其他部位网格划分相对稀疏,熔覆方式设置为边部单道成形熔覆,叶片底部设置为刚性固定,初始温度设置为20℃。基于已有优化工艺参数,采用的激光功率为1.1kW,光斑直径为3mm,扫描速度为5mm/s,单道成形层宽度为3.2mm,单道成形层高度为1mm,脉冲激光脉宽为10ms,占空比为10∶1,材料对激光能量的吸收率设定为60%。构建模型如图5-6所示,采用Solid70有限单元进行划分。

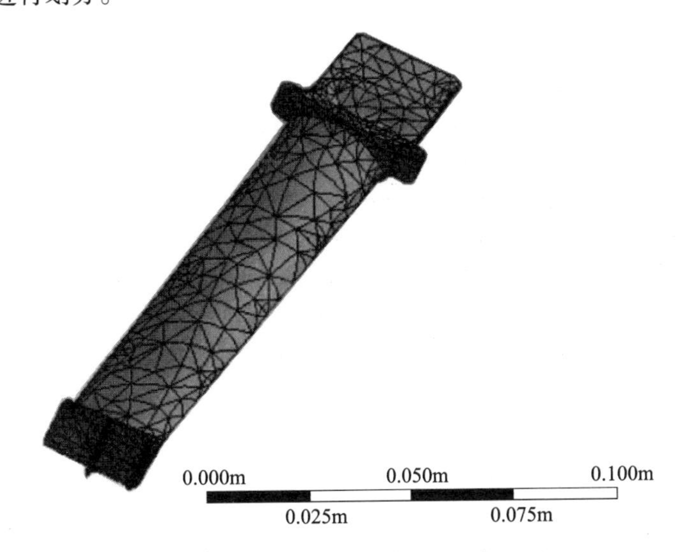

图5-6 TC4合金叶片有限元分析模型

有限元模型基体材料设定为TC4合金叶片用钢,再制造成形材料设定为与基体成分接近且成形性较好的钛合金,其热物性试验获得成形材料与基体热物理属性见表5-2~表5-5。

表5-2 熔覆合金粉末及基体杨氏模量参数

T/℃	20	200	400	600	800	900	950	1000	1100
E/GPa	67.0	47.5	39.2	22.5	7.45	2.76	1.33	8.3	6.75

表5-3 熔覆合金粉末及基体热导系数参数

T/℃	930	205	315	425	540	650	950	1100
$k/(N \cdot s^{-1} \cdot ℃)$	7.3	9.1	10.6	12.6	14.6	17.5	23.5	24.5

表 5-4 熔覆合金粉末及基体比热容参数

T/℃	100	200	400	600	800	1000	1100
$C/(\mathrm{kJ\cdot g^{-1}\cdot ℃})$	550	590	620	730	910	950	1000

表 5-5 熔覆合金粉末及基体其他热物性参数

密度 $\rho/(\mathrm{g\cdot cm^{-3}})$	泊松比 μ	热膨胀系数 α/ $(\mathrm{mm\cdot mm^{-1}\cdot ℃^{-1}})$	对流热换系数 β_F/ $(\mathrm{kW\cdot m^{-2}\cdot K^{-1}})$
4.43	0.3	1.05×10^{-6}	20

叶片类部件激光再制造成形温度场分析和求解过程如下。

首先对已建立的叶片非规则曲面薄壁结构及其成形层进行读取,赋予该结构基体及成形层热物性参数后,将该实体结构再制造成形层所有网格"杀死",设定温度场计算时间。开始激光再制造成形过程,在模拟成形层形成过程中,先激活激光束作用区域,在此区域内施加热流密度,并按照导热控制方程进行计算。然后按照激光束作用的先后顺序,依次激活代表成形层的有限元单元,施加热流,迭代计算热量传导,模拟再制造成形及热传导的动态过程。当再制造成形结束时,去除热流密度,使其自然降温至室温。最后按照温度场与应力场之间的演变关系,进行相应应力场的求解。具体流程如图 5-7 所示。

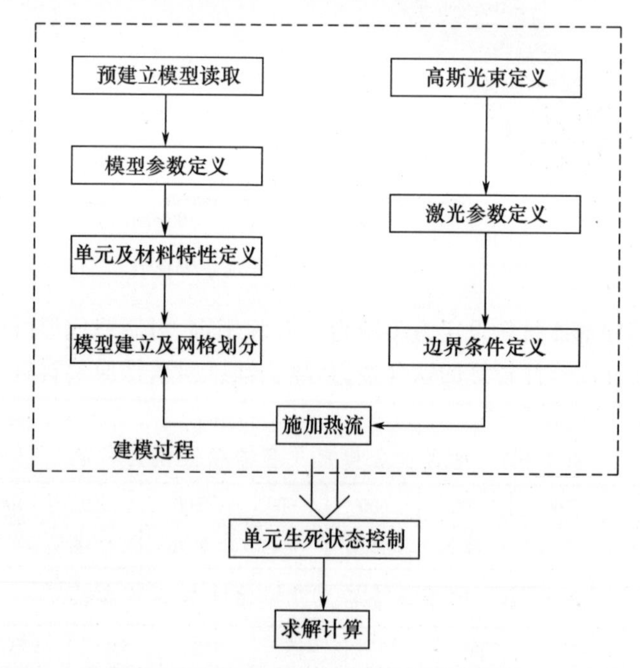

图 5-7 有限元建模及温度场求解流程

温度场的求解过程采用逐步扩大求解区间的方法，当激光光束扫描至成形层某一位置时，在此位置沉积金属材料，该单元及与其相邻的前、左、右共计4个单元被激活，此时刻温度场的求解范围包括该位置的沉积金属材料和基体材料。随着激光光束扫描位置的向前推移，下一时刻光束所在单元及与其相邻的4个单元继续被激活，温度场求解范围扩大。当第一层成形完毕时，光闸关闭，回到第一层成形层起点位置并向 y 轴正向移动一个成形层高度，到达位置后，光闸开启，开始第二层的成形过程，依此类推。实现逐点、逐层添加沉积成形过程以及温度场动态模拟及解算，成形顺序如图5-8所示。

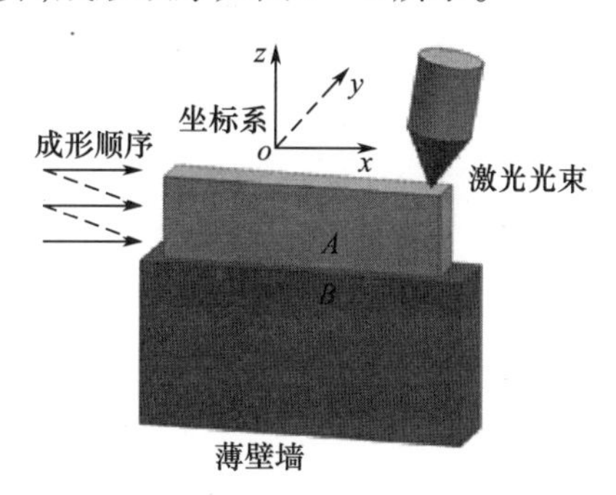

图5-8　叶片激光再制造逐层成形顺序

5.4　模型正确性验证

经过激光再制造成形过程的动态模拟和温度场解算，成形第8.5s时间的瞬时温度场如图5-9所示。基于已有工艺试验过程，此时熔池形状相对稳定，为准稳态过程。从图5-9可知，熔池中心区域温度最高，可达2136℃，较钛合金熔点约高500℃，该工艺下熔池温度可以实现钛合金基体及成形材料的充分熔化。光束扫描过后，在熔池内强对流以及与环境交互快速换热共同作用下，熔池区域温度迅速降低至熔点下，实现凝固成形。由图5-9中熔池区域温度场分布可知：在熔池前端附近区域，等温线密集，温度梯度较大；而激光束扫过的区域，等温线相对较疏，呈现彗尾状，温度梯度相对前端较小。温度场呈现该种分布状态主要是因为，在光束移动过程中，由于激光高能量密度热流的施加，熔池部位温度瞬间升高，成为温度最高区域，而光束已经扫描过的区域热量在累积的同时向四周传递，但较前端光束未扫描到的区域仍属于较高温度，而未扫描到的区域，短时间内仍保持较低温度，甚至保持室温[10-12]。

为进一步验证模型建立的正确性，采用CellaTemp型非接触式红外高温测量仪对熔池瞬时温度变化历程进行试验采集，试验过程中对距离熔覆起始点

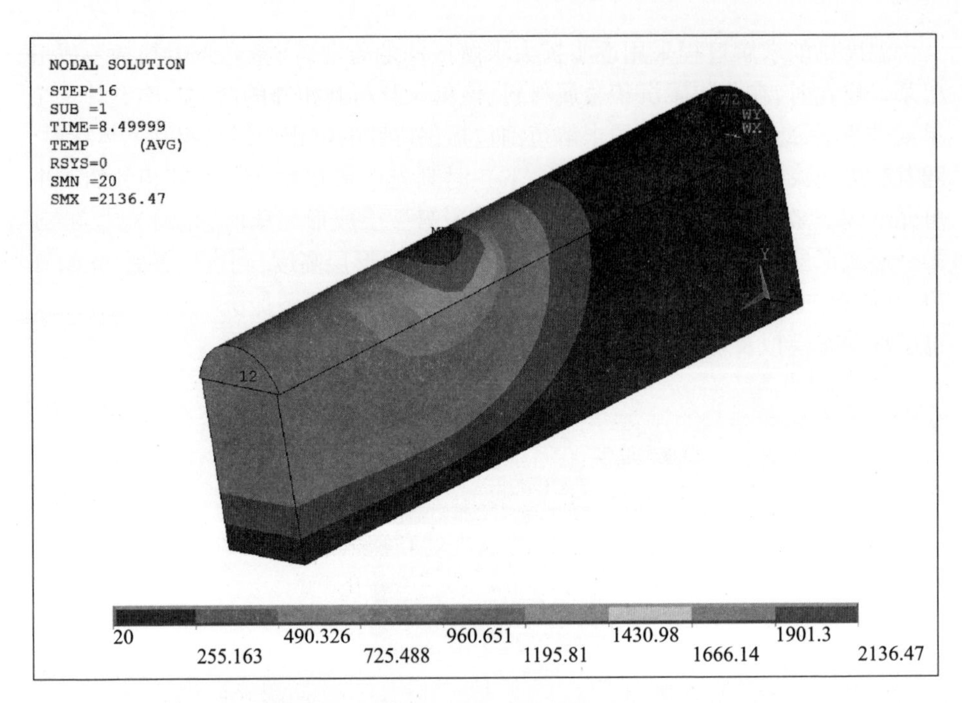

图 5-9 薄壁结构激光再制造成形温度场

42.5mm 处的位置点进行非接触式红外高温测量,该点即成形第 8.5s 时的熔池中心所在位置,通过试验测定熔池温度,并与有限元分析结果进行对比,以验证有限元模型建立的正确性,试验测试结果如图 5-10 所示。由图 5-10 可知,该

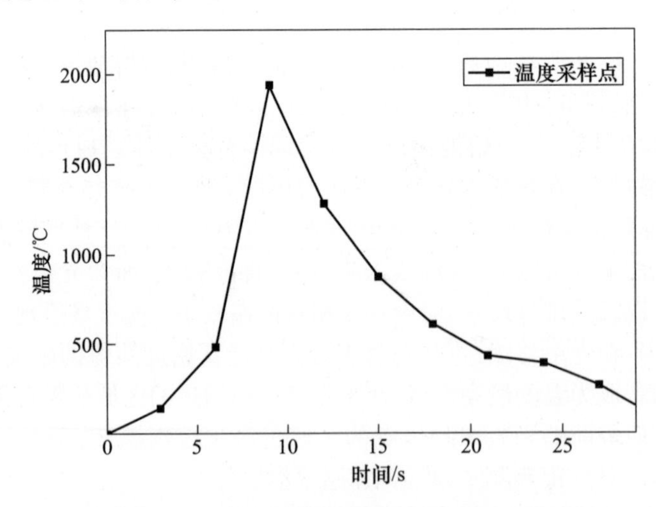

图 5-10 激光再制造采样点温度变化历程曲线

采样点呈现典型的先升后降的驼峰式曲线，温度最大值达到 1980℃，较有限元分析的熔池温度最大值低 156℃，考虑散热条件、材料热物性随温度变化等因素影响，二者结果基本一致，验证了有限元模型构建的正确性。

5.5 脉冲/连续再制造温度场对比

5.5.1 单层成形覆层温度场对比

图 5－11(a)、(b)所示分别为成形第 5s 时，连续与脉冲输出模式激光熔池中心位置 *Y*、*Z* 剖面温度场分布，由图 5－11 可知，熔池中心区域温度最高，连续输出模式下温度最高值达到 2100℃，较同功率下脉冲输出模式高出约 300℃，即连续输出模式下，成形层上相同位置点温度高于脉冲输出模式同样位置点温度。综上，在形状尺寸和激光工艺一致的前提下，脉冲输出模式具有相对较小的热输入和相对较低的熔池温度，成形层也具有相对较小的热影响区分布。

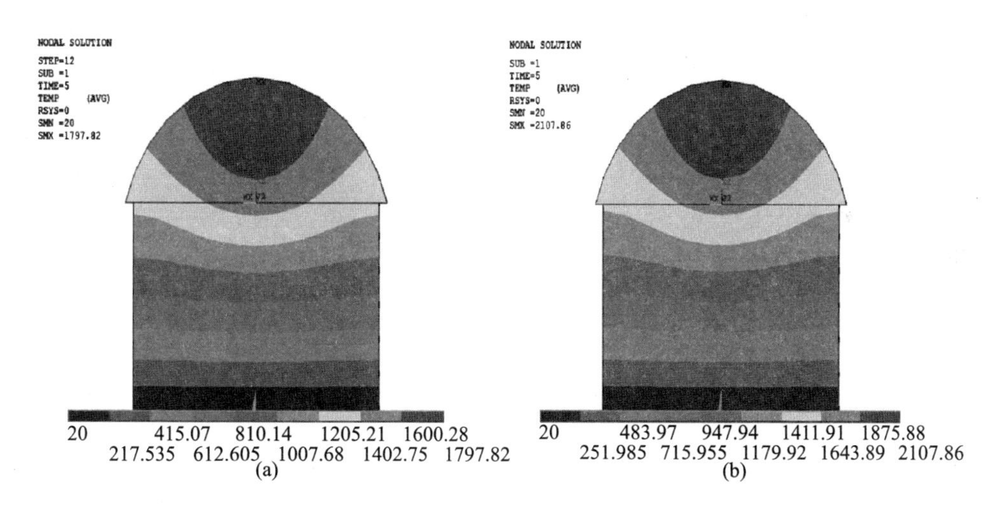

图 5－11 薄壁结构激光再制造成形 *Y*、*Z* 平面温度场

(a) 连续输出模式激光温度场分布；(b) 脉冲输出模式激光温度场分布。

通过两种输出模式下温度场对比分析可知，在相同成形形状和激光工艺条件下，脉冲输出模式具有以下工艺优越性。

(1) 脉冲输出模式特点决定，该模式下激光工艺具有相对较小的成形热输入，有利于减小成形热影响区范围和控制成形层温度。

(2) 脉冲输出模式下，层间热累积效应相对小于连续输出模式，相同位置点温度低于连续输出模式，利于成形层间热应力的减小。

(3) 激光输出成形过程中,成形层具有相对较小的升温变化率和相对更好的散热条件,利于成形层细晶组织的形成。

综上,体积损伤叶片多层堆积成形过程中,脉冲输出工艺可在保证成形性的条件下,从根本上减少成形过程热输入,利于减少多层堆积过程中的热累积作用,利于成形层间热应力的减小,且该种输出模式本身特点决定了成形层具有更佳的散热条件,更利于成形层形成细晶组织和具有相对更好的力学性能[13-14]。

5.5.2 多层成形覆层温度场对比

图5-12(a)、(b)所示分别为连续与脉冲输出模式成形第14.5s时,激光扫描至第4层中间位置时刻Y、Z剖面温度场分布,对比分析图5-12(a)、(b)可知,连续输出模式下熔池中心区域温度最高值达到1400℃,较脉冲输出模式下熔池温度最高值高出约170℃。与单道成形层类似,连续输出模式下,多层成形层间等温线较脉冲输出模式下更为密集,且连续输出模式下成形层相同位置点温度也明显高于脉冲模式,说明该模式下热输入量相对较大,层间热累积作用更为明显。而该模式下的温度场分布具有更大的热影响区范围,对基体的力学性能影响也将相应增大。

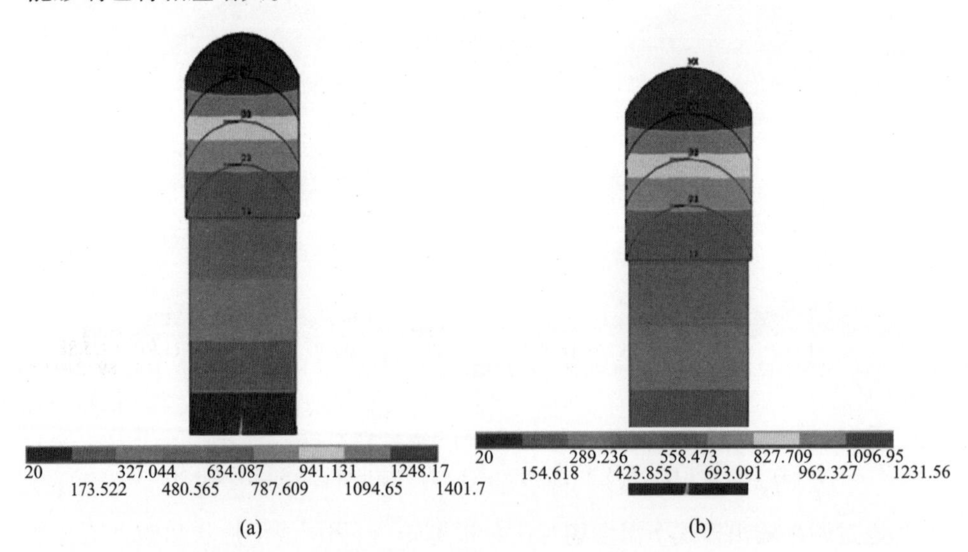

图5-12 激光再制造多层成形层Y、Z平面温度场

(a) 连续输出模式激光温度场分布图;(b) 脉冲输出模式激光温度场分布图。

上述试验动态模拟结果进一步验证相同材料和散热条件下,连续模式下的激光热输入量相对更高,成形层间热量累积效应更为明显。

5.5.3 多层成形热影响区温度场对比

为进一步验证温度场有限元分析结论的正确性，采用非接触式红外高温测试仪实时测试两种输出模式下温度场，获取连续/脉冲模式下热影响区的温度场分布规律，验证脉冲激光工艺在减少成形过程热输入、控制成形温度场、缩小热影响区范围方面的优越性，为叶片激光再制造成形工艺选择及优化提供试验验证。

试验选取连续激光优化工艺参数为：激光功率为1.1kW，扫描速度为5mm/s，载气流量为150L/h，送粉速率为21.4g/min。选取脉冲激光工艺参数为：激光功率为1.1kW，扫描速度为5mm/s，载气流量为150L/h，送粉速率为21.4g/min，脉宽为100ms，占空比为10∶1。试验采用CellaTemp型非接触式高温测试仪，测温方式为单点测温，测温范围为600～2500℃，响应时间≤2ms，测量误差在0.3%以内。高温测试仪的放置如图5－13所示，测温仪通过目镜进行定点聚焦，实时监测采集聚焦点的温度，同时将温度值实时存储在与之相连的计算机中。

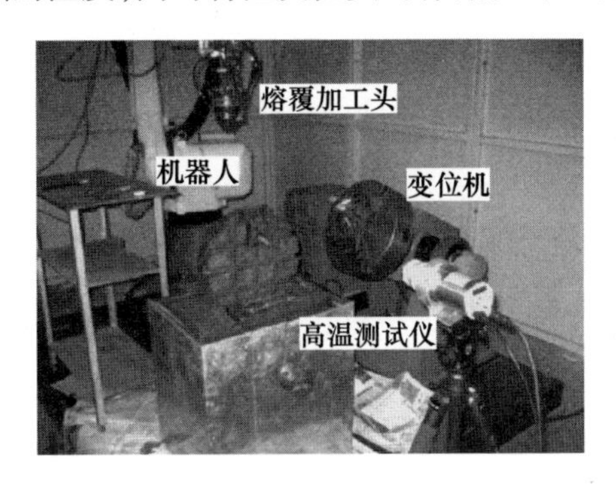

图5－13 非接触式高温测试环境搭建

温度测试采集点A位于基材热影响区，距离激光光斑中心约为3mm。采用逐层同向的成形顺序是为避免过大的热累积造成的过度成形及塌陷，同时也使已成形部分有充分的冷却时间。试验采用连续和脉冲两种输出模式分两步进行，每步试验过程中，除确保激光功率、扫描速度等参数一致外，还应确保基材尺寸、热处理状态以及装夹位置一致。选择热影响区该位置测试点是因为该点成形过程中受热累积作用较大，温度变化相对更为明显，相关工艺参数见表5－6。

表5－6 温度测量工艺及测试位置

编号	测温位置	工作方式	脉冲宽度/ms	占空比	功率/kW	熔覆道数	熔覆方向
1	热影响区	连续	—	—	1.1	8	同向
2	热影响区	脉冲	100	10∶1	1.1	8	同向

图5－14所示为连续激光作用下热影响区测温点的热循环曲线，8段先上

升、后下降曲线的峰值温度分别为 818.2℃、826.2℃、838.4℃、828.1℃、804.4℃、786.0℃、765.8℃和 746.8℃，其中前 3 层成形过程中该测温点温度变化率高于后续 5 层成形层，各段曲线都呈现明显的先上升后下降趋势。

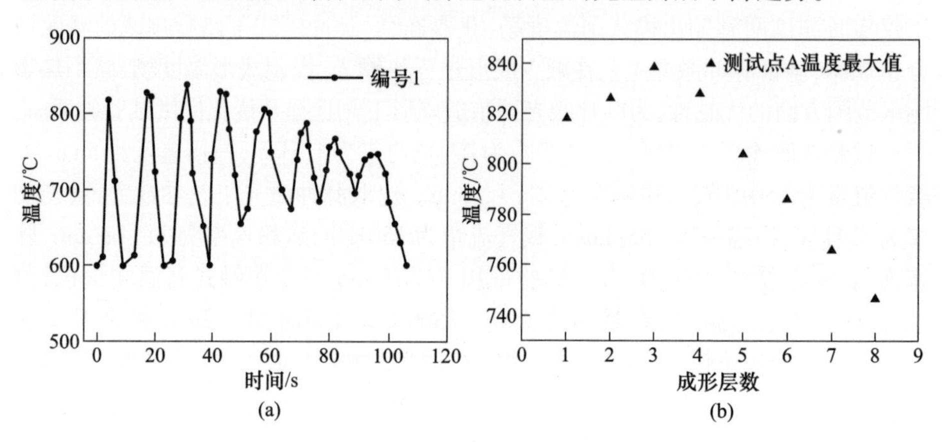

图 5-14　连续激光，表 5-6 中样本 1 工艺，热影响区热循环曲线

(a) A 点热循环曲线；(b) A 点各热循环阶段温度最大值。

激光热源作用于基体时，板厚方向均温，热传导主要沿长度和宽度两个方向进行，光束在长宽平面内能量符合高斯函数分布：

$$q(r) = \frac{2Ap}{\pi R^2}\exp\left\{-\frac{2r^2}{R^2}\right\} \tag{5-7}$$

式中：A 为材料对激光的吸收系数；p 为激光输出功率；R 为激光光斑半径；r 为某点至光斑中心的距离。由式(5-7)可知，测温点距光斑中心越近，该点对应的温度越高。基于测温点位置的选择以及成形先后顺序，测温点距光斑中心的距离为先减小、后增加，因此测温点对应的热循环曲线均呈现先上升、后下降的趋势。多层成形过程中，测温点峰值温度先增大、后减小是因为：测温点在接受激光光束热量输入的过程中，不断向四周环境传递而散失热量，在成形第 1～3 层成形层过程中，测温点距激光光斑中心较近，该点的激光热输入效率大于传热耗散效率，热累积作用导致峰值温度不断升高；成形第 4～8 层过程中，随着成形层数的增加，激光光斑中心沿 z 方向不断升高，与温度测试点的距离不断增加，该点的激光热输入效率不断降低，并小于与周围环境传热导耗散的效率，导致峰值温度不断减小。同时，对应温度实测值和变化趋势与有限元分析基本一致，进一步验证有限元分析模型及相关结论的正确性。

图 5-15 为连续与脉冲输出模式下，热影响区测温点热循环曲线，从图 5-15 可知，连续输出模式下热影响区温度峰值在 735.2～838.7℃之间，高于该位置

点同功率下脉冲输出模式约为 20～80℃，且具有更短的升温过程。

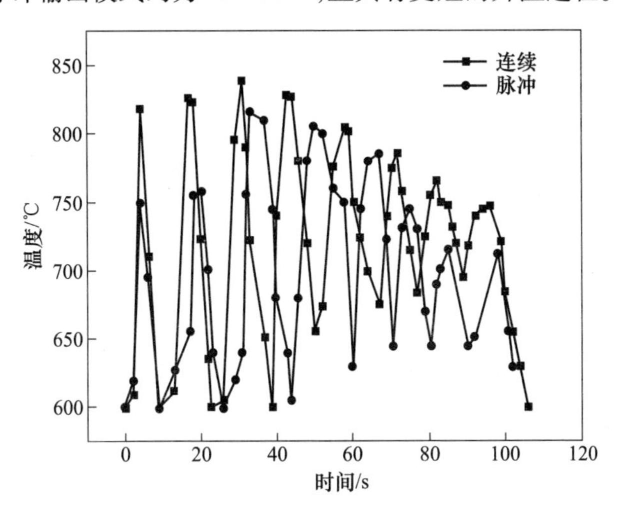

图 5-15　两种模式下，热影响区测温点热循环曲线

通过上述热影响区测温点热循环分析可知，多层成形过程中，应严格控制开始几层的热输入量，在工艺控制上可采用低功率和相对较高的熔覆成形速度，避免过大的热输入造成基体力学性能下降和热影响区晶粒粗大[15]。

参考文献

[1] 洪捐，蒯源，程鹍，等．硼掺杂纳米硅薄膜的多脉冲激光熔覆数值模拟及实验研究[J]．红外与激光工程，2021，50(10)：20210023-1-20210023-10.

[2] 杨威，陈志国，汪力，等．镍基合金 Inconel 740 激光近净成形多方向温度场[J]．中国有色金属学报，2018，28(8)：1579-1586.

[3] 安相龙，王玉玲，姜芙林，等．搭接率对 42CrMo 激光熔覆层温度场和残余应力分布的影响[J]．中国激光，2021，48(10)：1002110-1-1002110-12.

[4] 王明娣．基于光内送粉的激光熔覆快速制造机理与工艺研究[D]．南京：南京航空航天大学，2008.

[5] 舒林森，王家胜．铣刀盘激光熔覆修复过程的温度场与应力场有限元仿真[J]．中国机械工程，2019，30(1)：79-84.

[6] 陈列，古成中，谢沛霖．斜齿轮轴齿面激光熔覆过程中温度场的数值分析[J]．中国激光，2011，38(3)：0303006-1-0303006-6.

[7] 石世宏，王晨，徐爱琴，等．基于环形光光内送粉激光熔覆温度场的数值模拟[J]．中国激光，2012，39(3)：0303002-1-0303002-7.

[8] 韩国明,李建强,闫青亮. 不锈钢激光焊温度场的建模与仿真[J]. 焊接学报,2006,27(3):105 - 109.

[9] 张春华,张宁,张松,等. 6061 铝合金表面激光熔覆温度场的仿真模拟[J]. 沈阳工业大学学报,2007,29(3):267 - 284.

[10] 席明哲,张永忠,石力开,等. 激光快速成形金属薄壁零件的三维瞬态温度场数值模拟[J]. 中国有色金属学报,2013,13(4):887 - 892.

[11] Zhang Qi, Xu Peng, Zha Gangqiang, et al. Numerical simulations of temperature and stress field of Fe - Mn - Si - Cr - Ni shape memory alloy coating synthesized by laser cladding[J]. Optik - International Journal for Light and Electron Optics, 2021, 242:167079.

[12] Jiali Gao, Chengzu Wu, Yunbo Hao, et al. Numerical simulation and experimental investigation on three - dimensional modelling of single - track geometry and temperature evolution by laser cladding[J]. Optics and Laser Technology, 2020, 129:106287.

[13] 谢映光,王成磊,张可翔,等. 数值模拟和稀土调控改性结合优化铝合金表面激光熔覆[J]. 表面技术,2020,49(12):144 - 155.

[14] 李云峰,石岩. 脉冲频率对激光熔覆层微观组织与性能的影响[J]. 中国机械工程,2021,32(17):2108 - 2117.

[15] Hui Zhang, Kai Chong, Wei Zhao, et al. Effects of pulse parameters on in - situ Ti - V carbides size and properties of Fe - based laser cladding layers[J]. Surface & Coatings Technology, 2018, 344:163 - 169.

[16] Thawari N, Gullipalli C, Katiyar J, et al. Effect of Multi - Layer Laser Cladding of Stellite 6 and Inconel 718 Materials on Clad Geometry, Microstructure Evolution and Mechanical Properties[J]. Materials Today Communications, 2021:102604.

第6章 激光再制造成形工艺优化

6.1 熔化及凝固成形

利用OLYMPUS BX51金相显微镜对单道成形层内部晶体组织形态进行观察，如图6－1所示，该单道成形层具有较充分的单道成形形貌，由图6－1可知，从成形层中部至顶部和底部，温度梯度呈增大趋势，而温度梯度及其他因素差异较大，因此将引起成形层内不同部位组织不均匀性的存在。图6－1(a)为成形层顶部组织，由于该部位与周围环境直接接触，具有较好的散热条件，温度梯度相对较大，不利于晶体的充分孕育与长大，因此主要以细小致密的等轴晶组织为主，同时分布少量胞状晶；图6－1(b)为成形层中部组织，分布较为粗大的树枝晶组织，这主要是由于成形层中部凝固速率相对下降，温度梯度下降，树枝晶组织具有较为充分的条件进行孕育；图6－1(c)为单道成形层底部组织，成形层底部主要以平面晶为主，这主要是因为成形基体温度相对较低，使成形层与基体之间存在较大的温度梯度，同时，此处在整个成形层垂直方向上的结晶速度最小，因此平面晶能够生长。

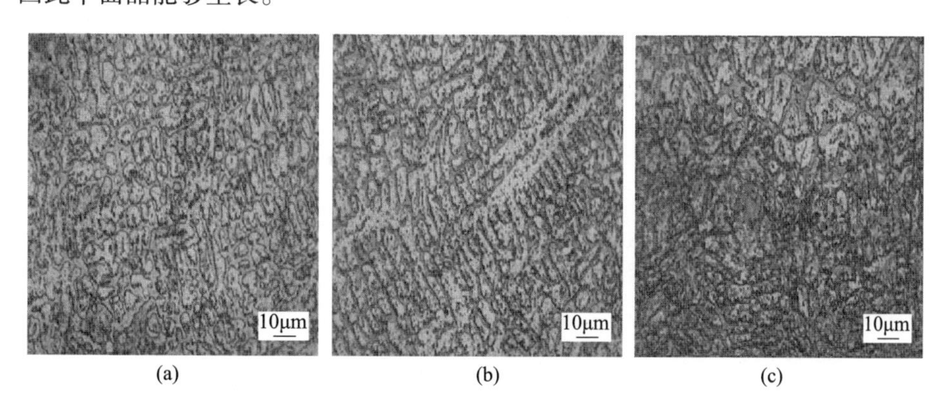

图6－1　单道成形层内部金相组织

(a) 单道成形层顶部组织；(b) 单道成形层中部组织；(c) 单道成形层底部组织。

激光再制造成形是一个动态的冶金过程，熔池尺寸及形状相对较小，熔池内存在着复杂的对流、搅拌及质量和热量的传递过程，再制造成形过程除与熔池的形状状态、成分偏析及材料力学性能等密切相关外，更是对再制造成形的整体形状控制、表面平整度、成形热影响区及形变控制具有直接影响[1-3]。

随着激光再制造成形过程的进行，光斑扫描的位置不断移动，熔池的位置也在不断向前推移，金属的熔化及凝固是一个动态的过程，随着激光光斑扫描位置的前移，熔池内部金属温度升温速率在不断减缓，金属的熔化和凝固过程同时进行，合金粉末不断送入熔池，熔化形成液相。同时，随着激光光斑的前移，熔池内部液相金属温度不断降低，并逐渐凝固形成成形层[4]。熔池前端部分温度较高，为熔化区，熔池后端部分温度较低，为凝固区，如图6-2所示。

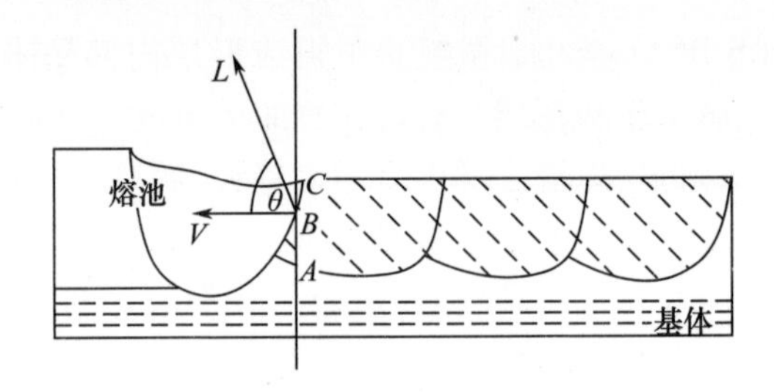

图6-2　激光扫描速率与成形速率关系

如图6-2所示，在激光工艺优化、成形良好条件下，由凝固成形理论可得[1]

$$L = V\cos\theta, \theta \subseteq [0, 90°] \tag{6-1}$$

式中：L为成形层凝固速率，即固液界面法线方向上的推进速率；V为激光扫描速度；θ为L和V之间的速度夹角。由式(3-15)可知，θ的变化决定再制造成形层不同深度位置上成形层的生长方向和成长速率，当$\theta = 0°$时，L最大，即熔池顶部凝固速度最大；当$\theta = 90°$时，L最小，即熔池底部的凝固成形速率相对最小。

根据金属学凝固原理可知，成形层内晶体的生长状态主要由式(6-2)决定：

$$M = (G/L) \tag{6-2}$$

式中：M为晶体生长状态；G为位置点结晶方向温度梯度。对比A、B及C三点熔化凝固条件可知，$L_A < L_B < L_C$，其中$L_A \propto 0$，且$G_A > G_B$，$G_C > G_B$，因此A、B、C三点中，只能确定$M_A > M_B$。

综合上述分析可知，单道成形过程中成形层内不同部位凝固速率及晶体形态存在差异性，而晶体生长状态、成形过程热输入、成形散热条件以及温度梯度变化等因素随激光器的类型、激光熔覆成形的路径，以及熔池内层流和搅拌作用的变化而改变，因此从熔化凝固过程特征入手建立激光再制造成形形状与激光成形工艺之间的量化关系难以实现[5-7]。

6.2 形状控制基础策略

6.2.1 稀释率筛选策略分析

激光再制造成形过程中，成形形状精度控制的前提是保证成形层与基体之间形成良好的冶金结合，具有较高的结合强度和界面性质，并保证成形层受基体的稀释作用相对更小。研究表明：熔覆层的稀释率在2%～10%之间时，熔覆层受基材元素稀释作用既能保证相对较小，又能保证形成良好的冶金结合，减少开裂可能性[8]。稀释率是指由于基材熔化混入而引起的熔覆层合金成分的变化程度，用基材合金在熔覆层所占的百分率表示，计算稀释率的方法一般采用熔覆道横截面积的测量值计算，如图6－3所示[9]。

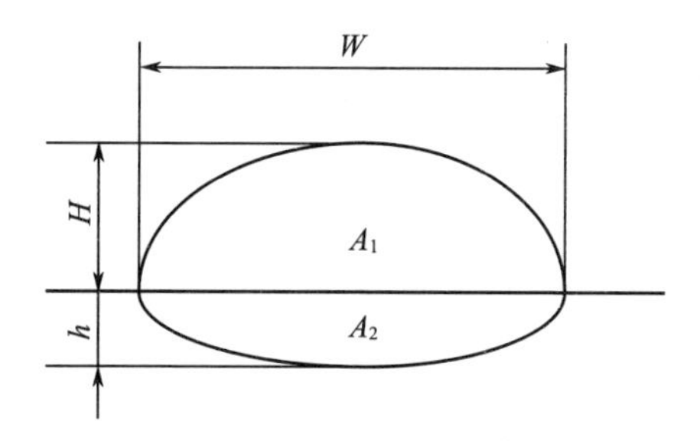

图6－3　单道激光熔覆层横截面

稀释率的计算方法可以简化为

$$\eta = \frac{h}{h + H} \tag{6-3}$$

式中：η 为稀释率；h 为基材熔深；H 为熔覆高度。

为保证激光再制造成形效率，在熔覆层稀释率相近情况下，基于成形效率和减少成形热输入考虑，优先选择熔高较大的工艺参数。

6.2.2 层内搭接率优化

层内搭接率作为成形的重要工艺参数，对成形表面平整度具有重要影响，搭接率过大易造成成形层表面凸起而影响成形整体形貌，甚至出现结瘤等成形缺陷；而搭接率过小，则容易使成形表面凹凸不平，影响成形部位表面平整度或造成成形尺寸缺失[11,12]。

对成形最优搭接率的极限状态进行以下假设，如图6－4所示。搭接过程中，激光功率、送粉速率、扫描速度等工艺参数保持不变；单道成形层高度与宽度保持恒定不变，搭接熔覆层弧形对应中心 O、O'在同一高度；粉末在熔池中充分熔化，即每道熔覆层成形质量相等；相邻熔覆道顶点、搭接区域表面处于同一平面。其中，W 为熔覆道宽度，H 为熔覆道高度，S 为搭接区域长度，截面 MNC 为先成形熔覆道截面，截面 NPQC 为后成形搭接熔覆道截面。

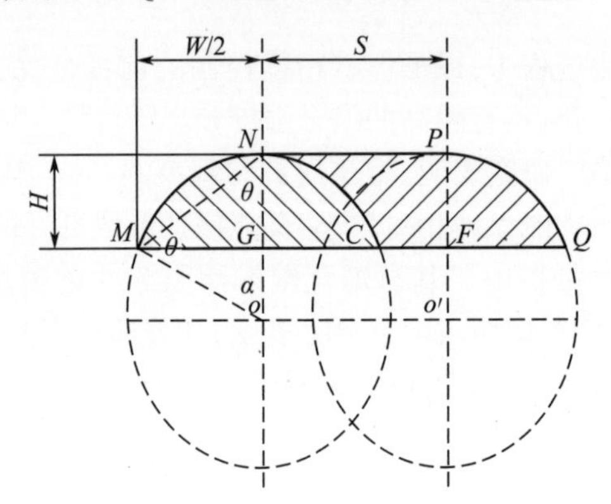

图 6-4　最优搭接率状态下成形截面示意图

由图 6-4 可知，在工艺参数不变的情况下：

$$S_{\mathrm{MNC}} = S_{\mathrm{NPQC}} = S_{\mathrm{NPFG}} = HS \tag{6-4}$$

其中，

$$\theta = \arctan(W/2H) \tag{6-5}$$

$$\partial = \pi - 2\theta \qquad (0 < \partial < \pi/2) \tag{6-6}$$

圆 O 与圆 O′的半径：

$$R = H/(1 - \cos\partial) \tag{6-7}$$

又：

$$S_{\mathrm{MNC}} = S_{\mathrm{MNCO}} - S_{\mathrm{MCO}} \tag{6-8}$$

即：

$$S_{\mathrm{MNC}} = \partial R^2 - R^2 \sin 2\partial/2 = HS \tag{6-9}$$

又，搭接率：

$$n = (W - S)/W \tag{6-10}$$

将(6-10)代入(6-9)中，可得

$$n = 1 - H(\partial - \sin 2\partial)/2W(1 - \cos\partial)^2 \tag{6-11}$$

综上，在假设的最优搭接率极限状态下，搭接率与单道熔覆层的熔高和熔宽相关，即激光再制造工艺参数一定的情况下，最优搭接率为定值。因此，在保证成形层与基体良好冶金结合，并较少受基体稀释作用影响的同时，通过对最优稀释率条件下优化工艺参数熔宽与熔高的测量，可以获得该优化工艺参数对应的最优搭接率，同时实现成形形状表面平整度的优化控制[13,14]。

6.2.3 脉冲参数优化过程

脉冲模式可分为光闸开启和关闭两个阶段，光闸开启阶段激光输出与连续模式相同，因此脉冲激光成形工艺参数的优化在于保证成形性的基础上，优化脉冲激光脉宽及占空比，减少成形过程热输入，以减小成形层残余拉应力大小及分布范围。该再制造成形系统最小脉冲宽度为 10ms，最大脉冲宽度为 100ms。基于连续输出模式激光成形工艺试验过程及结果，选择脉冲激光成形功率为 1.1kW，扫描速度为 5mm/s、送粉速率为 8.1g/min、载气流量为 150L/h，试验采用单道成形的工艺方式进行，各组工艺试验参数脉宽及占空比选择见表 6－1。

表 6－1 脉冲激光成形工艺优化试验参数

序号	脉宽/ms	占空比	熔高 H/um	熔深 h/μm	熔宽 h/μm	稀释率 η/%
1	100	1：1	607	172	2440	—
2	100	5：4	680	146	1781	—
3	100	2：1	709	105	1939	—
4	100	5：2	852	58	1913	—
5	100	10：3	837	166	2061	16.6
6	100	5：1	917	131	2095	12.5
7	100	10：1	1040	142	2190	16.9
8	10	1：1	658	0	1487	—
9	20	2：1	754	20	1894	—
10	50	5：1	984	85	2276	—
11	80	8：1	974	186	2105	16.1
12	10	1：2	238	0	1220	—
13	50	1：2	381	72	1713	—
14	100	5：6	550	0	1060	—

成形后单道工艺形貌如图 6－5 所示，从该图可以看出，工艺样本 1、2、3、4、8、9、10、12、13、14 成形不充分，考虑主要是成形过程中脉冲占空比过小、能量输入过低引起的。

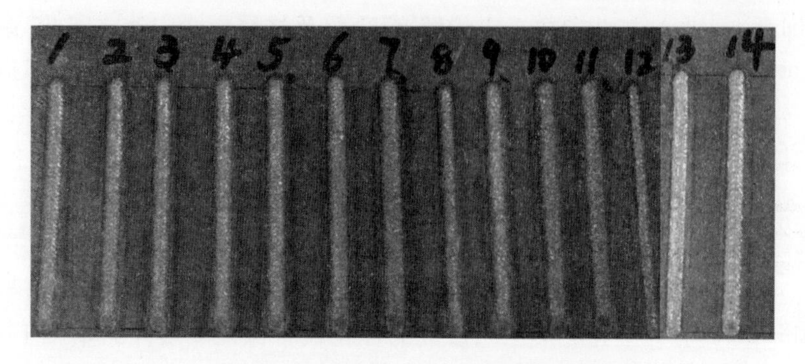

图 6-5　单道成形工艺样本整体形貌

进一步,在每个工艺成形样本中部切取试块,进行观察,并利用 GX-51 金相显微镜的显微测量功能,对成形层几何特征参数进行测量。通过观察可知,样本 1~4、样本 8~10 以及样本 12~14 成形层与基体未形成良好的冶金结合,通过测量获得各工艺样本形状参数及稀释率如表 6-1 所示。进一步对比工艺样本 5~7 以及样本 11 可知,4 个工艺样本稀释率都处于 5%~20% 之间,但样本 7 熔高及熔宽相对较大,具有相对更高的成形效率,在再制造成形过程中,可减少成形层数,降低成形层间的热累积作用。

因此,确定脉冲激光再制造成形优化工艺参数为:激光功率为 1.1kW、扫描速度为 5mm/s、送粉速率为 8.1g/min、载气流量为 150L/h,脉宽为 100ms,占空比为 10∶1。经过进一步测量,工艺样本 7 熔宽为 2180μm,由式(6-4)~式(6-11)可得该工艺样本下最优搭接率为:$n=60\%$。

根据表 6-1 中数据,可得熔宽、熔高及熔深与占空比关系,如图 6-6 所示。由图 6-1 可知,在脉宽一定的前提下,熔宽、熔高及熔深随占空比增加呈递增趋势,这是因为相同成形时间内,占空比高的工艺参数成形能量输入相对较大,成

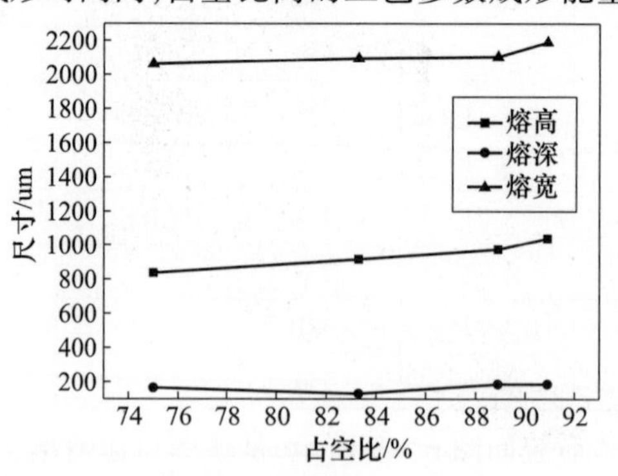

图 6-6　熔宽、熔高及熔深与占空比关系

形形状尺寸更为充分，这在体积损伤再制造成形过程中，将减少再制造成形层数，减少热输入和热影响区范围。

6.2.4 有限元分析与验证

为进一步验证脉冲激光工艺优化参数正确性，对已有激光工艺参数成形的温度场及应力场进行有限元分析，其中，IPG-4000 型激光再制造系统时间最小刻度量值为 10ms，基于已有工艺试验结果，当占空比低于 8∶1 时，则成形出现不连续状态，因此，设置激光脉宽为 10ms，制定激光再制造工艺参数的可能组合见表 6-2。

表 6-2 激光再制造工艺参数表

编号	激光功率 P/kW	扫描速度 Vs/mm·min^{-1}	载气流量 Vg/L·h^{-1}	送粉速率 V/g·min^{-1}	脉宽/ms	占空比
1	1.1	5	150	20.2	10	10∶1
2	1.5	5	180	25.2	10	10∶1
3	2	6	200	25.2	10	8∶1
4	2.5	8	230	34.8	10	8∶1
5	3	10	250	42	10	8∶1

采用有限元模型对表 6-2 中工艺 2~5 再制造过程进行动态模拟，通过比较熔池温度与材料熔点的差异，缩小了激光功率等工艺参数的可能取值范围，减少了实际工艺试验样本数量，进一步优化了工艺。获得成形过程中第 8.5s 时刻温度场分布如图 6-7(a)~(d)所示。

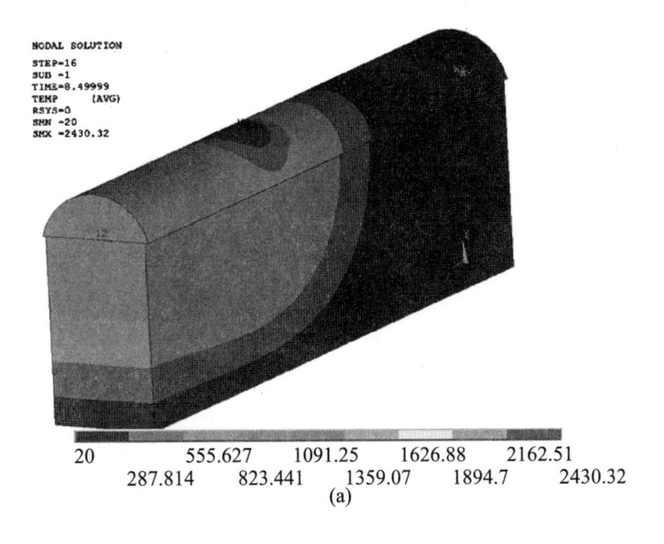

(a)

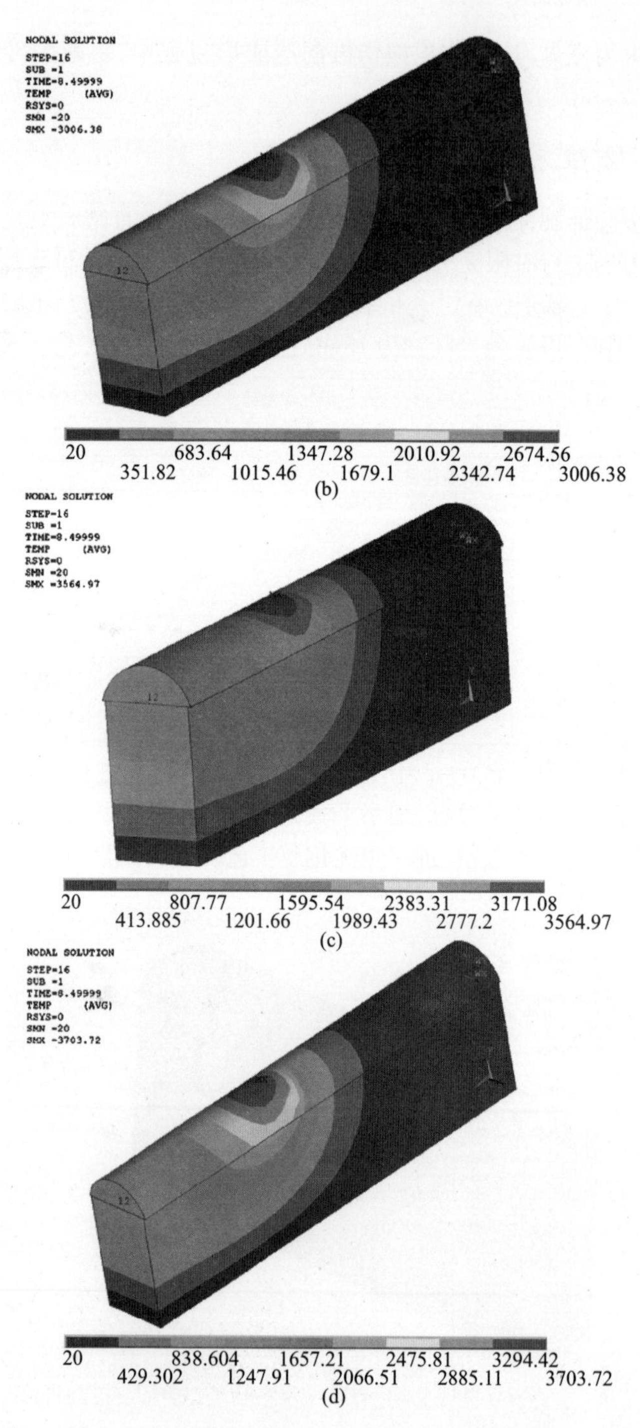

图 6-7　不同工艺参数下成形第 8.5s 时熔池温度

对比分析图 6－7(b)～(d)可知，工艺 3～5 熔池温度区间为 2674～3703℃，明显高于钛合金熔点，熔池温度过高，热输入量过大，容易引起热影响区范围过大和力学性能下降等情况；对比分析图 6－7(a)与图 5－5(b)所示可知，工艺 1～2 熔池温度区间接近，都高于钛合金熔点，可以实现钛合金粉末的充分熔化与凝固，对比工艺 1～2 可知，二者熔池温度主要由激光功率和扫描速度决定，因此，适合该合金熔覆材料的主要工艺参数激光功率应分布在 1.1～1.5kW 之间，扫描速度不高于 6mm/s，载气流量为 150～180L/h，送粉速率为 20.2～25.2g/min，脉宽为 10ms，占空比为 10：1。

为进一步试验获取并验证该材料再制造成形优化工艺参数，对表 6－4 中工艺参数 1～4 进行成形试验验证，如图 6－8 所示。由图 6－8 可知，工艺 1 成形不充分，主要在于激光功率相对较低、送粉速率较小；工艺 3、4 存在较明显过烧迹象，表明该工艺下能量输入过大，会造成热影响区部位力学性能下降。因此，工艺 2、3 具有相对较优成形性，进一步验证了有限元分析的试验结论。

熔覆成形完成后，将试验获得的单道成形工艺样本 2、3 按照 1mm × 1mm 大小取样，如图 6－9 所示，其中 Y 方向为试验过程中激光扫描方向，X 方向为本试验金相组织及显微硬度打点剖面。

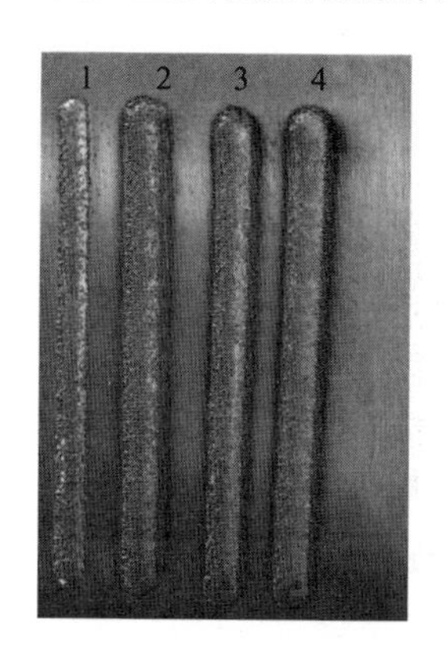

图 6－8　主要激光成形工艺下单道成形形貌

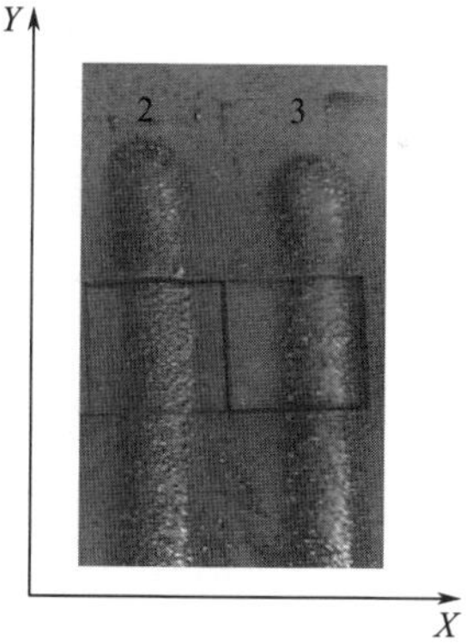

图 6－9　熔覆成形试样切取位置示意

对线切割金相试样进行镶嵌、打磨、抛光、干燥后，利用 5g $FeCl_3$ + 50ml HCl + 100ml 水的配比而成的酸性氯化铁溶液腐蚀 6s，获得该成形层金相组织如图 6－10所示。由图 6－10 可知，成形层金相组织呈现较为明显的针状放射组织，为细小的层片状 β 转变组织，该部位存在大量的马氏体交错伴生而形成的网篮状组织，为片状 α 及残余 β 组成的混合体，具有较好的耐腐蚀性和热强性，适合高温拉应力服役工况。同时，该类组织在塑韧性和耐疲劳方面也优于等轴组织。

图 6-10　熔覆层中部金相组织形貌

如图 6-11 所示，熔覆层与基体的界面处针状组织较熔覆层中部更为密集，网篮组织数量激增，这主要是因为熔覆过程中该部位温度梯度相对更大，突破了钛合金的相变点，并随着温度的降低在相变点以下凝固，使得原始的 β 晶界被破坏，形成了相对更为细小的网篮组织，该类型组织具有相对更高的疲劳强度和热塑性，具有较好的抗开裂性。

图 6-11　熔覆层与基体界面处金相组织

图 6-12 所示为原始基体组织金相，存在白色等轴 α 和片层 β 转变组织，等轴组织在热强性方面远不及网篮组织性能，因而熔覆层的耐高温性较基体组织而言更高，但由于此部分组织没有遭到破坏，因此基体部位的硬度比前两者都高。

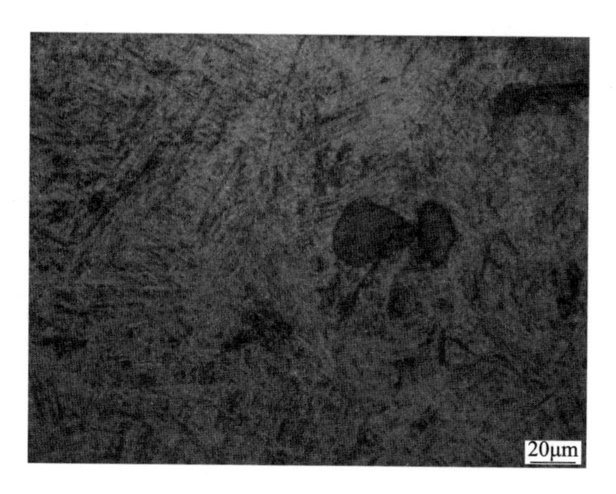

图 6-12 TC4 叶片基体金相组织形貌

6.3 成形形状过程控制

6.3.1 边部规则体积损伤控形

以进气边存在体积损伤的 TC4 叶片模拟件为例，对损伤部位进行机械加工去除，避免成形部位成形层内应力集中而开裂，并尽量减少成形部件基体的去除，在待成形部位开设钝角坡口（20×14mm，120°），成形前，对该部位进行砂纸打磨去除氧化膜，并采用丙酮及无水乙醇进行清洗，如图 6-13 所示。

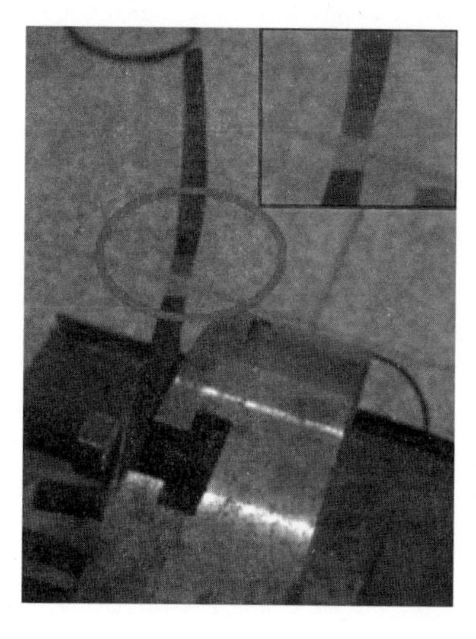

图 6-13 边部规则体积损伤叶片模拟件整体形貌

为控制再制造成形层数,减少成形过程热输入及热累积作用[15],在保证形成较好稀释率的基础上,通过高功率激光工艺参数提高成形效率,减少再制造成形层数,减少热累积作用。基于前述优化工艺参数试验方法,对该系统下常用高功率工艺参数组合进行参数优化试验,为再制造过程量化分析进行参数准备,试验用单道激光熔覆工艺参数见表6-3。

表6-3 激光熔覆成形工艺参数及试验结果

编号	激光功率 P/kW	扫描速度 V_s/(mm/min)	载气流量 V_g/(L/h)	送粉速率 V/(g/min)	熔宽 W/mm	熔高 H/um	熔深 h/um	稀释率 δ/%	搭接率 η/%
1	1.5	5	180	25.2	2.20	1050	386	26.88	62.44
2	2	6	200	25.2	2.22	940	571	37.79	67.25
3	2.5	8	230	34.8	2.41	1190	352	22.83	61.06
4	3	10	250	42	2.62	1340	258	16.15	56.10

图6-14所示为表3-4中工艺参数1~4对应的单道成形形貌,从图3.13可知,各试样均具有较好的成形形状,其中,试样(b)熔覆层两侧略有粘粉,成形高度相对较小,而试样(d)成形高度及宽度都相对较大。

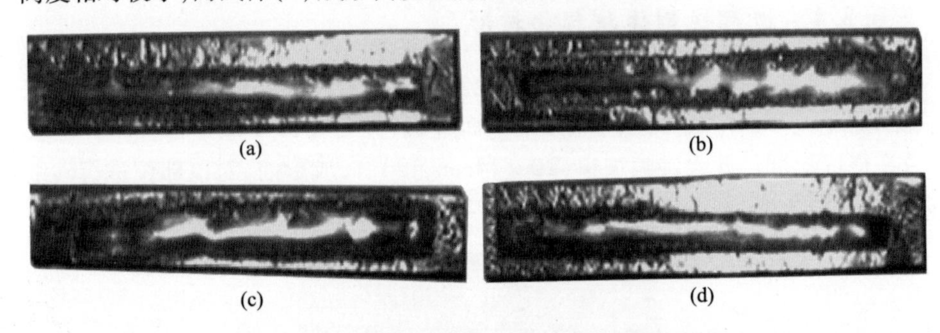

图6-14 不同工艺参数下单道熔覆层宏观形貌

(a) 工艺参数1;(b) 工艺参数2;(c) 工艺参数3;(d) 工艺参数4。

利用Olympus GX-51型金相显微镜的微观测距功能,测量样本熔宽和熔高,并计算每组工艺参数下对应最优搭接率及稀释率,测量结果见表6-3。基于表6-3所示工艺实验数据,选择稀释率在2%~10%区间的工艺参数4,作为优化后的压缩机叶片模拟件的高功率工艺参数,以根据工艺规划需求,减少成形层数,提高成形效率。在实际成形过程中,工艺参数4搭接率按照50%近似,图6-15为采用工艺参数4进行的单层搭接熔覆,图6-15(a)搭接率为50%,图6-15(b)搭接率为30%,图6-15(a)所示表面平整度明显优于图6-15(b)所示的表面平整度,从而进一步验证高功率优化工艺参数4及其搭接率的正确性。

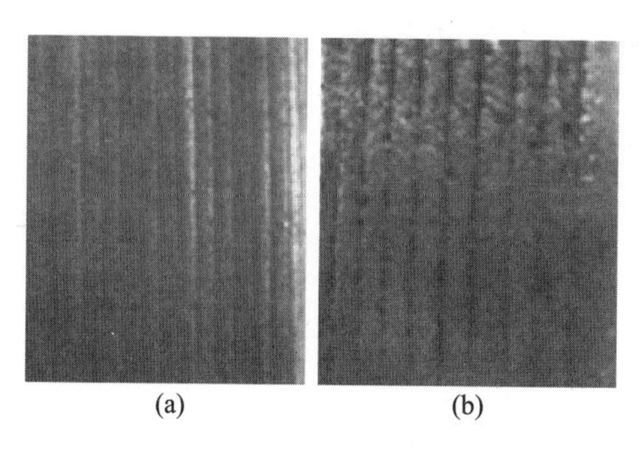

图 6－15　不同搭接率下熔覆层宏观表面形貌

（a）工艺参数 4，50% 搭接率；（b）工艺参数 4，30% 搭接率。

对该体积损伤叶片模拟件进行几何形状关系简化，如图 6－16 所示，设坡口部位缺口高度为 h，上底长为 d_1，下底长为 d_2，待成形部位坡口宽度为 k，模拟件弯折角度设为 γ；设 1.1kW 优化工艺参数下的单道熔覆层成形高度为 h_1，宽度为 m_1，工艺参数 4 单道熔覆层高度为 h_2，宽度为 m_2，光斑直径为 L。

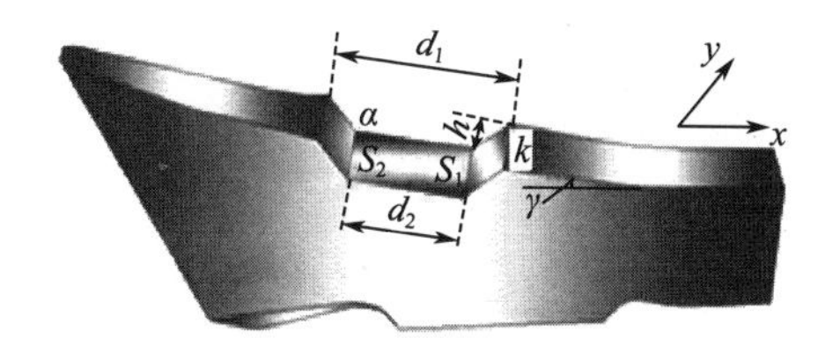

图 6－16　边部规则体积损伤成形部位整体形貌

结合激光再制造成形工艺特征，对模拟件成形过程量化分析如下。

为避免底面与侧倾斜表面相交的两条底边 S_1、S_2 成形过程中因热应力过大而开裂，对两条相交边采用 1.1kW 的低功率优化工艺参数进行单道成形；然后对坡口各边进行单道成形熔覆，在以较低稀释率形成良好冶金结合的同时，可以形成良好的成形边界，防止后续成形过程中熔池液态金属外溢凝固而形成过大的加工余量。然后在成形边界内部进行单道搭接填充 1 层，搭接率为 50%，为避免激光光闸频繁开闭而对成形稳定性造成影响，激光光束扫描方向与 Y 方向平行，单道熔覆层之间熔覆时间间隔为 0.5s，使成形层充分冷却，防止熔池过热而过度成形。设成形高度为 h_1，设剩余成形体积高度为 H，则：

$$H = h - h_1 \tag{6-12}$$

为减少层间热累积，实现快速成形，应减少成形层数。首层成形后，采用表 6－3中参数 4 进行体积快速成形，扫描方向与 X 方向平行，使部分熔覆层残余应力在不同方向抵消，层内搭接率为50%，单道之间成形时间间隔为0.5s，每一成形层与前一成形层向内或向外平移半个光斑位置进行，如图6－17所示，采用这样的工艺可以保证成形效率的同时，保持较好的表面平整度，则

$$N = (h - h_1)/h_2 \tag{6-13}$$

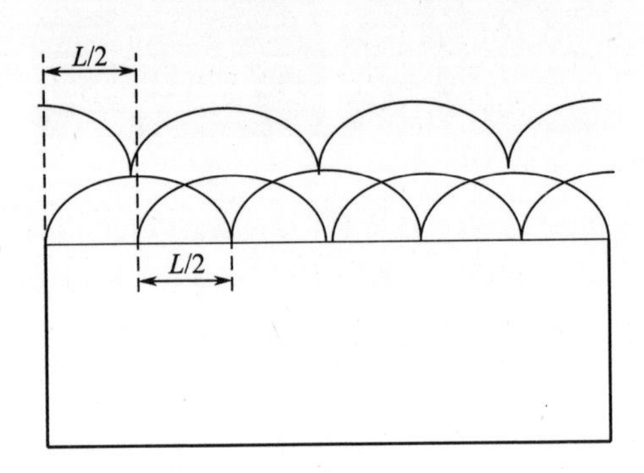

图6－17 半光斑偏移再制造成形过程示意图

在进行堆高过程中，每层熔覆层需向两侧倾斜表面方向各扩展成形偏移 p，如图6－17所示，以实现体积高度方向最终成形的同时，完成侧倾斜表面的成形。

设每层熔覆层较前一熔覆层向侧倾斜表面偏置位移为 p，则

$$p = (d_1 - d_2)/2n \quad (n \geqslant 2) \tag{6-14}$$

由式(6－27)、式(6－28)，得

$$p = (d_1 - d_2)h_2/2(h - h_1) \tag{6-15}$$

由坡口开设方式可知：$h = 5.2\text{mm}$，$d_1 = 20\text{mm}$，$d_2 = 14\text{mm}$。由表6－3中数据可知：$h_1 = 1.02\text{mm}$，$h_2 = 1.34\text{mm}$。

根据模拟件体积损伤结构特点，分析归纳相关成形难点，根据选定的优化工艺参数，进行叶片模拟件激光成形再制造：

(1) 坡口边界及底面相交边单道成形。如图6－18(a)所示，采用已获取工艺参数：激光功率为1.1kW、扫描速度为5mm/s、送粉速率为8.1g/min、载气流量为150L/h，优化搭接率为50%。底面与侧倾斜表面相交的两条底边单道成形一层，成形高度为1.02mm。然后以同样工艺参数在各边界成形一层，与 Y 方向平行进行边界内部填充成形，成形过程如图6－18(b)所示。

(2) 坡口体积成形逐层堆积。采用工艺参数(激光功率为3kW、扫描速度为10mm/s、送粉速率为42g/min、载气流量为250L/h、搭接率为50%)进行堆积

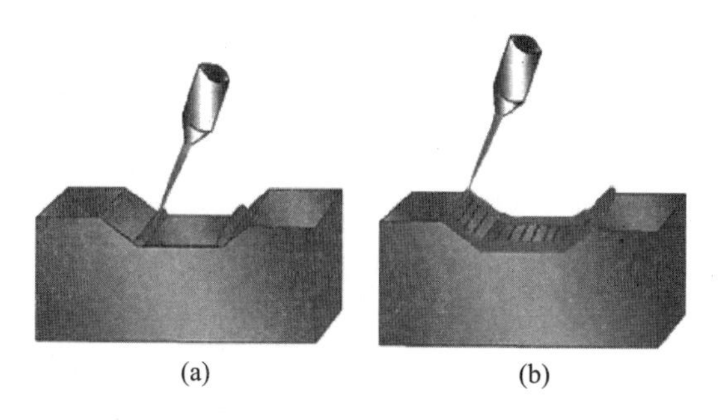

图 6-18　叶片模拟件首层成形过程示意图

(a) 底部相交边单道成形；(b) 底部 Y 方向填充成形。

成形，单层成形高度为 1.34mm，将相关参数代入式(3-28)中可知，实现坡口堆积成形共需堆积 4 层，激光束扫描方向与 X 方向平行，将相关参数代入式(3-29)及式(3-30)可知，每层熔覆层向两侧倾斜表面各偏移 0.75mm。

图 6-19 所示为再制造后模拟件整体形貌，从图 6-19 可知，整体具有较好的表面平整度，为分析成形后模拟件表层缺陷情况，对成形后叶片模拟件表层进行渗透探伤实验，由喷涂白色渗透试剂部分无红色试剂渗出可知，成形部位表层无气孔、裂纹等缺陷存在。

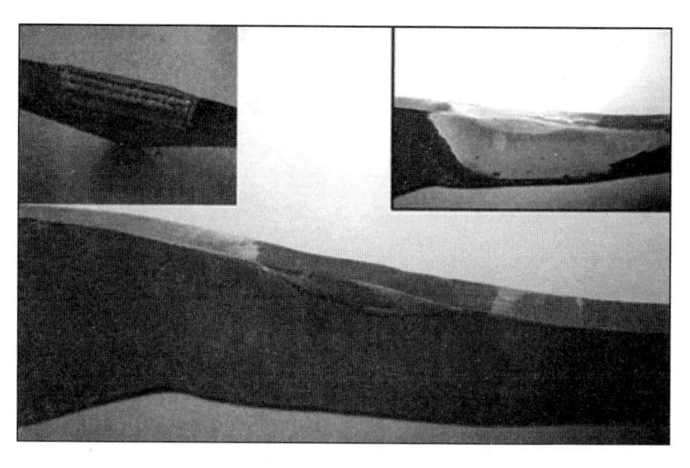

图 6-19　再制造后模拟件整体形貌及渗透探伤结果

为进一步精确测量再制造后叶片模拟件尺寸恢复精度，对基材和成形部位斜面弯折角度进行测量，测量结果见表 6-4，w 为成形部位宽度，α 为成形部位原件弯折角度，β 为该部位成形前角度，"—"表示尺寸与原件一致。尺寸测量结构表明：激光再制造后叶片模拟件尺寸恢复较好，成形后加工余量在 2mm 之内，角度精度控制在 3°内。

表 6-4　激光再制造形状尺寸及角度对比

测试部位	H/mm	d_1/mm	d_2/mm	w/mm	α/(°)	β/(°)
计算值	5.2	20	14	6.12	13	—
测量值	6.25	21.62	—	7.84	—	10.8

渗透探伤试验和尺寸精度分析结果表明,叶片模拟件再制造过程参数优化选择正确,成形过程量化分析合理,能够实现成形过程精确的量化控制,修复后模拟件具有较好的尺寸和角度精度。从该部件再制造成形量化控制过程可知,相关工艺及量化控制过程对于边部规则体积损伤的薄壁类型部件具有通用性。

6.3.2　边部非规则体积损伤控形

大部分压缩机叶片在高速粒子冲蚀和高温烟气腐蚀,以及复杂交变载荷交互作用下[16],边部存在严重冲蚀、毛边及锈蚀,并且体积损伤在几何特征上呈现非规则特征,如体积缺损部位呈现非规则变化曲面、尖角弯折部分角度变化不一致、侧倾斜表面与底面相交部位难聚焦成形等,如图 6-20 所示,其中图 6-20(a)所示为体积损伤压缩机叶轮叶片形貌,图 6-20(b)所示为采用相同材料线切割而成具有相同尺寸及曲面特征的单片模拟件,该叶片属典型旋转扭曲薄壁结构,壁厚为 3mm,待成形部位为变曲率复杂曲面结构。

(a)

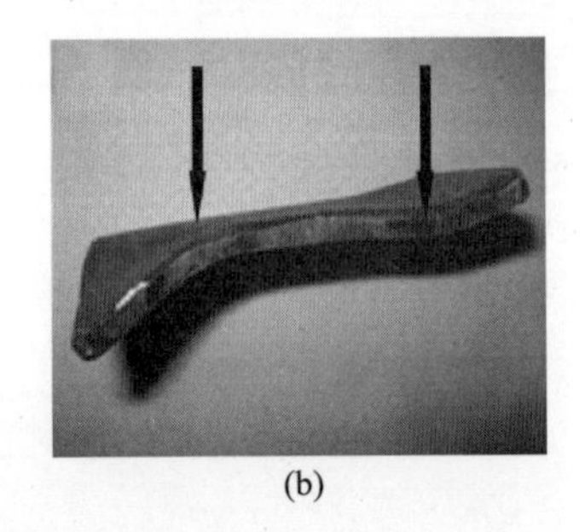
(b)

图 6-20　体积损伤叶轮叶片及其模拟件形貌
(a) 体积损伤压缩机叶轮叶片形貌; (b) 叶片模拟件整体形貌。

根据非规则形状体积损伤叶片结构及形状特征,分析该模拟件激光再制造成形存在以下难点:

(1) 体积损伤表面经机械打磨后的待成形部位截面为非规则曲面,这将引起成形过程中离焦量变化,影响激光熔覆工艺稳定性,易产生表面粘粉等成形缺陷,如图 6-21(a)所示。

(2) 叶片模拟件的薄壁结构特点决定应减少成形热输入量,避免热量过多累积形成的较大热应力,出现弯曲变形甚至熔覆层与基体的直接开裂。

（3）如图6-21(b)所示，熔覆加工头在两侧倾斜表面扭曲弯折部分，因速度方向改变而存在减速与加速过程，使能量密度改变而影响成形精度，并且受底面已成形形状高度影响，使接合部位出现凹槽，影响光粉聚焦，难以继续成形。

（4）两侧倾斜表面型线弯曲呈不规则曲率变化，在逐层堆积成形过程中，难以准确控制单层成形层向两侧倾斜表面偏移量的角度变化，形状拟合难度大。

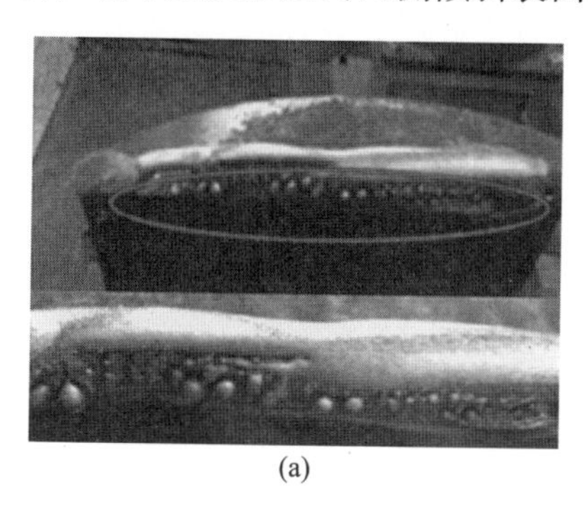
(a)

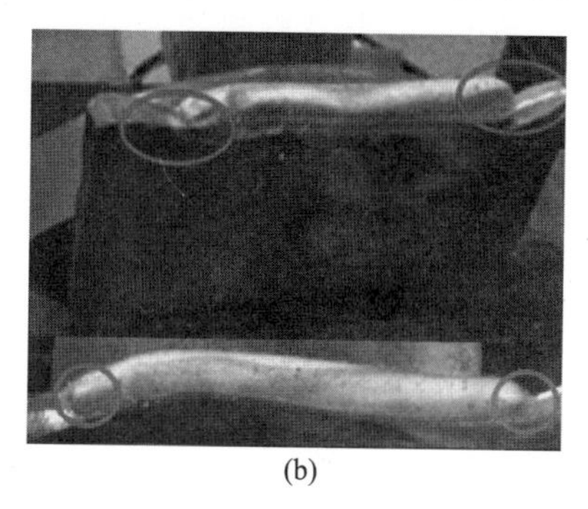
(b)

图6-21　边部非规则损伤模拟件再制造不良成形形貌

(a) 光粉不聚焦产生的表面粘粉；(b) 边部弯折部位无法成形。

综合非规则体积损伤形式成形难点，设计成形工艺方案如下：

（1）两侧倾斜表面采用双道搭接预补偿成形。如图6-22所示，由于两侧倾斜表面为不规则弯折曲面，逐层堆积中每层向侧倾斜表面偏置位移量略小于单层抬升量，但这将引起正离焦情况的出现，无法实现缺损体积的成形；而采用低功率工艺参数对倾斜表面进行预补偿成形的工艺方式，可使侧倾斜表面已成形部分与底面成形层熔合，实现形状拟合，提高成形尺寸精度。

设单道成形宽度为 b，高度为 d，模拟件宽度为 D，长度为 L，破损修复部位缺口高度为 H，则 $0 < b < D$ 且 $2b > D$。

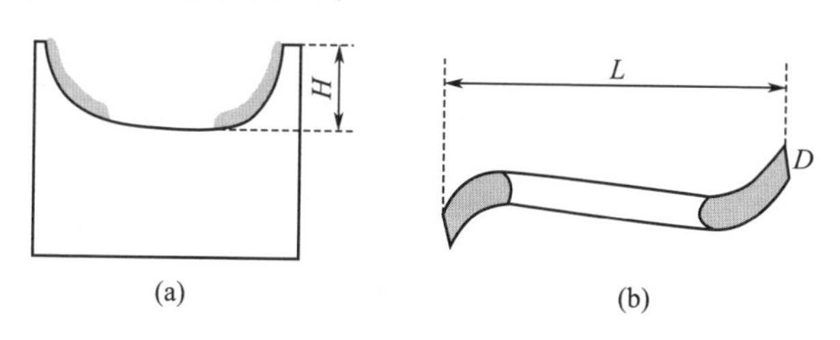

图6-22　模拟件侧倾斜表面预成形后主视图与俯视图

(a) 模拟件侧倾斜表面成形后主视图；(b) 模拟件侧倾斜表面预成形后俯视图。

（2）底部形状控制点高功率堆积成形。同平面内选择10个成形形状位置控制点，如图6-23(a)所示，其中点1、5、6、10位于两侧倾斜表面与平面相交直线上，其余6点分布于中间部分。成形过程中，激光束按照1～10的路径进行成形，光束与底平面夹角为8°，加工头从5点到6点的运动过程中，对加工头成形角度进行对称变换，避免已成形熔覆道对粉体的遮挡，同时角度变换的时间间隔可使已成形熔覆道缓冷，防止能量密度过大引起过度成形。成形堆积过程示意图如图6－23（b）、（c）所示，该过程可在快速高效成形的基础上，减少堆积层数，从而减少熔覆层内热量的累积。

设完成成形需熔覆堆积 n 层，为避免成形过程中因单层抬升高度过大而出现光粉不聚焦的情况，成形过程应控制熔覆加工头单层抬升量略小于单层成形高度，设为 $(d-0.2)$ mm，则

$$n=\frac{h}{(d-0.2)}\quad (n\geqslant 2) \tag{6-16}$$

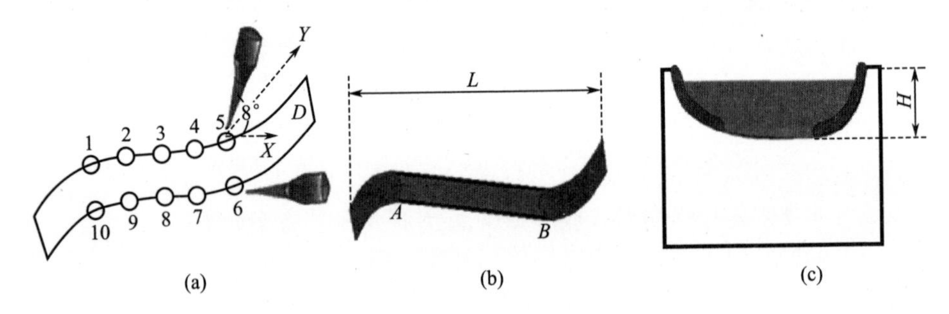

图6－23　底部曲面成形过程示意图

如图6－24所示，设两侧倾斜表面弯曲角度分别为∂、β，左侧弯曲部分在截面长度和宽度方向投影长度分别为 M_1、N_1，右侧弯曲部分在截面长度和宽度方向投影长度分别为 M_2、N_2，则成形第 n 层时，光斑中心在该层两侧应到达 A 位置及 B 位置，因此，对于左侧倾斜表面，若每一熔覆层在 X 方向偏置的距离为 p_1，在 Y 方向偏置的距离为 p_2，则

$$p_1=\frac{M_1(d-0.2)}{h} \tag{6-17}$$

$$p_2=\frac{N_1(d-0.2)}{h} \tag{6-18}$$

对于右侧弯曲倾斜表面，若每一熔覆层在 X 方向偏置的距离为 q_1，在 Y 方向偏置的距离为 q_2，两侧扭转角度分别为∂、β，如图6－24所示，则

$$q_1=\frac{M_2(d-0.2)}{h} \tag{6-19}$$

$$q_2 = \frac{N_2(d-0.2)}{h} \tag{6-20}$$

其中，

$$\partial = \arctan\left(\frac{N_1}{M_1}\right) \tag{6-21}$$

$$\beta = \arctan\left(\frac{N_2}{M_2}\right) \tag{6-22}$$

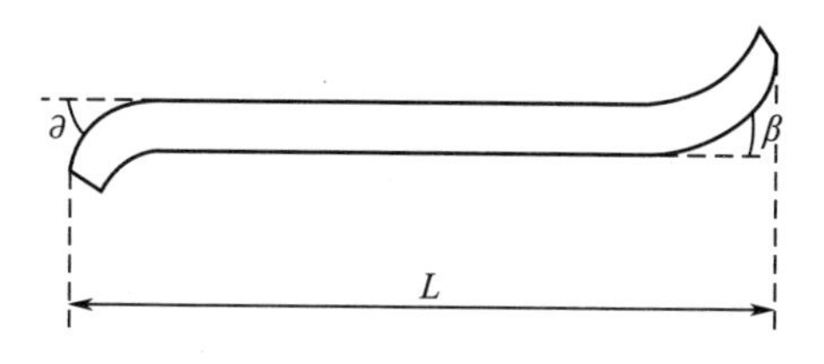

图 6－24 叶片模拟件再制造部位俯视图

通过对再制造后模拟件进行尺寸和弯折角度测量，并对成形过程相关形状控制参数进行计算，获得相关形状控制参数见表 6－5。

表 6－5 模拟件激光再制造成形形状控制参数

原件尺寸参数/mm							弯折角度/(°)
L	D	M_1	N_1	p_1	q_1	h	α
450	3.25	8.40	2.52	1.20	0.36	1.34	17
H	n	M_2	N_2	p_2	q_2	d	β
7.20	7	7.00	1.05	1.00	0.15	2.62	8

根据上述分析及成形工艺量化控制模型，进行模拟件激光再制造成形试验：

(1) 两侧倾斜表面弯折部分采用双道搭接预堆积成形，采用的工艺参数为：激光功率为 1.1kW、扫描速度为 180mm/min、送粉速率为 21.4g/min、载气流量为 150L/h、离焦量为 1.2cm，搭接率为 50%。在变位机配合下，两侧倾斜表面预成形堆积 2 层，侧倾斜表面高度为 2.2cm，如图 6－25(a)所示。

(2) 以表 6－3 中工艺参数 4 按照图 6－25(a)中所示示教点位置成形 3 层，总高度约为 3.62mm，每层成形过程中点 2、3、4、7、8、9 作为底面形状控制点，位置不变，由 6.3.2 节中分析可得，抬升高度为 1.14mm，从第二层开始，点 1、5、6、10 向各自斜面一侧进行位置偏置补偿，其中点 1、10 位置偏置补偿量 X 为 1.20mm，Y 为 0.36mm，Z 为 1.00mm；点 5、6 位置偏置补偿量 X 为 －1.00mm，Y 为 －0.15mm，Z 为 1mm。停光后对成形部位进行机械敲击，减小内部残余应力，并用钢刷除去表面可能存在的少量粘粉。

（3）由于成形高度及表面形状变化，需对位置控制点重新示教，点1、5、6、10进行位置和离焦量的调整，其余各点只进行离焦量调整，其中点1、10位置偏置补偿量X为1.20mm，Y为0.36mm，Z为1.00mm；点5、6位置偏置补偿量X为-1.00mm，Y为-0.15mm，Z为1.00mm。以同样工艺参数继续向上成形堆积3层，成形高度约为3.48mm。模拟件激光再制造成形后整体形貌如图6-25(b)、(c)所示。

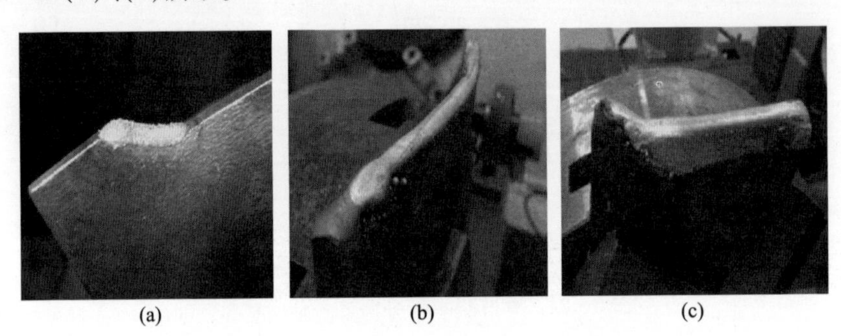

图6-25　叶片模拟件激光再制造成形后整体形状
(a) 侧斜面预成形形貌；(b) 顶部成形整体形貌；(c) 侧面成形整体形貌。

为进一步分析再制造后叶片模拟件尺寸恢复精度，在基材及成形部位中部、基材及两侧弯曲倾斜表面部位分别进行线切割、制备金相试样、腐蚀，利用金相显微镜对基材和成形部位斜面弯折角度进行测量，并对其他相关形状控制参数进行测量，测量结果见表6-6。

表6-6　激光再制造形状尺寸及角度对比

尺寸状态	H/mm	D/mm	L/mm	α/(°)	β/(°)
原件	7.20	3.25	450	17	8
再制造	8.34	4.42	451.3	14.8	5.9

试验及分析结果表明，叶片模拟件成形前后的形状尺寸和角度具有较好的精度，其中尺寸精度控制在2mm之内，两侧倾斜表面弯曲部分角度精度误差在3°以内，其主要形状控制参数均具有较高精度。其中，预补偿成形工艺及成形量化控制的工艺方法对于边部非规则体积复杂曲面再制造成形具有通用性。

6.3.3　叶片尖部体积损伤控形

以叶片模拟件尖部体积损伤仿形再制造为目标，对气蚀裂纹萌生的根部进行线切割去除，通过激光仿形再制造恢复失效部位尺寸。图6-26所示为叶片修复前根部破损形貌，破损坡口尺寸为锐角(18×18mm，80°)。

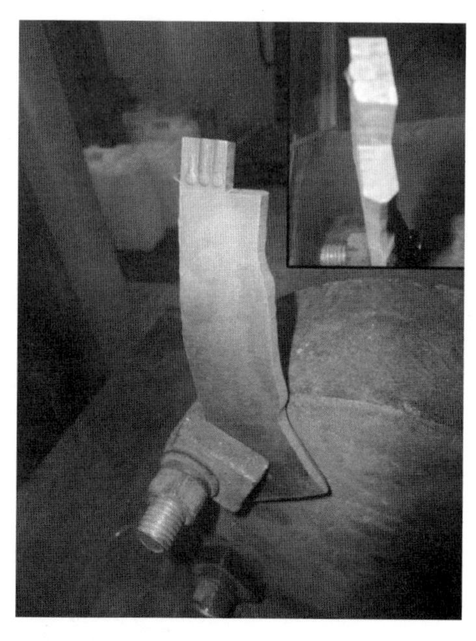

图 6-26　坡口破损叶片修复前整体形貌

根据不同路径成形特点，综合破损部位修复难点，利用已获取工艺参数，在激光再制造成形过程中采取以下工艺方案：

(1) 坡口边缘进行单道熔覆，采用工艺参数(激光功率为 1.1kW、扫描速度为 250mm/s、送粉速率为 8.10g/min、载气流量为 150L/h)形成稀释率较好的成形边界，避免后续成形中液滴的溢出。在具有 3 自由度变位机的配合下，边界内部采用回填式扫描方式，利于形成较好的成形形貌；

(2) 对坡口尖端沟槽部位，采用同样的工艺参数进行 3～4 层单道成形堆积，单层抬升量为 1mm。后一层成形起点为前一层起弧处抬升 1mm 位置，堆积完成后，与两侧坡口壁形成坡面，既便于后续快速成形，又可以实现缓冷，减少热累积效应，防止基体过度熔化造成边缘塌陷；

(3) 坡面以上，采用 *XY* 交叉扫描的方式进行多层多道成形堆积，搭接率为 50%，这样的扫描方式利于不同成形层上应力抵消；

(4) 坡口破损处斜面堆积成形后，坡口两侧和斜面与原件之间存在一定程度尺寸缺失，采用 *X* 或 *Y* 方向扫描方式补偿成形。

修复过程示意如图 6-27(a)～(d)所示，图 6-27(a)～(d)对应工艺方案中 1～4 过程，经测量，修复件热影响区较小，修复件与原件尺寸精度在 0.8mm 之内，修复后整体形貌如图 6-28 所示。

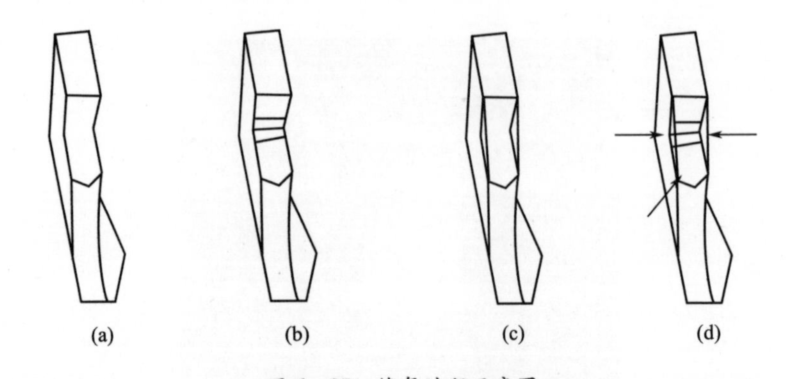

图 6-27 修复过程示意图

(a) 边界单道扫描；(b) 形成坡口尖端斜面；(c) 形成坡口斜面；(d) 缺失尺寸补偿。

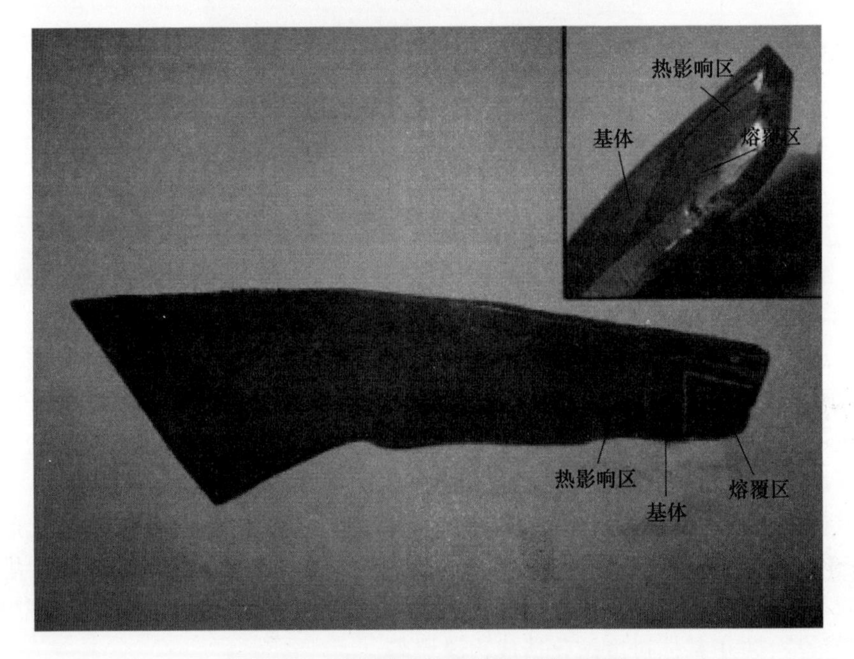

图 6-28 再制造后叶片整体及坡口形貌

综上，本章提出了以成形层稀释率结合表面平整度为指标，优化了再制造成形工艺参数的评价方法，针对复杂曲面薄壁叶片类零件边部规则以及非规则体积损伤的一般形式，建立了再制造成形过程量化控制数学模型，提出了侧倾斜表面预补偿成形的工艺方法，解决了侧倾斜表面与底面结合部位光粉难成形的问题，实现了两类体积损伤形式的激光再制造成形，尺寸精度控制在 2mm 之内，侧倾斜表面弯曲部分角度精度在 3°以内，相关工艺及方法对叶片类部件形状控制具有一定的通用性。

参考文献

[1] 向羽,张树哲,李俊峰,等. Ti6Al4V 的激光选区熔化单道成形数值模拟与实验验证[J]. 浙江大学学报(工学版),2019,53(11):2102-2117.

[2] 唐梓珏,刘伟嵬,颜昭睿,等. 基于熔池动态特征的金属激光熔化沉积形状精度演化行为研究[J]. 机械工程学报,2019,55(15):39-47.

[3] 蒋厚峰,乌日开西·艾依提,安鹏芳. 激光熔覆成形的熔池形貌及熔池温度研究综述[J]. 热加工工艺,2019,48(10):10-14.

[4] Y. Tian,X Y. Xia,J N. Li,et al. Surface Modification of Ti-6Al-4V Alloy with Laser Alloyed TiN/Ti-B Ceramic Reinforced Layers[J]. Lasers in Engineering,2019,43(4-6):361-367.

[5] 马旭颐,段爱琴,芦伟,等. 热输入对双光束激光焊接 Ti-6Al-4V 合金 T 型接头焊接过程、焊缝成形、组织及力学性能的影响[J]. 稀有金属材料与工程,2021,50(07):2300-2307.

[6] Iva Milisavljevic,Guangran Zhang,Yiquan Wu. Solid-state single-crystal growth of YAG and Nd:YAG by spark plasma sintering[J]. Journal of Materials Science & Technology,2022,106:118-127.

[7] Chuan-ming Liu,Hua-bing Gao,Li-yu Li,et al. A review on metal additive manufacturing:modeling and application of numerical simulation for heat and mass transfer and microstructure evolution[J]. China Foundry,2021,18(04):317-334.

[8] 张凤英,陈静,谭华,等. 钛合金激光快速成形过程中缺陷形成机理研究[J]. 稀有金属材料与工程,2007,36(2):211-215.

[9] 孙宽. 激光熔覆修复技术的研究[D]. 天津:河北工业大学,2006.

[10] 关振中. 激光加工工艺手册[M]. 北京:中国计量出版社,2007.

[11] 朱萍. 同轴送丝激光熔覆工艺研究及薄壁墙成形堆积[D]. 江苏:苏州大学,2013.

[12] 沈燕娣. 激光熔覆工艺基础研究[D]. 上海:上海海事大学,2006.

[13] 龚玉玲,武美萍,崔宸,等. 搭接率对 TC4 表面 Ni60A 熔覆层组织性能的影响[J]. 金属热处理,2021,46(09):229-233.

[14] 安相龙,王玉玲,姜芙林,等. 搭接率对 42CrMo 激光熔覆层温度场和残余应力分布的影响[J]. 中国激光,2021,48(10):95-106.

[15] 钦兰云,徐丽丽,杨光,等. 钛合金激光沉积制造热累积与熔池形貌演化[J]. 稀有金属材料与工程,2017,46(09):2645-2650.

[16] Hu Lin,Gao Zhikun. Study on the genesis of crack and equiaxial crystal in rotor blade of DD6 single crystal alloy turbine[J]. Aeroengine,2018,44(6):91-96.

第7章 表层裂纹与体积减薄损伤再制造

7.1 表层裂纹损伤再制造

7.1.1 损伤原因及特征

以航空航天领域应用存量巨大的Ti-6Al-4V(TC4)合金叶片为例,该类合金叶片是我国涡扇航空发动机的主要动力叶片,由于叶片复杂工况下强度下降、离心力与弯曲应力叠加加速疲劳、扭转和弯曲复合振动引发断裂、高温腐蚀环境下交变载荷作用造成开裂等原因,常造成叶片乃至整个发动机组的失效[1-3]。上述体积损伤主要以叶片表面裂纹萌生和体积损伤尺寸缺失两种形式存在,且TC4合金叶片属于非规则扭曲薄壁类结构件,由于TC4合金材料的生产制造价值高、部件结构形线复杂、高温及高转数服役工况下力学性能要求高等特殊性,使该类部件再制造面临以下方面难点:

(1) 叶片中铝、钛元素含量较高,再制造过程中易与空气中氢、氮、氧等元素反应,造成接头脆化、塑性降低以及晶格偏移,使再制造叶片服役工况下力学性能下降;

(2) 再制造成形过程中热输入过大,热影响区范围过大、整体形变超限、高速运转条件下,振幅过大而引起发动机故障或者爆裂;

(3) 冷焊条件下,堆焊材料性能与基体难以匹配,引起高温高转数条件下的裂纹、断裂、局部蚀坑、局部变形等损伤;

(4) 成形部位金相组织恶化,晶格畸变、晶粒粗大,再制造成形部位与基体难以实现良性的组织过渡,结合界面处组织性能及力学性能薄弱[4];

(5) TC4叶片同种材料再制造成本高,再制造材料制备及获取价值均相对较高。

针对上述再制造难点,国外M. Nicolaus和K. B. Katnam等采用电子弧焊、惰性气体保护焊以及真空钎焊等工艺方式开展研究,虽能实现损伤部位的及时修复成形,但对于热影响区范围以及形变超差等问题,未实现较好地控制[5-6];Stefa等采用电弧喷涂的方式进行裂纹修复,但对于钛合金等高熔点金属,不具备较好的通用性[7-9];韩晓东及孙楚光分别采用焊前预热的优化工艺控制裂纹萌生、研发耐腐蚀功能涂层等方法，对 TC4 合金性能进行提升，但并未充分考虑再制造部位与基体的性能匹配[10-11]。

综上，考虑叶片表层裂纹损伤过程成形量小、热输入相对较小、形变相对较小且转数相对不高的条件下，基于脉冲激光工艺优势，优选 FeCrNiB 和 TC4 两种合金开展了再制造试验对比，实现了表层裂纹以及体积损伤的修复，验证了成形部位与基体间组织和性能的匹配性，控制了叶身及热影响区的形变，相关理论及工艺为同类型部件的裂纹再制造提供工艺及方法借鉴。

结合 TC4 合金叶片结构、损伤失效特征、服役性能需求以及再制造工艺成本等方面因素，制定表层裂纹以及体积损伤再制造成形策略如下：

(1) 考虑再制造工艺成本以及表层裂纹损伤特征，对于深度小于 0.5mm 的叶身表面裂纹，可采用成形性良好、力学性能优良且造价相对较低的 FeCrNiB 系合金进行愈合，异种材料的添加，虽会对叶身质量分布产生一定影响，但通过添加金属质量以及激光工艺的控制，仍可实现相关工况性能需求；

(2) 考虑叶片高速运转动平衡特性以及局部体积损伤添加材料质量等因素，对于深度大于 0.5mm 的体积损伤，因添加金属质量相对较大，应根据体积损伤结构特征，开设坡口，采用 TC4 合金，优化激光工艺，控制裂纹及塌陷等成形缺陷。

7.1.2 激光再制造工艺过程

试验采用存在表层裂纹及体积损伤的 TC4 叶片为基体，其表层裂纹金相及体积损伤断口如图 7-1 所示。

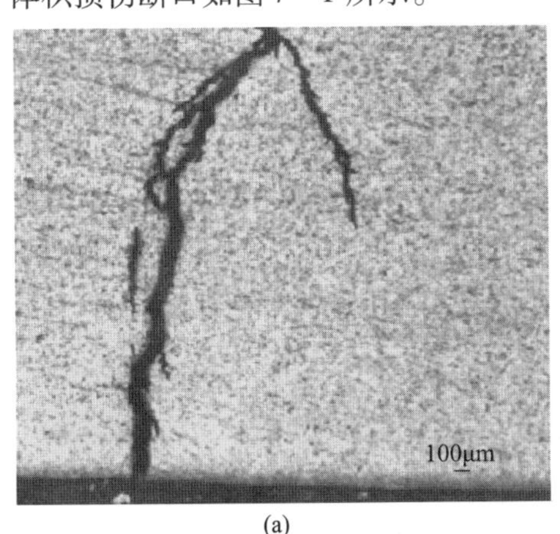

(a)

(b)

图 7-1 叶片表层裂纹及体积损伤部位断口形貌

(a) 叶片表层裂纹金相组织；(b) 叶片体积损伤部位断口形貌。

试验分别采用 FeCrNiB 异种合金以及 TC4 同种合金粉末开展熔覆再制造，其中，FeCrNiB 合金粉末具有较高抗拉强度、耐磨性以及表面硬度；TC4 合金粉末除与基体成分接近外，还具有较高比强度、表面硬度和耐腐蚀性等特点，粉末粒度为 -50 ~ 150μm，试验前对两种合金粉末在 150℃ 温度下保温 2h。两种粉末材料的主要成分见表 7-1。

表 7-1 熔覆合金及基体主要元素成分(质量分数/%)

Alloy	Cr	Ni	B	C	Fe	Al	V	Ti
FeCrNiB	14.0 ~ 16.0	1.00 ~ 1.80	1.10 ~ 1.40	0.10 ~ 0.20	Bal	—	—	—
TC4	—	—	—	0.05 ~ 0.10	0.25 ~ 0.30	5.50 ~ 6.80	3.40 ~ 4.50	Bal

试验采用 YLS-4000 光纤激光再制造系统，送粉方式为同轴送粉，熔覆过程中对熔池进行氩气保护，尤其是在体积损伤试验中。基于已有的激光再制造工艺优化参数，在各损伤再制造试验中所采用的单道激光熔覆工艺参数见表 7-2，各组参数中激光光斑离焦量为 3mm，脉宽为 10ms，占空比为 1：1[12]。

表 7-2 激光再制造工艺参数

编号	材料	功率 P/kW	扫描速度 V_s/(mm · min^{-1})	载气流量 V_g/(L · h^{-1})	送粉速率 V/(rad · min^{-1})	覆层宽度 W/mm	覆层高度 H/um	搭接率 η/%
1		1.5	360	180	80	0.48	564	46.18
2	FeCrNiB	2.5	420	180	80	1.02	937	52.19
3		3.5	720	210	90	0.91	700	56.52
4	TC4	1.5	360	180	80	0.68	1703	28.57

图 7-2 所示为表 7-2 中工艺对应的单道成形形貌，由图 7-2 可知，试样 2 ~ 4均具有较好的成形形貌，而试样 1 成形高度明显不足，这主要由该工艺

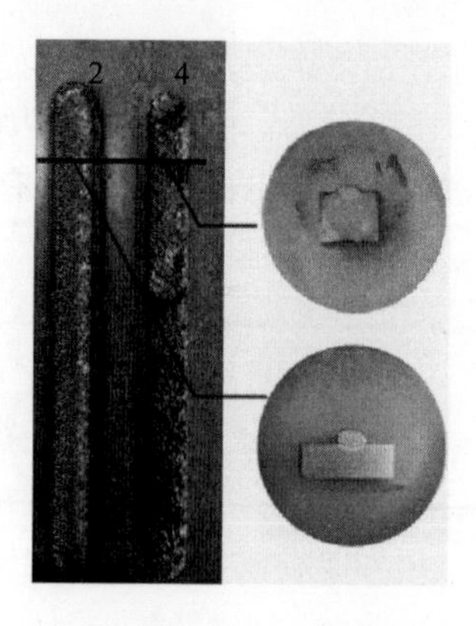

图 7-2 不同工艺参数下单道熔覆宏观外貌

下激光功率偏低引起，与试样3相比，试样2成形高度更大，且稀释率相对较好，对试样2、4中部进行线切割取样、镶样、打磨及抛光，试样2采用酸性氯化铁进行腐蚀，试样4采用5%的氢氟酸溶液进行腐蚀。利用MR5000型倒置金相显微镜观察金相组织，采用HVS－1000B型显微硬度测定仪进行硬度测试。

7.1.3 组织与力学性能状态

1. 元素分布状态

FeCrNiB合金中不含或只含有极少量Ti元素，少量的Ti成分可使熔覆层硬度分布更加均匀，获得较好的表面质量，Fe元素本身自溶性较差，不适用于一定三维体积的激光再制造成形，而其中的Cr和Ni元素可以很好地缓解这一点，提高熔覆层的耐磨性和抗开裂性，进一步碳元素的引入，可较大提升熔覆层的硬度及耐磨性。另一方面，Fe元素密度相对较大，一定体积的成形将引起再制造叶片的偏重及叶轮喘振，因此一般只适合叶片局部微裂纹的再制造。而TC4合金粉末与叶片自身成分接近，且具有较好的强度、硬度及耐磨性，熔覆润湿性相对较好，易形成致密良好的冶金结合、抗开裂性能良好，适合局部的再制造体成形。

2. 覆层组织分布状态

图7－3所示为FeCrNiB合金金相组织形态，由图7－3(a)可知，熔覆层顶部主要为呈均匀分布的细小致密的等轴晶，这主要是因为熔覆层顶部与周围空气直接接触，存在较大过冷度，不具备晶体充分孕育长大的条件；而图7－3(b)所示为熔覆层中部位置，该部位过冷度较小，存在枝晶长大条件，因此该部位主要为呈定向生长的较为粗大的树枝晶，且受散热梯度影响，与激光熔覆方向成30°；图7－3(c)所示为熔覆层底部为与退化的树枝晶呈交错分布的平面胞状晶，这是由于该部位与基体接近，散热条件良好，过冷度较大，树枝晶孕育生长条件被打破，向平面的胞状晶行不完全退化所致；图7－3(d)所示为成形界面及基体部位，可知该部位为致密的冶金结合，基体为典型细粒状的β相形貌[13－14]。综上可知，FeCrNiB合金熔覆层与基体结合良好，具有较好的金相组织形态，与基体具有一定差异，但适合局部微细裂纹再制造[15]。

图7－4(a)～(d)所示分别为TC4合金熔覆层顶部、中部、底部以及结合界面处金相组织，由图7－4(a)、(b)及(c)可知，熔覆层内部组织以层片状β相组织为主，其间交错分布大量针状马氏体组织而形成网篮结构，马氏体组织的增加主要是因为熔覆层在极冷条件下，促成了奥氏体向马氏体的转变，而这一变化过程极为短暂，促成了马氏体组织的保留，该组织形态的生成利于熔覆层的硬脆性[16]。而对比图7－4(b)、(c)可知，图7－4(c)中网篮组织进一步增加，这主要是因为该部位与基体相接触，具有更高的散热梯度，使该部位熔化凝固成形过

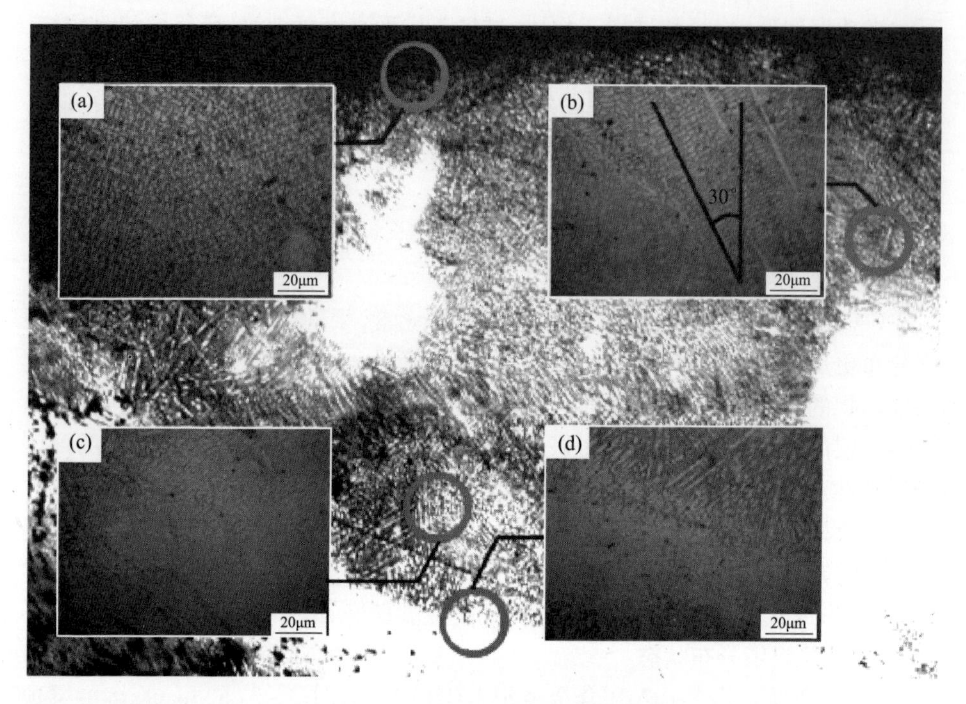

图 7-3 FeCrNiB 合金金相组织形态

程中,达到了钛合金的相变点,又在相变点以下迅速凝固,使得原始 β 晶界被破坏,形成了分布更为密集的网篮组织,具有更好塑韧性和高周疲劳强度及热强性,与基体间可形成较高的结合强度。图 7-4(d)所示为结合界面处基体组织,为等轴 α 和片层 β 相组织,在热强性方面较网篮组织略有降低。因此,与 FeCrNiB 合金熔覆层相比较,TC4 合金在组织形态相对更为匹配,尽管再制造成本相对增加,但更适合叶片较大三维尺寸体积损伤的再制造成形。

3. 硬度分布状态

图 7-5 所示为 TC4 以及 FeCrNiB 熔覆层显微硬度分布,由图 7-4 可知,FeCrNiB 合金熔覆层显微硬度为 380~750$HV_{0.1}$,TC4 合金熔覆层显微硬度为 295~350$HV_{0.1}$。其中,FeCrNiB 合金熔覆层由顶端至界面呈现递减的趋势,但显微硬度明显高于基体,这主要是由晶粒的大小和激光热输入对结合界面的软化作用共同作用引起;而 TC4 合金熔覆层从顶端至结合界面显微硬度基本保持恒定,到基体部位略有下降,这主要是由网篮组织在熔覆层中均匀分布,而到近基体部位过渡到等轴 α 和片层 β 相混合组织引起。综上可知,两种合金熔覆层显微硬度均大于基体,TC4 合金熔覆层与基体硬度更匹配。尽管 FeCrNiB 合金显微硬度相对过大,匹配性稍差,但就叶片的局部微细裂纹再制造仍适用。

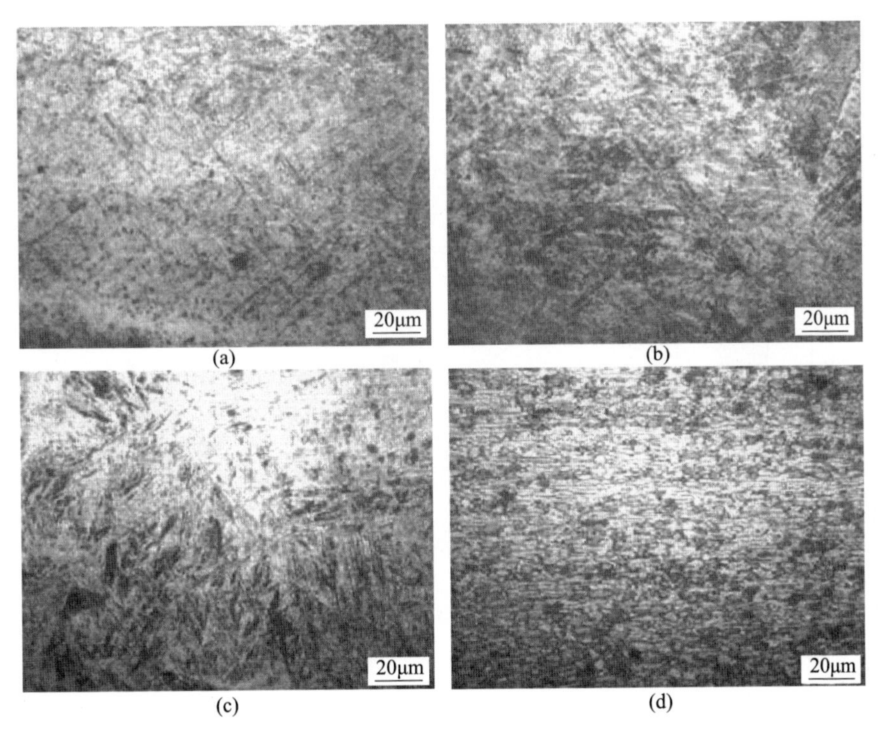

图 7-4　TC4 合金熔覆层金相组织形态

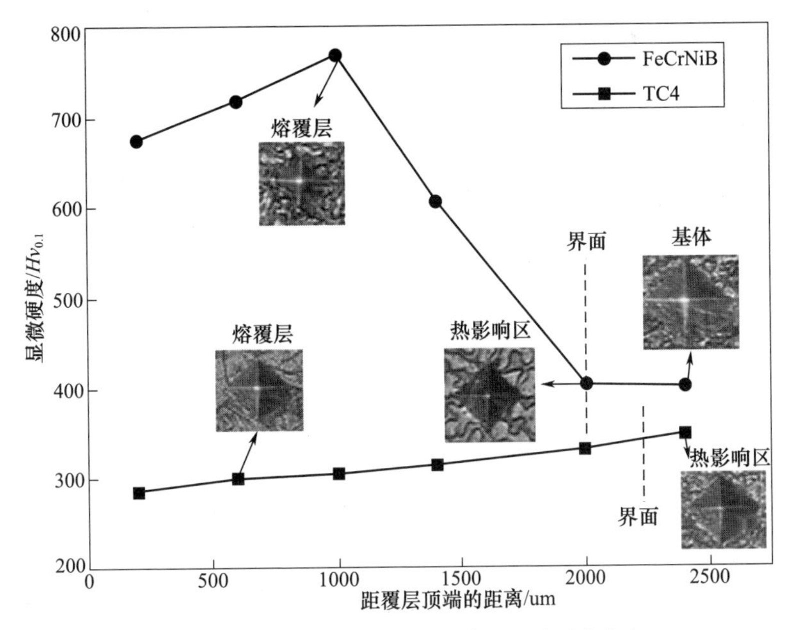

图 7-5　TC4 以及 FeCrNiB 熔覆层显微硬度分布

7.2 叶片再制造形变验证

基于表 7 -2 中不同合金材料激光优化工艺,对存在表层裂纹和边部体积损伤的叶片开展再制造成形试验,试验前体积损伤叶片整体形貌及主要三维尺寸数据如图 7 -6 所示。

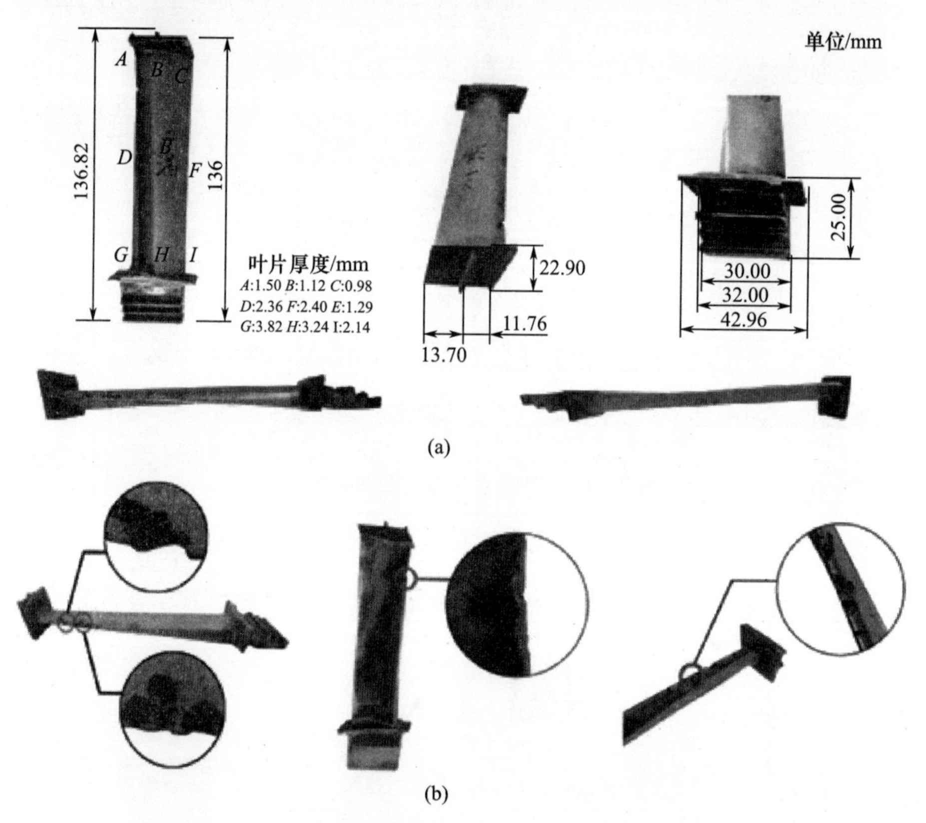

图 7 -6　表层裂纹及边部体积损伤叶片整体形貌及尺寸

在实际成形过程中,为控制熔覆成形的边部塌陷出现,分别从进气边起始点 A、叶身正面点 B 及叶身背面点 C 对塌陷区域进行变角度成形,A、B 和 C 点激光光束位姿关系以及成形后整体形貌如图 7 -7 所示。

再制造后叶片顶部由顶向下等距选择 $A \sim C$ 共 3 个形状控制点,在叶身部位由顶向下等距选择 $D \sim L$ 共 9 个形状控制点,在叶根部位由顶向下等距选择 $M \sim O$ 共 3 个形状控制点,采用三维反求的方式将再制造后尺寸进行测量,并和已获得的三维数据模型进行比对,反求测量数据见表 7 -3,结果表明:两

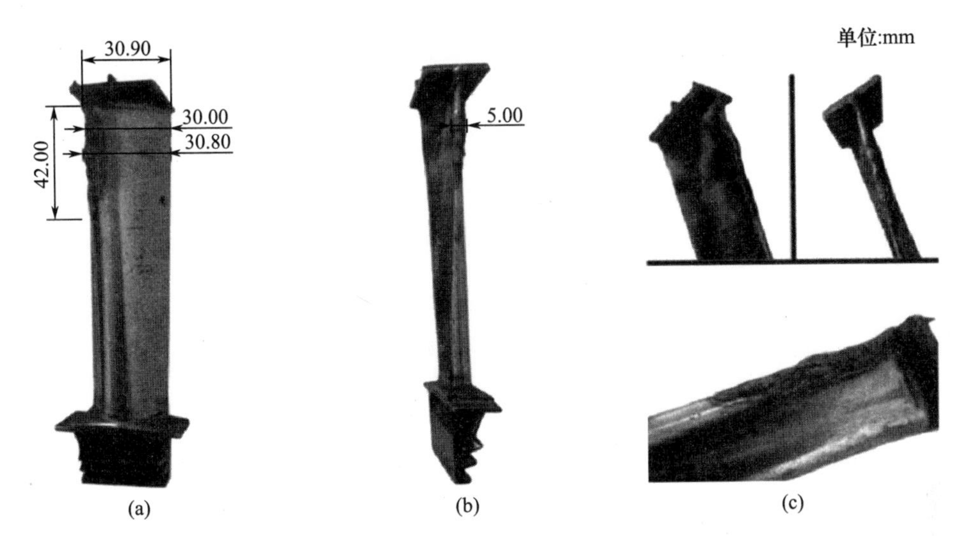

图 7-7 损伤叶片激光再制造后整体形貌

种材料成形均具有较好的形状尺寸精度，与模型形状尺寸最大误差不超过 0.8mm。

表 7-3 体积损伤叶片再制造后形状三维反求测量数据

所选位置	测试点	叶片 a	叶片 b
叶顶	A 点长度/mm	26.50	26.38
	A 点宽度/mm	22.90	22.00
	B 点厚度/mm	3.26	3.42
	B 点长度/mm	138.64	138.50
	C 点宽度/mm	29.42	29.16
叶身	C 点底部宽度/mm	27.30	27.70
	D 点厚度/mm	1.50	2.16
	E 点厚度/mm	1.12	1.64
	F 点厚度/mm	0.98	1.02
	G 点厚度/mm	2.86	3.34
	H 点厚度/mm	2.40	2.52
	I 点厚度/mm	1.29	1.10
	J 点厚度/mm	3.82	4.12
	K 点厚度/mm	3.24	2.98
	L 点厚度/mm	2.36	1.98

续表

所选位置	测试点	叶片 *a*	叶片 *b*
叶根	*M* 点厚度/mm	42.96	43.00
	N 点宽度/mm	25.00	13.80
	O 点厚度/*mm*	2.00	2.12
损伤程度/*mm*		0.15 ~ 0.29	1.25 ~ 1.98

通过上述形状与性能调控研究可知：

（1）表层裂纹再制造优选 FeCrNiB 合金，其激光优化工艺参数为：激光功率为 2.5kW，扫描速度为 420mm/min，送粉速率为 80rad/min，气体流量为 180L/h，脉宽为 10ms，占空比为 1：1；体积损伤再制造优选 TC4 合金，优化工艺参数为：激光功率为 1.5kW，扫描速度为 360mm/min，送粉速率为 90rad/min，气体流量为 180L/h，脉宽为 10ms，占空比为 1：1。

（2）FeCrNiB 合金熔覆层顶部主要为呈均匀分布的细小致密的等轴晶，中部为定向增长的粗大的树枝晶，底部为与退化的树枝晶呈交错分布的平面胞状晶；TC4 合金熔覆层内均匀分布网篮组织，近基体部位过渡到等轴 α 和片层 β 相构成。二者都具有较好的金相组织。

（3）FeCrNiB 合金熔覆层显微硬度为 380 ~ 750$HV_{0.1}$，较 TC4 合金基体提升约 1 倍，适合局部裂纹的再制造；而 TC4 合金熔覆层显微硬度为 295 ~ 350$HV_{0.1}$，与基体基本保持一致，适合基体损伤成形。

（4）两种材料再制造成形后，均具有较好的形状尺寸精度，与三维标准形状尺寸最大误差不超过 0.8mm。

7.3 体积减薄损伤再制造

7.3.1 损伤原因及特征

Ti－6Al－4V 合金（TC4）叶片具有 $\alpha+\beta$ 型组织，因良好的热强性、耐热稳定性和抗蚀性等被广泛用于航空航天领域，转子叶片作为涡轮燃气发动机的核心部件，受高温工况下的气蚀、磨损以及载荷冲击作用，易发生蠕变变形过大、应力断裂、叶片减薄以及高低循环疲劳裂纹等损伤，造成部件或装备整体失效[17-20]。而与表层裂纹损伤相对应，体积减薄等类型体积损伤具有相对更好的再制造要求。

针对该问题，国内外研究者开展了系列研究：学术研究领域，P. Bendeich 等针对存在腐蚀性体积损伤的低压叶片进行再制造成形，并通过优化工艺，实现了再制造后叶片表面残余应力的冲击调整，延长了再制造叶片的服役寿命[21]；日本大阪大学 EC Santos 等通过对不同类型激光快速成形工艺进行对比和工艺优化，实现了规则形状的立体成形并达到一定的尺寸精度，但对于非规则曲面形状和局部的再制造成形并未有深入探索[22]；钟敏霖团队针对定向凝固镍基高温合金叶片易萌生裂纹，造成损伤的工程实际，采用激光熔覆 Inconel 738 的方法实现了叶片的修复并降低了裂纹的敏感性[23]；陈静等研究者采用 TC4 和 GH4169 等合金材料进行工艺和组织性能研究，并成功应进行工业应用[24]。已有研究虽取得一定进展，但尚存以下不足：

(1) 受热输入、激光工艺以及材料成分等因素影响，覆层元素成分与基体存在较大差异性，组织恶化伴随界面性能下降，影响再制造部件的表面力学性能；

(2) 覆层性能优化与再制造形变控制难以兼顾，局部形变超限问题极大地影响叶片动力学特征，表现为偏转等失效形式。

综上，研究以边部减薄体积损伤 TC4 合金叶片为再制造对象，开展损伤部位局部覆层制备与性能强化控制研究，解决界面性能薄弱以及覆层与基体匹配性差等工艺问题。

7.3.2 元素匹配与工艺优化

1. 覆层元素匹配优选

基于同种材料主要元素含量匹配、热物性相近以及成形性良好的设计目标，设计同种激光熔覆再制造材料成分，见表 7－4，粉末粒度为 －50～150μm。由表 7－4 可知，钛元素含量为 82%～88%，略高于基体中钛元素含量，既可以保证再制造后元素含量的相近性，又可以一定程度留出烧损裕量；碳元素含量较基体略有增加，尽管会略降低材料的塑韧性，但对于提升再制造覆层表面硬度具有促进作用；氧元素较基体略有增加，主要是因为氧元素作为一种稳定的 α 相元素，在 α 相中的溶解度 $w(\mathrm{O})$ 高达 14.5%，在晶胞结构中占据八面体间隙位置，产生点阵畸变，起到了强化作用；而铝元素主要起到稳定 α 相，提升相变转化温度和提升强度作用，但由于其易氧化、可焊性差，因此控制其含量略有降低。

表 7－4 熔覆材料与 TC4 合金材料成分对比

材料成分	Ti	C	O	Al	V	Fe
覆层	82.02%～88.09%	3.82%～4.43%	2.02%～2.53%	4.52%～5.33%	3.72%～3.95%	Bal
基体	80.08%～84.02%	3.62%～4.56%	2.82%～2.44%	5.52%～6.82%	3.42%～4.53%	Bal

2. 激光工艺优化设计

对激光再制造过程进行以下边界条件假设：

(1) 假设光束垂直辐照叶片表面,TC4 合金各向同性,且材料热物性随温度呈线性变化;

(2) 假设熔池表面为近平面,熔池内部液体为层流,保护气影响忽略不计,密度 ρ 为常数。

热传导的熔池形成所需功率为[9]

$$P_{ms} = \frac{\sqrt{\pi} k_s (T_{ms} - T_{is})}{2\beta \sqrt{\alpha_s t_{int}}} \tag{7-1}$$

式中:k_s 为基体热传导率;T_{ms}为基体熔化温度;T_{is}为基体初始温度;α_s 为基体的热扩散率;t_{int}为基体和激光束的交互时间。式(7-1)中,系数 β 表达式为

$$\beta = \frac{A_s}{S_{int}} \exp\left(\frac{-\varepsilon F p_d}{\pi v_p (r_n^2 + r_n p_d \tan\varphi)}\right) + \frac{3A_{pe}F}{4S_p S_{int} r_p \rho_p}\gamma \tag{7-2}$$

式中:A_s 为基体的激光吸收系数;S_{int}为光斑/基体交互作用面积大小;ε 为粉末消光系数;p_d 为激光和粉末流的 z 方向交互长度;v_p 为粉末粒子飞行速度;r_n 为激光/粉末流交互区域的半径;φ 为激光束发散角;A_p 为粉末材料的激光吸收系数;A_{pe}为粉末的熔覆利用效率;S_p 为粉末粒子截面面积;r_p 为粉末粒子半径;ρ_p 为粉末粒子材料密度;z 为光束 z 轴向长度;系数 γ 表达式为

$$\gamma = \frac{S_p A_p}{\pi v_p} \int_0^{p_d} \frac{1}{(r_n + z\tan\varphi)^2} \exp\left(\frac{-\varepsilon F z}{\pi v_p (r_n^2 + z r_n \tan\varphi)}\right) dz \tag{7-3}$$

粉末消光系数 ε 为

$$\varepsilon = \frac{3(1 - A_p)}{2\rho_p r_p} \tag{7-4}$$

进入熔池粉末粒子群熔化所需功率为[10]

$$P_{mp} = \frac{m_p C_p (T_{mp} - T_{ip})}{\gamma} \tag{7-5}$$

式中:m_p 为粉末粒子质量;C_p 为粉末材料比热容;T_{mp}为粉末颗粒熔化温度;T_{ip}为粉末颗粒初始温度。

为减少叶片薄壁结构再制造的形变超限,应控制成形热输入及热影响,综合式(7-1)~式(7-5)及相关工艺试验经验可知[25-26]:

(1) 为保证覆层与基体形成致密的冶金结合,同时控制激光成形功率以减少热输入,应控制激光功率选择区间为 1~1.5kW;

(2) 为降低形成熔池所需功率,应将合金粉末和材料基体进行充分预热,基于送粉管的耐热性及粉末自然散热等因素考虑,成形前将合金粉末持续预热至 150℃;

(3) 基于保证粉末粒子流动性和具有一定消光性考虑,控制粉末粒子直径

范围为 80 ~ 100μm。

综上,试验前在 100℃温度下预热 Ti - 6Al - 4V 叶片同种合金粉末在 2h,该粉末形貌如图 7 - 8 所示。

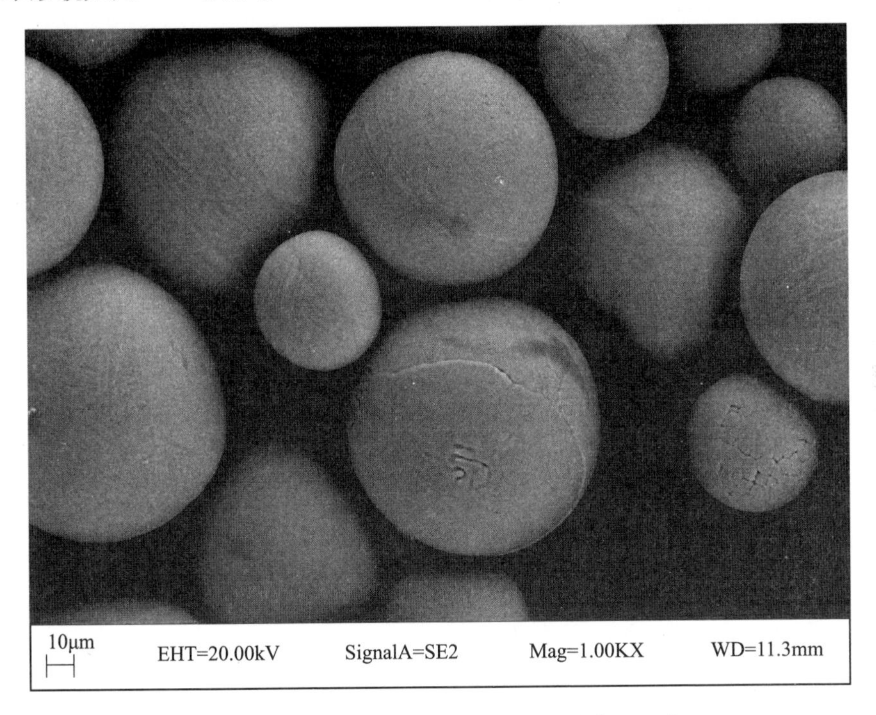

图 7 - 8 Ti - 6Al - 4V 合金叶片再制造成形粉末

7.3.3 激光再制造工艺过程

试验采用 IPG - 4000 光纤激光再制造系统,利用同轴送粉方式进行,采用氩气进行熔池保护,工艺参数见表 7 - 5,各组参数中激光光斑离焦量为 3mm,光斑直径为 3mm,脉宽为 10ms,占空比为 10 : 1[27]。

表 7 - 5 激光再制造成形基本工艺参数

激光功率 P/kW	扫描速度 V/(mm/min^{-1})	载气流量 V/(rad · h)	送粉速率 V/(rad/min)
1.1	280	120	30
1.2	300	150	60
1.5	360	180	80

试验成形后整体形貌如图 7 - 9 所示,其中样本 1 为工艺调整试样,样本 2 ~4分别对应表 7 - 5 中激光功率 1.1kW、1.2kW 以及 1.5kW 工艺参数,由

图7-9可知，1kW工艺参数组中，送粉量较小，粉末消光作用相对较弱，但表面仍存在少量粘粉且成形尺寸不充分，热损伤效应较为明显；样本3成形充分，热损伤较小，验证该工艺具有合理性；样本4虽然成形尺寸充分，但基体热损伤明显，表明该工艺下成形热输入过大。

图7-9 激光再制造工艺试样整体形貌

7.3.4 组织与力学性能状态

1. 元素分布状态

图7-10为TC4合熔金覆层顶部至界面处X射线能谱仪图谱分析，由图7-10(a)~(c)可知，覆层中Ti元素含量约为80%，与基体中该元素含量保持一致，但在界面处含量略有下降，约为75%，这主要是熔池的形成与凝固过程中，受元素烧损和基体稀释作用影响，引起该处元素分布不均衡所致；Al元素含量为3.9%~5.5%，与基体基本保持一致；覆层中O元素含量为3.7%~6.5%，较基体略有提升，这主要是部分空气中的氧气溶解于熔池且无法及时逸出所致，O元素含量的微量增加可提升相变转化温度，利于∂相的稳定，但同时也增加了覆层的裂纹敏感性和时效脆化敏感性[27]，但该试样中氧元素引入较少，验证了氩气对熔池的惰性气体保护效果；覆层中V元素含量为3.0%~3.5%，与基体基本保持一致，存在微量的烧损；而碳元素含量为3.9%~10%，且该元素含量由覆层顶部至界面处分布较为均匀，如图7-11所示。表明熔覆合金粉末与基体中碳元素在熔池强烈的对流搅拌作用下，均匀散布于覆层与基体各部位，对覆层以及易受热输入影响而产生软化效应的界面处，都具有较好的优化提升作用。

进一步，按照熔覆层顶部、中部至界面处的扫描顺序，对覆层元素分布强度进行线扫描，试验结果如图 7－11 所示，由图 7－11 所示的 CPS 计数率可知，Ti、Al、C、V 元素分布总体趋势一致，无明显元素偏析现象出现。

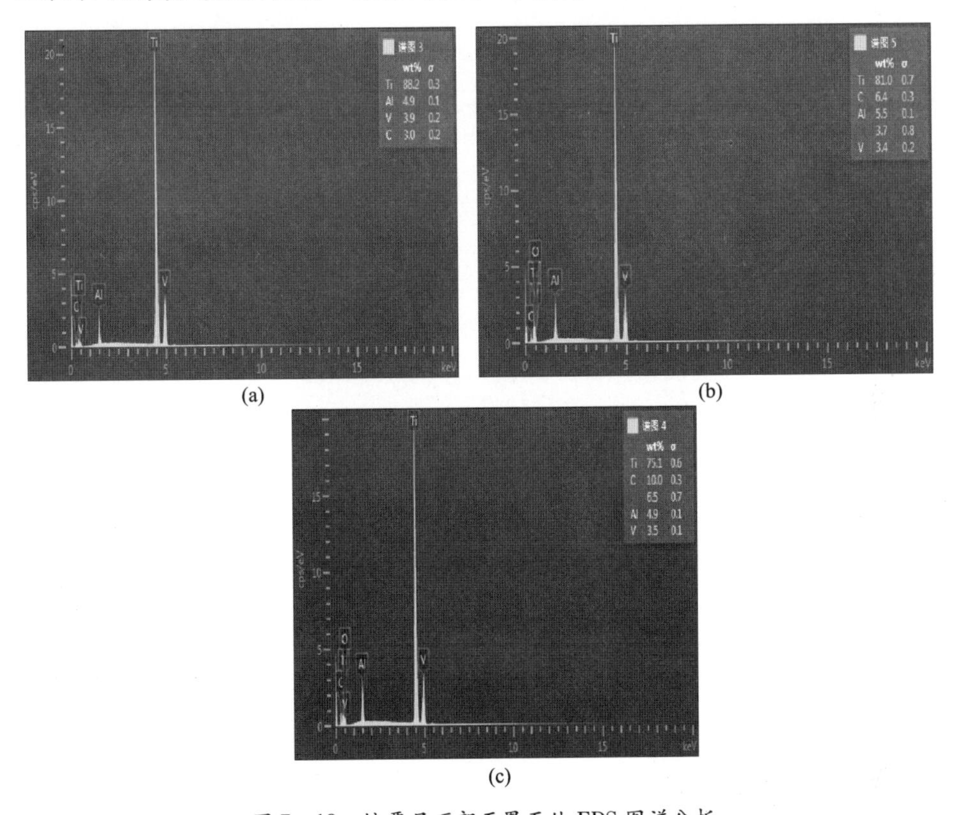

(a) (b) (c)

图 7－10　熔覆层顶部至界面处 EDS 图谱分析

(a) 熔覆层顶部 EDS 分析；(b) 熔覆层中部 EDS 分析；(c) 熔覆层底部 EDS 分析。

2. 覆层组织分布状态

图 7－12 所示为覆层与基体金相组织形貌，由图 7－12(a)可知，TC4 叶片基体金相组织以初始等轴 α 相为主并伴随少量的片状 β 相；而界面处的初始等轴 α 相出现向片状 β 相的部分性转变，并逐渐以 β 相为主。这主要是因为 α 相为高温非稳态相，在熔池形成和维持的高温阶段，出现向 β 相的回溶转变，且越靠近熔池中心的部位，温度越高，α 相回溶越多，β 晶粒孕育长大越充分，而在熔池的凝固过程中，在随后的快冷过程中，β 晶粒以马氏体组织形式保留，而 α 相数量则相对减少。由图 7－12(b)可知，β 相晶界上弥散析出少量针状 α′马氏体组织，片层组织与其间分布的针状 α′马氏体组织形成了初始网篮结构，该组织形态的初步形成利于材料塑性、蠕变抗力及断裂韧性等性能的提升。由图 7－12(c)可知，覆层顶部与空气接触，具有更好的散热条件和形成相对更大

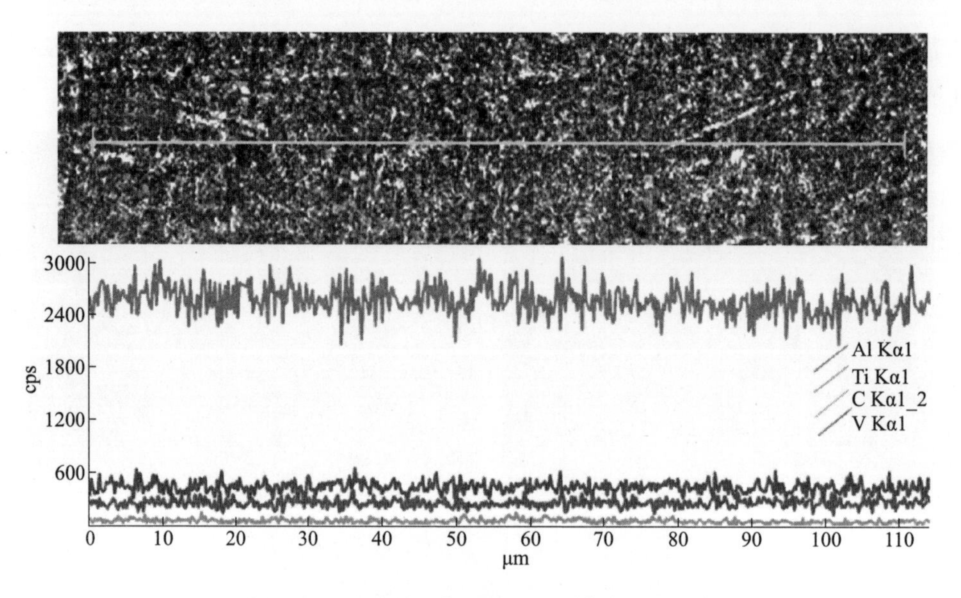

图 7-11　熔覆层顶部至界面处元素线扫描分布

的温度梯度，细片层 β 转变组织与针状 α 马氏体相伴生的网篮组织更为密集，利于 TC4 合金再制造覆层综合力学性能的进一步提升[28-31]。

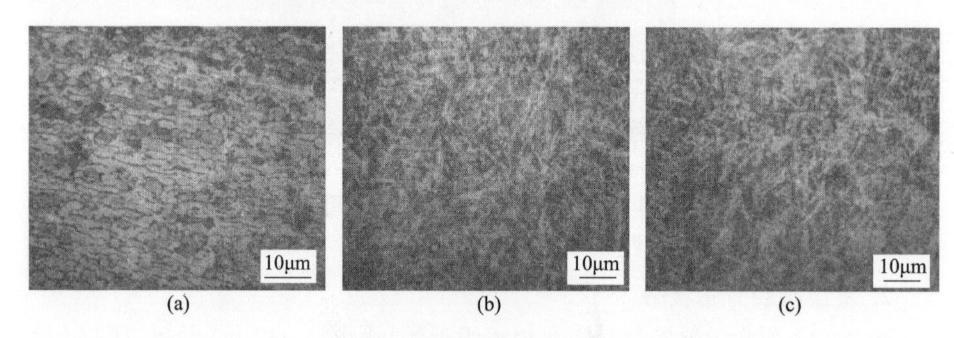

图 7-12　TC4 合金激光再制造覆层金相组织

（a）基体部位组织形态；（b）界面处金相组织形态；（c）覆层顶部金相组织形态。

3. 覆层物相析出状态

图 7-13 所示为覆层界面处扫描电子显微镜形貌，由图 7-13(a)可知，覆层与基体界面处以交错伴生的网篮组织为主，网篮组织内部弥散析出颗粒状强化相。该部分强化相主要是 β 相在熔池的快速冷凝过程中，由于所处位置与基材接近，相对充分的散热利于较大温度梯度的形成，形成利于细晶组织产生和形成的温度条件，促使细片层 β 相部分转变为针状 α′马氏体组织，部分 β 相细化与分化为颗粒状，经历快速冷凝过程而析出。图 7-13(b)所示为网篮组织内部

弥散析出的强化相，该部分强化相的析出对交错的网篮组织晶界具有较好的钉扎作用，利于覆层强度和表面硬度等基本力学性能的提升[32-34]。

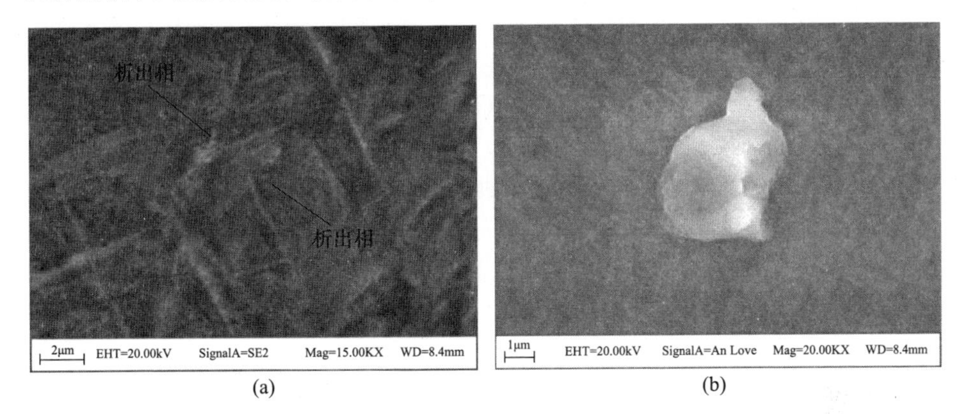

(a) (b)

图 7-13 网篮组织晶间颗粒状强化析出相

(a) 网篮组织间隙强化析出相整体形貌；(b) 颗粒状强化析出相放大后形貌。

7.3.5 叶片再制造整体形貌

试验前对叶片减薄部位进行机械加工，并对基材进行砂纸打磨，丙酮及无水乙醇清洗，去除表面氧化膜及锈蚀，将熔覆粉末置于 DSZF-2 型真空干燥箱内以 150℃干燥 2h。试验采用 IPG-4000 光纤激光再制造系统进行，送粉方式为四路同轴送粉，过程中对熔池施加氩气保护，基于表 7-5 中样本 3 工艺参数，对叶片减薄部位进行逐层单道堆积成形，试验后叶片整体形貌如图 7-14 所示。由图 7-14可知，叶片减薄部位尺寸恢复充分，热影响区范围较小，成形拟合度较好。

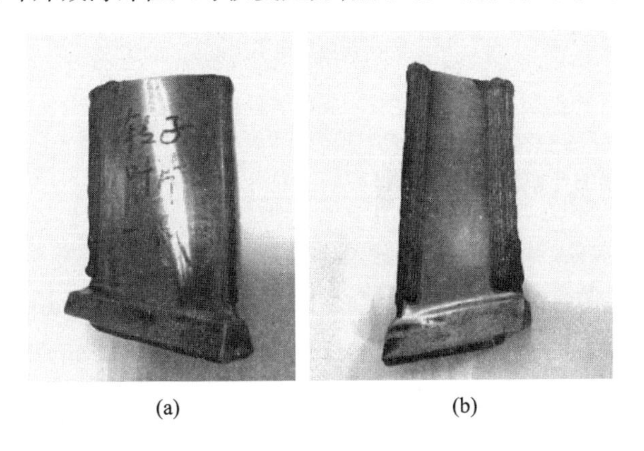

(a) (b)

图 7-14 边部减薄 TC4 叶片激光再制造成形

(a) 再制造后 TC4 叶片正面形貌；(b) 再制造后 TC4 叶片背面形貌。

7.3.6 热影响区软化控制

为进一步验证覆层表面硬度与 TC4 叶片基体的匹配程度，尤其是界面处是否存在由成形热输入引起的过度软化现象，选取覆层顶部、中部、底部、界面以及基体部位横剖面水平等距的 5 个测试点进行测量，测量后求取平均值，试验结果如图 7－15 所示。由图 7－15 可知，覆层硬度分布在 320.08～352.76$HV_{0.1}$之间，基体硬度约为 337.85$HV_{0.1}$，覆层与基体硬度具有较好的匹配性。其中，覆层顶端顶部相对最高，主要是因为该部位具有相对最大的温度梯度，利于细晶组织的形成以及 β 相向等轴 α 的转化；而界面处受热输入影响，硬度虽略低于基体，但仍高于基体硬度的 90%，可满足该类叶片再制造性能要求。

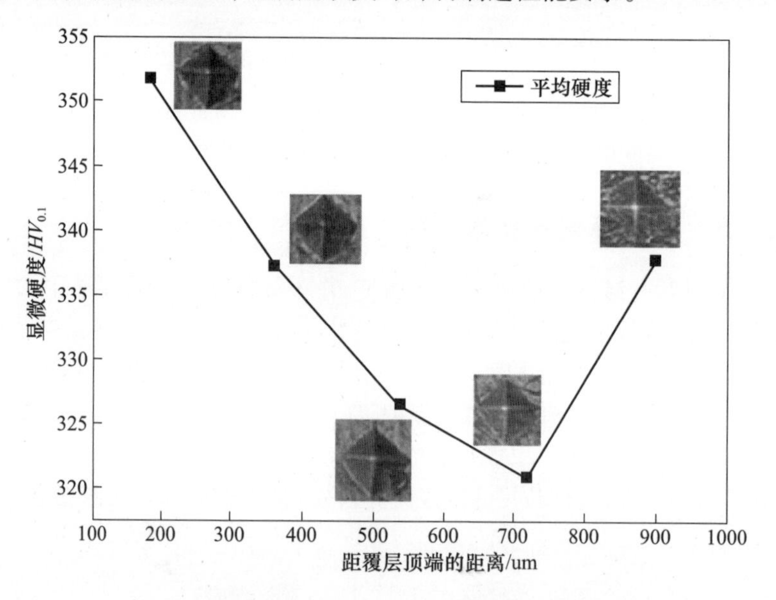

图 7－15　覆层与 TC4 基体显微硬度匹配试验结果

7.3.7 覆层耐磨性能表征

采用 NANOVEA 摩擦磨损测试仪进行球－盘接触式往复摩擦磨损试验，试验在常温无润滑条件下进行，摩擦副选用直径为 6mm 的 GCr15 钢球，加载力为 2N，加载频率分别为 1Hz 和 3Hz，试验结果如图 7－16 所示。由图 7－16 可知，TC4 合金覆层摩擦系数在 1Hz 的加载频率下，摩擦系数主要分布在 0.22～0.35 之间，在 3Hz 的加载频率下，摩擦系数主要分布在 0.32～0.62 之间；两种加载频率下，摩擦系数初期变化较小，随后都呈递增趋势，但 3Hz 加载频率下摩擦系数增速相对更快，这主要是因为摩擦初始阶段，对磨面的粗糙度较小，摩擦力较小，因而摩擦系数较小且变化不大，随着磨损的进行，对磨面的粗糙度逐渐增大，摩擦力也逐渐增大，摩擦系数随之有所增大，并渐进入稳定阶段。而在加载力 3Hz 作用下增幅较大主要是因为随着摩擦磨损频率的增加，使摩擦副表面升温相对更高，摩擦系数随温度的升高有所增大，相对更高的温度更加利于材料表面钝化膜在摩擦作用下的破碎与脱落，且部分磨屑塞积在对磨面之间，在一定温度和摩擦作用下，加速钝化膜的破坏与犁沟结构的形成与扩展。但两种加载频率下，覆层的摩擦系数均值均低于 TC4 叶片基体，覆层耐磨性实现了优化[35-37]。

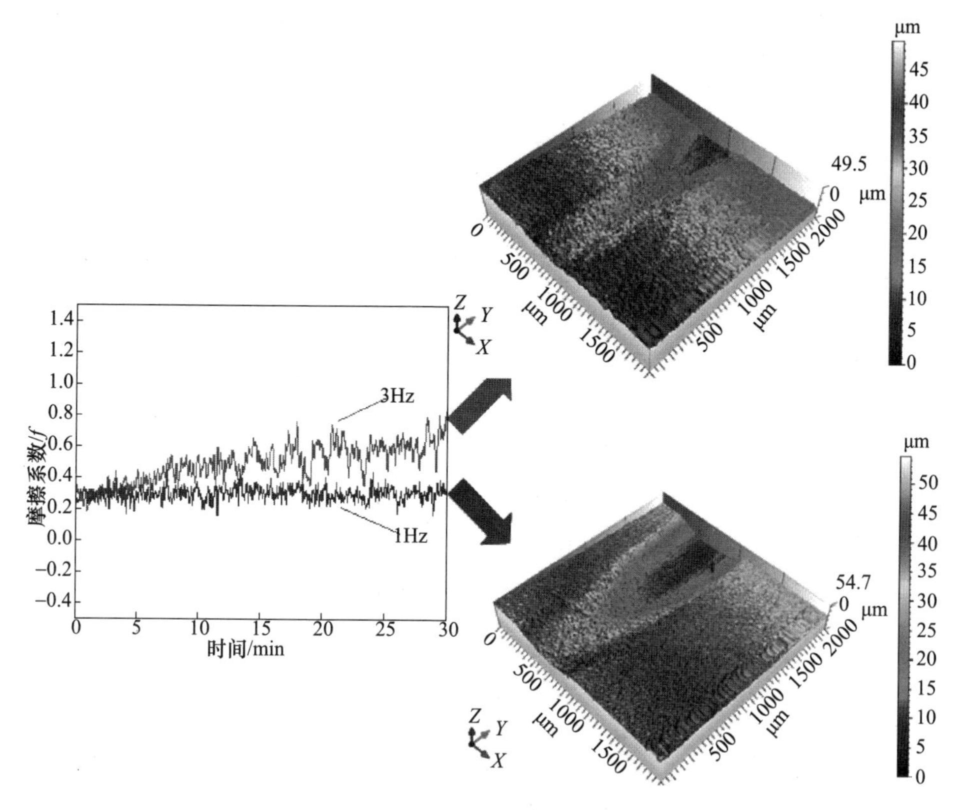

图 7－16　摩擦系数曲线及覆层摩擦磨损表面形貌

综合边部减薄叶片再制造过程，可知：

（1）覆层中 Ti 元素含量约为 80%，Al 元素含量为 3.9%～5.5%，V 元素含量为 3.0%～3.5%，上述元素与基体基本保持一致。覆层中 O 元素含量为 3.7%～6.5%，较基体略有提升。

（2）界面处的初始等轴 α 相部分性向片状 β 相的转变，并逐渐以 β 相为主，β 相晶界上弥散析出少量针状 α′马氏体组织构成初始的网篮结构，利于覆层塑性、蠕变抗力及断裂韧性等性能的提升。

(3) 界面处部分 β 相细化与分化为颗粒状,弥散分布于网篮组织内部,对交错的网篮组织晶界形成一定的钉扎作用,利于覆层强度的提升。

(4) 覆层硬度分布在 315. 08 ~ 351. 76$HV_{0.1}$之间,与基体硬度具有较好的匹配性。覆层摩擦系数在 1Hz 加载频率下,其摩擦系数在 0. 22 ~ 0. 35 之间;在 3Hz 的加载频率下,摩擦系数在 0. 32 ~ 0. 62 之间;与 TC4 叶片基体相近,符合再制造基本要求。

参 考 文 献

[1] 王学德,罗思海,何卫锋,等. 无保护层激光冲击对 K24 镍基合金力学性能的影响[J]. 红外与激光工程,2017,46(1):0106005 - 2 - 0106005 - 6.

[2] 王浩,王立文,王涛,等. 航空发动机损伤叶片再制造修复方法与实现[J]. 航空学报,2016,37(3):1036 - 1048.

[3] 刘庆瑔. 航空发动机叶片制造技术及失效分析[M]. 北京:航空工业出版社,2011.

[4] 徐滨士,董世运,门平,等. 激光增材制造成形合金钢件质量特征及其检测评价技术现状[J]. 红外与激光工程,2017,47(4):0401001 - 1 - 0401001 - 9.

[5] M NICOLAUS,K MÖHWALD,H J MAIER. Regeneration of High Pressure Turbine Blades. Development of a Hybrid Brazing and Aluminizing Process by Means of Thermal Spraying[J]. Procedia CIRP,2017,59:72 - 76.

[6] K B KATNAM,A J COMER,D ROY,et al. Composite Repair in Wind Turbine Blades:An Overview[J]. The Journal of Adhesion,2015,91(1 - 2):113 - 119.

[7] STEFAN LUCIAN TOMA. The influence of jet gas temperature on the characteristics of steel coating obtained by wire arc spraying[J]. Surface & Coatings Technology,2013,220(15):261 - 265.

[8] LI CHANGHE,HOU YALI,ZHAO TINGTING,et al. Rapid Manufacture and Mechanical Property Evaluation of Arc Spraying 3Cr13 Automobileμs Front Hood Die[J]. Recent Patents on Mechanical Engineering,2013,6(3):7 - 12.

[9] MENG FANJUN,XU BINGSHI,ZHU SHENG,et al. Oxidation performance of Fe - Al/WC composite coatings produced by high velocity arc spraying[J]. Journal of Central South University of Technology,2005,12(2):221 - 225.

[10] 王润楠,许庆彦,柳百成. 计算机模拟技术在航空发动机涡轮叶片制造中的应用[J]. 自然杂志,2017(2):79 - 86.

[11] 孙楚光,刘均环,陈志勇,等. 钛合金表面激光熔覆制备低含硅量生物陶瓷涂层[J]. 红外与激光工程,2018,47(3):0306003 - 1 - 0306003 - 7.

[12] 任维彬,董世运,徐滨士,等. 连续/脉冲激光再制造温度场有限元分析与试验验证[J]. 稀有金属材

料与工程,2017,46(9):2487 - 2492.
[13] 谢梦芸,汪诚,张佩宇,等. 无保护层激光冲击对 GH3044 涡轮机匣围观组织和性能的影响[J]. 红外与激光工程,2018,47(4):0406005 - 1 - 0406005 - 7.
[14] 高华,吴玉萍,陶翀,等. 等离子熔覆 Fe 基复合涂层的组织与性能[J]. 金属热处理,2008,33(8):41 - 43.
[15] 余菊美,卢洵,晁明举,等. 铁基合金激光熔覆层组织分布及开裂敏感性研究[J]. 应用激光,2006,26(3):175 - 177.
[16] 童邵辉,李东,邓增辉,等. 电子束选区熔化成形角度对 TC4 合金组织的影响[J]. 热加工工艺,2017(18):83 - 85.
[17] 何波,刘杰,杨光,等. 激光沉积制造 TC4/TC11 直接过渡界面组织及性能研究[J]. 稀有金属材料与工程,2019,48(1):93 - 298.
[18] 薛军,冯建涛,马长征,等. 激光冲击强化对激光增材制造 TC4 钛合金组织和抗氧化性能的影响[J]. 中国光学,2018,11(2):198 - 205.
[19] 杨慧慧,杨晶晶,喻寒琛,等. 激光选区熔化成形 TC4 合金腐蚀行为[J]. 材料工程,2018,46(8):127 - 133.
[20] 杨海鸥,王健,周颖惠,等. 电弧增材制造技术及其在 TC4 钛合金中的应用研究进展[J]. 材料导报,2018,32(11):1884 - 1890.
[21] P. Bendeich, N. Alamb, M. Brandt, et al. Residual stress measurements in laser clad repaired low pressure turbine blades for the power industry[J], Materials Science and Engineering A, 2006, 437(1):70 - 74.
[22] E. C Santos, M Shionmi, K Osakada, et al. Rapid manufacturing of metal components by laser forming[J], International Journal of Machine Tools & Manufacture, 2006, 46:1459 - 1468.
[23] 孙鸿卿,钟敏霖,刘文今,等. 定向凝固镍基高温合金上激光熔覆 Inconel 738 的裂纹敏感性研究[J]. 航空材料学报,2005,25(2):26 - 31.
[24] 赵庄,陈静,谭华,等. 激光修复 TC4 钛合金显微组织与力学性能[J]. 稀有金属材料与工程,2017,46(07):1792 - 1797.
[25] Oliveira U, Ocelik V, Hosson J. Analysis of coaxial laser cladding processing conditions[J]. Surface & Coatings Technology, 2005, 197:127 - 136.
[26] Farrhi G, Tirehdast M, Masoumi K, et al. Failure analysis of a gas turbine compressor[J]. Engineering Failure Analysis, 2011, 18(1):474 - 484.
[27] 任维彬,董世运,徐滨士,等. 连续/脉冲激光再制造温度场有限元分析与试验验证[J]. 稀有金属材料与工程,2017,46(9):2487 - 2492.
[28] 任维彬,董世运,徐滨士,等. 连续/脉冲激光再制造 FeCrNiCu 合金成形层温度场研究[J]. 材料工程,2017,45(05):1 - 6.
[29] 孟庆森. 金属焊接性基础[M]. 北京:化学工业出版社,2010.
[30] 刘浩东,胡芳友,戴京涛,等. 超声跨态处理对 TC4 钛合金激光焊缝组织与硬度的影响[J]. 稀有金属材料与工程,2018,47(02):624 - 629.
[31] 吴俊峰,邹世坤,张永康,等. 激光冲击强化 TC17 叶片前缘模拟件的抗 FOD 性能[J]. 稀有金属材料与工程,2018,47(11):3359 - 3364.
[32] 张升,桂睿智,魏青松,等. 选择性激光熔化成形 TC4 钛合金开裂行为及其机理研究[J]. 机械工程学报,2013,49(23):21 - 27.

[33] 李静,林鑫,钱远宏,等. 激光立体成形 TC4 钛合金组织和力学性能研究[J]. 中国激光,2014,41(11):109 - 113.
[34] 俞树荣,白利蓉,景鹏飞,等. 摩擦配副材料对 TC4 钛合金微动磨损行为的影响[J]. 润滑与密封,2018,43(8):14 - 18.
[35] 郑超,魏世丞,梁义,等. 钛金属材料干摩擦磨损特性研究[J]. 装备环境工程,2018,15(4):44 - 50.
[36] 陈旭斌,葛翔,祝毅,等. 选择性激光熔化零件微观结构及摩擦学性能研究[J]. 机械工程学报,2018,54(3):63 - 72.
[37] 刘丹,陈志勇,陈科培,等. TC4 钛合金表面激光熔覆复合涂层的组织和耐磨性[J]. 金属热处理,2015,40(03):58 - 62.

第8章　激光再制造形变规律与控形措施

叶片的激光再制造过程中,多层堆积成形所引起的热累积效应,作用于叶片非规则曲面形壁,将产生微小、离散及非线性形变。尤其是热应力作用于形壁薄旋转扭曲的叶片结构,将产生一定程度的型面尺寸及角度变化,超过一定限度的变化将改变叶盘喉道及叶边距等重要性能指标,引发叶盘偏转运行等异常,严重影响叶轮整体运行的稳定性及可靠性[1]。但叶片间距狭小、整体闭合等构造特点增加了该类形变精确测量分析的难度,并且形变本身又呈现分布无规则、数值差异大等特点,给成形形状及形变控制以及尺寸精度评价带来困难。

本章针对成形形变精度分析及成形形变分布开展研究,基于有限元理论分析薄壁叶片结构成形过程及成形后形变规律,通过面结构光三维反求方法,获取再制造前后整体型面、热影响区以及垂直截面形变分布规律,试验验证有限元分析的形变规律及结论。实现激光再制造成形形变的精确量化和评价,并就成形形变控制提出工艺借鉴及方法参考。

8.1　叶片成形过程形变规律

8.1.1　成形过程形变规律

薄壁叶片激光再制造成形过程中,随着激光熔池的不断向前推进,光束加热引起的热变形以及组织相变所带来的体积变化由于受到材料自身刚度约束,在成形过程中将产生瞬态变形。成形过程中,薄壁叶片熔池区及与熔池附近高温区材料热膨胀受到周围冷态材料制约,产生不均匀塑性变形。随之的骤冷过程中,已发生压塑性变形材料受周围材料制约难以收缩,并受一定程度拉伸而卸载。同时,熔池区域金属冷却收缩也因受到周围相对低温金属制约而产生收缩拉应力和变形[2-5]。

为进一步研究再制造成形过程以及成形后冷却至室温过程形变过程,利用有限元分析对薄壁叶片再制造成形形变过程进行动态模拟,模拟激光成形工艺参数:激光功率为1.1kW,扫描速度为5mm/s,载气流量为150L/h,送粉速率为21.4g/min,脉宽为10ms,占空比为10:1。模型尺寸参数为:壁厚为2mm,长度为 20mm，高度为 10mm。图 8－1 所示为薄壁叶片激光再制造成形第 0.5s 以及第 2.2s 时的形变分布，由图 8－1 可知，成形第 0.5s 时，叶片成形过程中整体最大形变在 0.9～1.1mm 以内，主要集中在熔池区域附近，熔池区域附近热影响区部位形变在 0.50～0.65mm 之间。成形过程形变随激光熔池位置的变化而动态变化，当激光扫描某点时，由前面的分析可知，该点产生的瞬态塑性变形较大，随激光扫描位置点的远离，该位置点热量迅速向周围基体进行传导，温度迅速下降，产生的塑性形变将发生一定程度的卸载。在热传导作用下，基体热影响区也将产生塑性形变，并且形变伴随热量的传递而同步进行。图 8－1(b)为成形第 2.2s 时，成形第二层时薄壁叶片整体形变分布，叶片整体形变最大值略有增加，形变增大值在 1.5～1.7mm 之间，方向为垂直叶片表面切线方向向外，从图 8－1 可知，发生形变范围略有扩大，这主要是受后续成形过程热输入的影响，热累积作用进一步增强，热膨胀作用和材料冷却收缩共同作用的结果。但首层成形层近熔池区域，瞬态塑性变形有所增大。

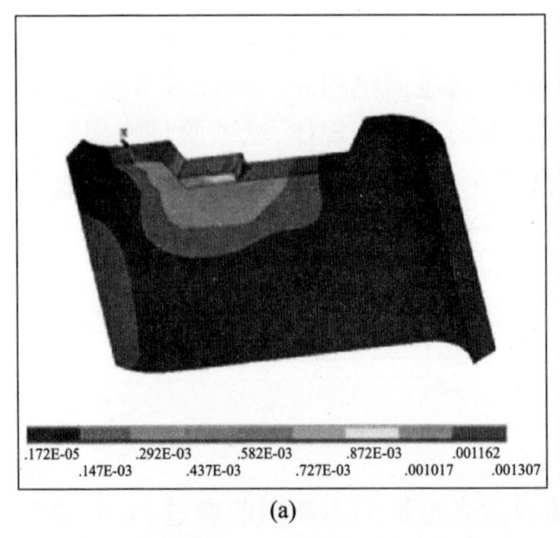

(a)

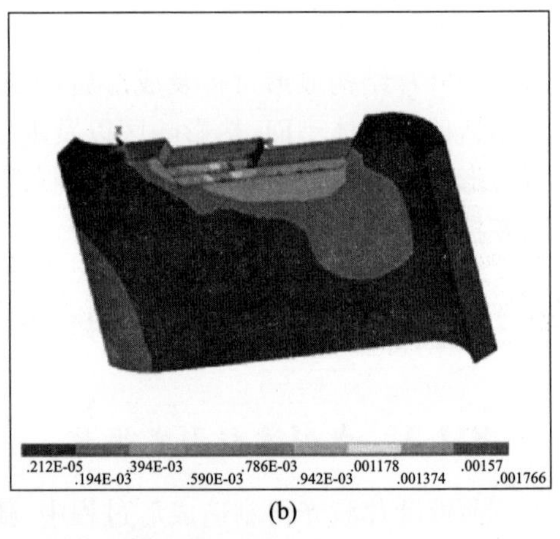

(b)

图 8－1　薄壁叶片激光再制造成形形变过程 1

(a) 薄壁叶片再制造成形第 0.5s 时形变；(b) 薄壁叶片再制造成形 2.2s 时形变。

图 8－2 所示为薄壁叶片激光再制造成形第 3.9s 以及第 15s 时的形变分布，其中，图 8－2(a)为成形第 3.9s 时，成形第 3 层时薄壁叶片整体形变分布，从图 8－2(a)可知，该时刻薄壁叶片整体形变最大值为 1.6～1.8mm 之间，方向垂直正在成形部位表面切线方向向外，形变最大值有所增加，形变主要集中在前道熔覆层近熔池区域，形变最大值的增加主要是因为随着成形层数的增加，成形过程热累积作用进一步增强，引起基体材料体积膨胀进一步增加；图 8－2(b)所示为成形第 15s 时，成形过程刚刚结束光闸关闭时刻的整体形变，成形层最大形

变量基本保持不变，但形变最大区域并未处于前道成形层近熔池区域，而是略靠前的位置，这主要是由于成形将近结束时，光闸关闭，能量输入迅速降低引起的。

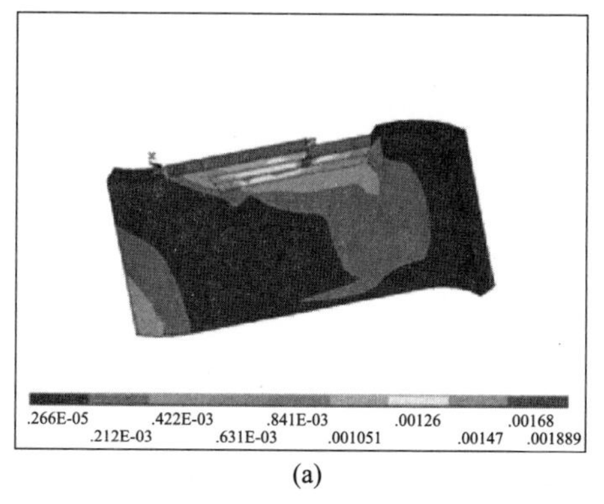

(a)

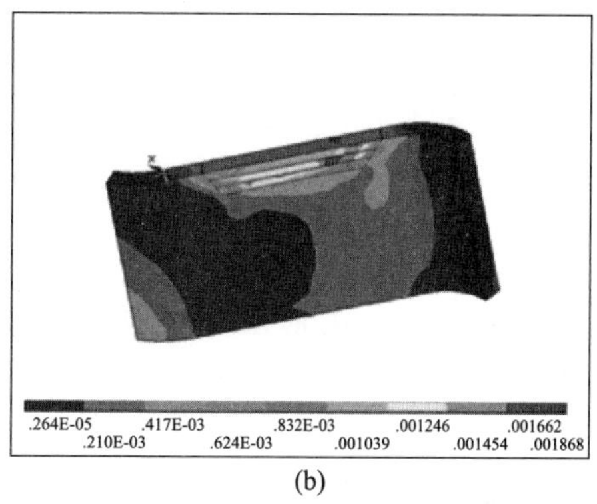

(b)

图 8-2 薄壁叶片激光再制造成形形变过程 2

（a）薄壁叶片再制造成形第 3.9s 时形变；（b）薄壁叶片再制造成形第 15s 时形变。

8.1.2 降温过程形变规律

图 8-3 所示为薄壁叶片成形后第 54.5s 以及第 304.5s 时的整体形变分布，从图 8-3 可以看出，成形形变最大量在 1.6 ~ 1.8mm 之间，热影响区形变量在 0.40 ~ 0.6mm 之间，形变方向为平行于基体热影响区表面，与第 14.5s 形变分布相比较，无明显变化，且图 8-3(a)、(b)之间也无明显形变，表明成形后第 14.5s 时，形变就已进入相对稳定阶段，热量传导及温度下降对成形形变无明显

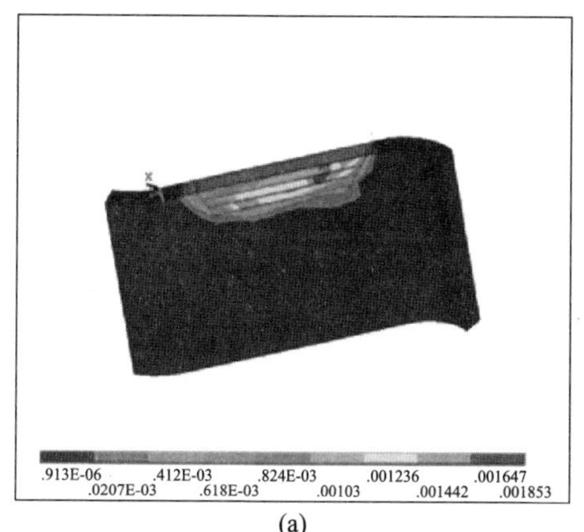

(a)

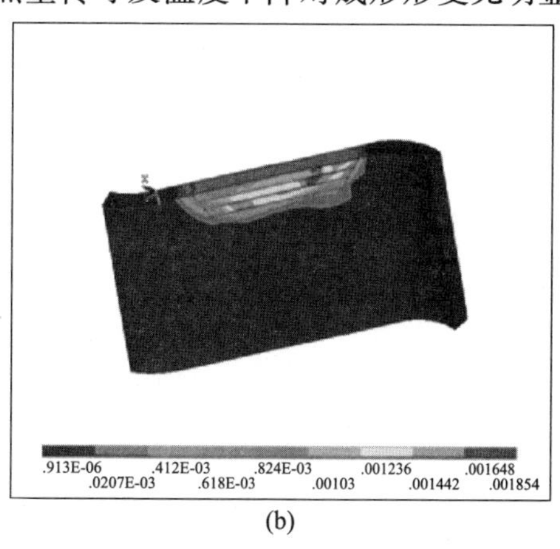

(b)

图 8-3 薄壁叶片激光再制造降温过程形变

（a）薄壁叶片再制造成形第 54.5s 时形变；（b）薄壁叶片再制造成形第 304.5s 时形变。

影响。形变量大小随着成形层数的增加,呈现中间成形层形变相对较大,首层及末层成形层形变相对略小的状态,且首层成形层形变量明显大于末层,这与各成形之间的热量累积情况直接相关,底层受热累积作用最大,但与基体直接接触,散热较中间层较好;末层受热累积作用最小,且与环境直接接触,较中间层也具有更好的散热条件;而中间层散热条件相对最差,累积的量相对其他两层散失较慢。各成形层之间的热累积效益和散热条件的差异直接影响成形形变分布的不均匀性。

8.1.3 各成形层形变历程对比

从靠近底层成形层中部的热影响区位置以及各成形层该点垂直方向上各选取一点,共计 4 个点,获取该 4 点成形过程形变历程如图 8-4 所示,从图 8-4 可知,被选取各点形变大小及趋势与激光能束加热顺序直接相关,同时各成形层所处位置不同又决定各层散热条件具有差异性,从而使形变变化也不尽相同。

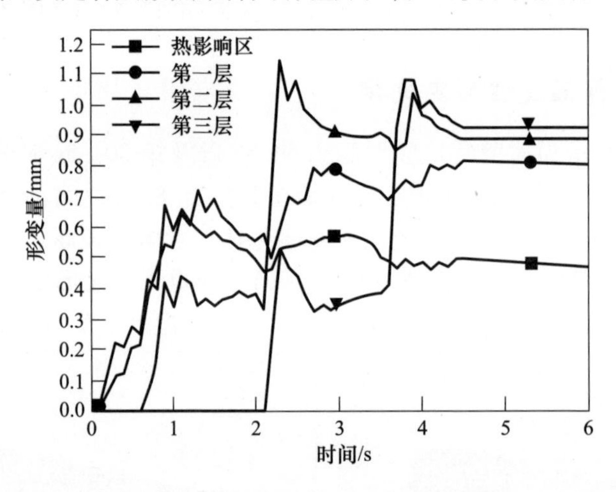

图 8-4 热影响区及成形层各点形变历程

当光束扫描至选取位置点时,在光束的加热作用下,材料在热膨胀作用和相变应力的作用下,产生塑性变形,随着光束扫描位置的前移,加热部位降温冷却,已发生塑性变形受周围材料制约发生一定程度的卸载,形变量产生一定程度的减小。当成形至该层下一层熔覆层时,在热传导作用下,温度继续升高,体积发生膨胀,形变又产生一定程度的增加。从各层形变分析,形变最大值出现在第二成形层,而不是受热累积作用最大的首层成形层,这主要是因为首层成形层直接与基体接触,具有更好的传导散热条件,而第二层成形层处于中间成形层,首层成形过后热量未及时散失,仍具有较高温度,同时后续成形层的光束再次加热,使得温度进一步提高，从而受热膨胀作用及相变应力产生变形更明显。而最后一层成形层，在形变发生回落后的一次发生一次明显的形变跃升，这主要是因为该层直接与周围环境接触且无后续成形加热过程，相对具有较大的温度梯度，在热应力作用下，产生变形的增大。此外，从首层成形层的形变峰值变化分析，该层形变量在首次回落后，又相继发生两次较为明显的反弹，且反弹的起点与后续成形层加热该点的时刻吻合，从而说明每层的后续两层成形都可能对该层形变产生明显影响。

8.2 叶片成形形变数据采集与对比

8.2.1 三维反求测量原理

面结构光三维反求是将固定模式光栅投影到被测物体表面，受被测物体表面形貌变化影响，光栅影线发生变形，利用 CCD 采集不同角度图像，通过调制变形光栅影线，将得到被测表面的整幅图像像素三维坐标。面结构光法三维反求空间坐标可实现大范围的非接触测量，且测量速度快、精度可高达 0.03mm[6]。

面结构光测量原理如图 9－5 所示，$OXYZ$ 为系统空间坐标系，二维观测坐标系 OXY 为 CCD 摄像头的成像平面，被测物体位于空间坐标系内，CCD 光轴与空间三维坐标系 Z 轴重合，光心位于空间三维坐标系(0,0,l)处，成形平面与 Z 轴垂直，成像平面与 CCD 光心距离为 v，且 CCD 平面的 X、Y 轴与空间坐标系取向一致，点 M 同时为成像中心点和观测坐标系的原点，投影仪光轴通过 O 点，处于 YZ 平面内，光心为 A 点。

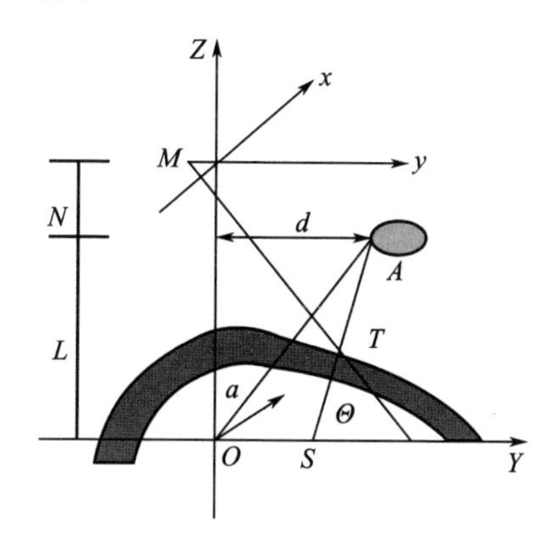

图 8－5　面结构光测量原理示意图

设第 i 次投影光栅平面在 Y 轴截距为 S，与 Y 轴夹角为 θ，T 为物体表面空间坐标点,设为 $T(XT,YT,ZT)$,在对应观测坐标系中对应点位 $t(xt,yt)$,投影光轴位于 YZ 平面内,与 Z 轴夹角为 α 角,投影光心到 Z 轴距离为 d,到 Y 轴距离为 l,则点 T 与在空间坐标系中位置可由函数关系 f、g、h 表示:

$$\begin{cases} X_T = f(x_t, y_t, l, d, v, \theta, S) \\ Y_T = g(x_t, y_t, l, d, v, \theta, S) \\ Z_T = h(x_t, y_t, l, d, v, \theta, S) \end{cases} \tag{8-1}$$

进一步依据图 8-5 中被测物表面点 T 及其在观测坐标系中对应点 t 之间几何关系可得[7]

$$\begin{cases} X_T = W \cdot x_t \\ Y_T = W \cdot y_t \\ Z_T = W \cdot v + l \end{cases} \tag{8-2}$$

式中:$W = k/(Hi + ytl)$;$k = l \cdot d$;$Hi = ivh - vd$。综上可知,通过测量或计算获得变量 l、d、h、v、xt 及 yt,则可进一步获得被测物体表面的三维参数。

8.2.2 叶片形变数据采集过程

采用面结构光三维反求实体点云数据流程如图 8-6 所示,通过对面结构光测量系统的标定,确定被测物体三维空间几何位置与图像中对应点指点的相互关系。在选择优化测量距离和角度的基础上,通过转台转动获得不同方位待测物体图像,通过固定标识点实现不同方位图像自动拼接并运算获取三维点云数据。在对奇异点进行滤除、优化的基础上,完成线面拟合并生成三维实体。

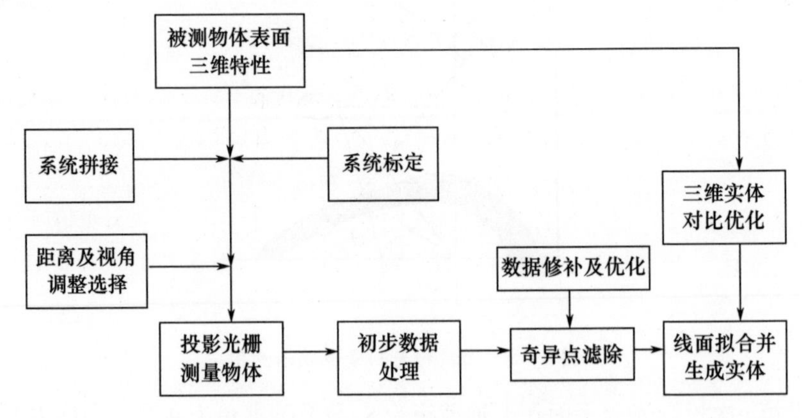

图 8-6 三维反求过程总体流程分析

根据三维反求原理及总体流程分析,结合待测薄壁叶片模拟件的结构特点,在薄壁叶片模拟件三维点云数据测量过程中,应注意以下方面:

(1) 激光再制造前,工件经打磨除锈后,表面反射率较高,可在表面喷涂一薄层显影试剂,以增加待测表面漫反射面积,提高点云数据获取精度;

(2) 待测表面曲率变化无规则,临近区域内曲率变化不显著,因此多方位数据采集拼接的标识点应尽量选择工件边部顶点,便于区分及提高拼接精度;

(3) 在对点云数据处理过程中,综合激光再制造形变特点,应减少对成形区及热影响区点云数据奇异点的滤除,避免对形变分析精度产生影响;进行线面拟合生成实体后,避免对成形区及热影响区的形状优化。

采用 PowerScan - ⅡS 蓝光精密型三维扫描仪对激光再制造前后的薄壁叶片结构件表面点云数据进行测量与对比,实现模拟件再制造前后形变对比。薄壁叶片结构件尺寸为:壁厚为 2mm,长度为 20mm,高度为 8mm,如图 8 -7 所示。试验前对工件进行砂纸打磨,去除表面铁锈及氧化膜,并用丙酮清洗。

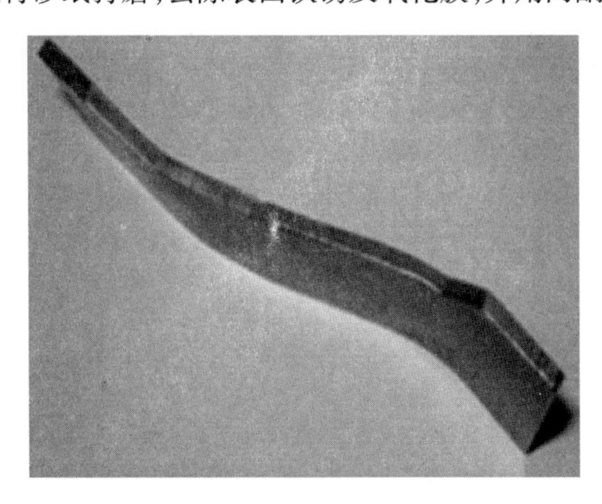

图 8 -7　薄壁叶片模拟件再制造前整体形貌

在对系统进行标定的基础上,为提高数据采集精度,对模拟件表面喷涂显影剂,通过转动转台实现多角度的光栅投影,在系统自动拼接功能下,完成模拟件全表面的点云数据采集,通过杂点滤除及修补,在对型面曲线优化的基础上实现激光再制造前后叶片模拟件三维反求实体的生成,其中激光再制造后叶片模拟件的测量在工件冷却至室温后进行。

8.2.3　叶片再制造成形与形状对比

试验前清洗模拟件表面的显影剂并充分干燥,采用光纤激光再制造系统进行再制造成形。按照边部规则体积损伤叶片再制造成形方式,模拟件成形过程如下:

(1) 采用激光功率为 1.1kW、扫描速度为 5mm/s、载气流量为 150L/h、送粉速率为 21.4g/min、脉宽为 100ms、占空比为 10 : 1 的优化脉冲激光工艺参数,按照单道成形层宽度与模拟件壁厚关系,对模拟件两侧倾斜表面进行单道预补偿成形;

(2) 按照损伤部位几何特征以及单道成形层形状工艺参数,单道逐层堆积 8 层,单侧成形向左、右两侧均偏置 1.5mm,偏置角度为 0.5°。

薄壁叶片激光再制造后整体形貌如图 8-8 所示。

(a)

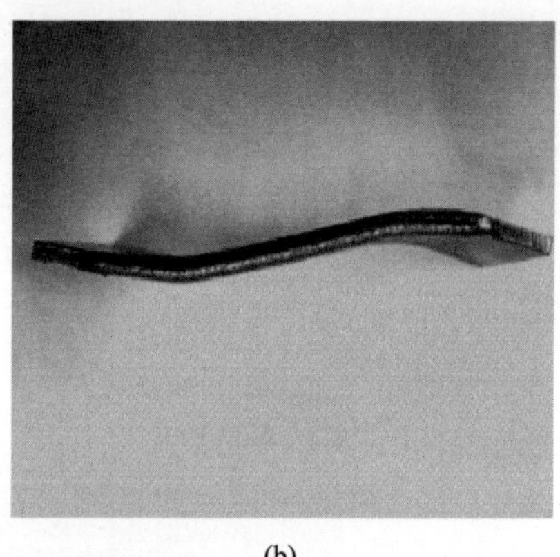

(b)

图 8-8　叶片模拟件激光再制造后宏观形貌

(a) 模拟件再制造后正视宏观形貌; (b) 模拟件再制造后俯视宏观形貌。

由再制造后整体形貌可知,模拟件激光再制造后体积损伤部位成形良好,尺寸恢复充分,形状尺寸和角度都具有较高的精度,模拟件表面无明显形变产生。

8.3 薄壁叶片成形后形变规律

8.3.1 薄壁叶片整体形变分析

对成形后模拟件进行点云数据采集,并与成形前点云数据进行比对,获得薄壁叶片模拟件再制造成形形变分布。图 8-9 所示为薄壁叶片激光再制造形变分布,图中左侧为形变标尺,下同。从图 8-9(a)、(b) 对比分析可知:叶片成形部位形变尺寸范围为 0.50 ~ 1.00mm,主要集中在热影响区部位;成形部位两侧的模拟件顶部单侧尺寸略有减小,而异侧尺寸略增加,尺寸变化范围为 0.32 ~ 0.40mm,这主要是因为模拟件型壁薄,在成形过程产生的热应力作用下产生的微小形变所致;正面及背面其他部位基本无形变。其中,热影响区作为形变最大的部位，尺寸增加范围在0.44～0.50mm之间。引起模拟件发生形变的原因除热应力引发变形之外，热影响区部位发生马氏体相变引发体积膨胀，也是可能原因之一。对于该部位是否存在马氏体相变，将在后面进行进一步试验验证。

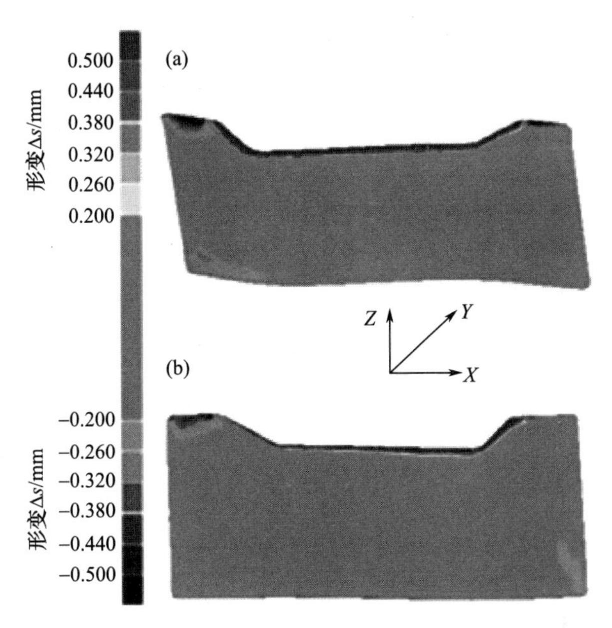

图8-9　薄壁叶片激光再制造整体形变分布

8.3.2　热影响区形变分析

由前面的分析可知，热影响区是模拟件表面形变最大的部位，热影响区分布的范围和形变规律对激光再制造部件整体形状和性能影响重大。为进一步分析热影响区在成形高度方向上不同截面形状变化规律，以成形部位底面作为分析平面 XOY 所在平面，设为 $Z=0$mm，如图8-10(a)所示；分别对截面位置为 $Z=0.2$mm、$Z=0.5$mm、$Z=1$mm、$Z=2$mm及 $Z=3$mm截面形变数据进行分析，各截面形变进行放大10倍后分布情况分布分别如图9-10(b)～(f)所示。

从图8-10(d)～(f)可知，距成形部位界面1mm以上，模拟件无明显形变分布。对比图8-10(b)、(c)可知，图8-10(c)较图6.9(b)单侧形变明显减小，并且模拟件正面基本无形变，因此该模拟件激光再制造成形热影响区域主要分布在 $Z=0.2$～0.5mm之间。综上分析，图8-10(b)、(c)所示为热影响区形变分布，尺寸变化主要分布在0.20～0.50mm之间，同侧不同横截面内，形变大小及分布状态区域一致。

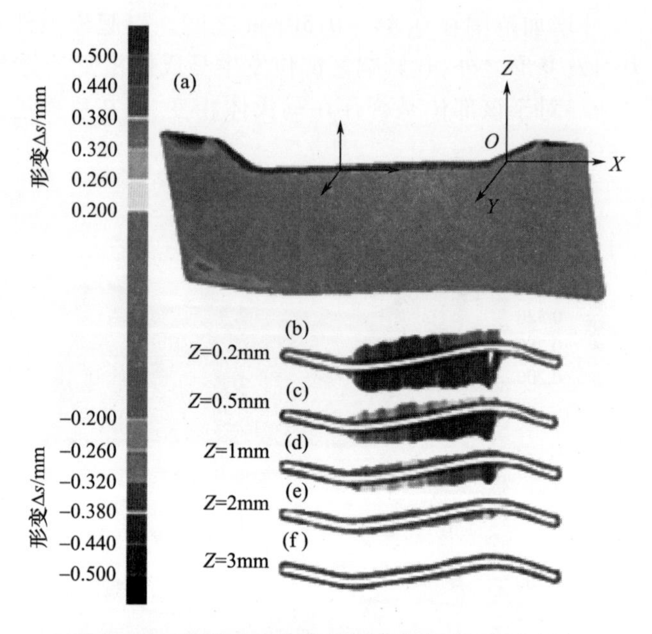

图 8-10 薄壁叶片激光再制造热影响区形变分布

(a) 模拟件表面整体形变分布；(b) $Z=0.2$mm 位置模拟件表面形变分布；

(c) $Z=0.5$mm 位置模拟件表面形变分布；(d) $Z=1$mm 位置模拟件表面形变分布

(e) $Z=2$mm 位置模拟件表面形变分布；(f) $Z=3$mm 位置模拟件表面形变分布。

8.3.3 垂直截面形变分析

为进一步分析模拟件表面形变方向，在图 8-10(a)所示成形部位中间位置做与 *YOZ* 平面平行的纵向剖切，剖切截面表面形变放大 10 倍，如图 8-11 所示，图 8-11(a)为图 8-10 所示模拟件正面，图 8-11(b)为图 8-10 所示模拟件背面。从图 8-11 可知，从热影响区到薄壁叶片模拟件底部，两侧尺寸增加法线方向发生改变，除热影响区外，尺寸变化范围为 -0.2 ~ 0.2mm，说明在再制造成形过程中，由于激光熔覆层间的热量累积作用下，产生的热应力作用于模拟件薄壁，叶片模拟件表面有一定微小的弯曲变形情况存在。

通过对薄壁结构再制造后整体形变三维反求，获取薄壁叶片再制造后整体及热影响区等部位形变数据，通过和有限元分析结果进行对比，可知关于叶片整体及热影响区部位形变与有限元分析数据相对一致，从而进一步验证有限元形变分析数据及结论的正确性，验证有限元关于再制造成形形变分析规律。综上分析可知，模拟件激光再制造后形变较小，可以满足尺寸精度要求，同时也进一步验证前面参数优化、成形过程量化控制、对边部规则体积损伤路径规划以及脉

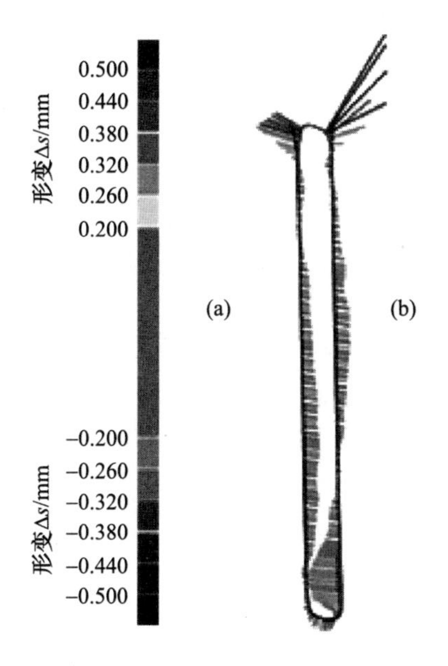

图 8-11　薄壁叶片模拟件成形部位纵截面形变分布

冲激光成形工艺方法的正确性和合理性。

8.3.4　热影响区马氏体相变验证

为进一步验证热影响区马氏体组织相变是引起该部位形变原因之一，利用 Olympus GX-51 型金相显微镜的微观测距功能，对界面以下 0.2～0.5mm 范围内热影响区组织进行观察，并与基材组织形态进行对比。图 8-12 所示为模拟件再制造后热影响区及 FV520(B)基体金相组织。

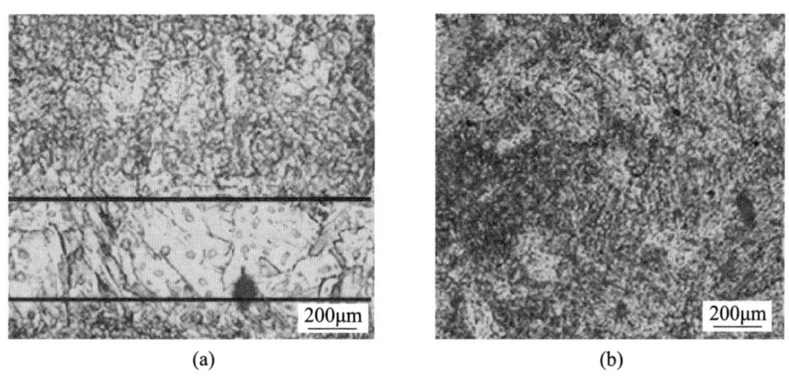

图 8-12　热影响区及基体金相组织
(a) 热影响区金相组织；(b) 基体金相组织。

对比图 8-12(a)、(b)可知,热影响区部位较基体组织有呈一定取向的板条状粗大马氏体组织,表明激光再制造成形过程中,受成形热累积作用影响,引发该区部分奥氏体转化为体积相对更大的马氏体组织,使得该部位成形后尺寸有所增加[8]。由图 8-12(a)可知,热影响区沿 Z 方向宽度大小约为 300μm,从而对热影响区范围分布进行进一步验证。形变产生的直接原因在于受热累积作用衍生应力场作用,在工艺条件不变的情况下,减少形变的根本方法在于减少热输入量。因此,从控制热输入量角度,可从以下方面进行优化:

(1) 在保证结合强度及控制熔覆层对基材稀释率的前提下,采用窄光斑、低功率、高速度的工艺参数进行再制造成形[9-12];

(2) 采用脉冲激光进行再制造成形。在保证成形连续性前提下,通过控制脉冲激光脉宽比,减少成形过程热输入,以控制热影响区分布范围;

(3) 在成形路径规划过程中,尽可能采用交叉成形路径,在减少同方向热量累积的同时,便于热应力在不同方向进行抵消,从而控制成形形变[13]。

根据薄壁叶片激光再制造成形试验,以及再制造前后整体及热影响区形变三维反求结果,可得以下结论:

(1) 叶片模拟件整体形变较小,形变范围为 0.20~0.50mm;热影响区是形变最集中部位,形变范围为 0.44~0.50mm,热影响区主要分布在 $Z=0.2\sim0.5$mm 部位,同侧形变变化均匀;其他部位形变范围为 -0.2~0.2mm,有微小弯曲变形存在;验证再制造形变的有限元分析相关结论的正确性。

(2) 确定对应材料体系下薄壁叶片模拟件脉冲激光再制造优化工艺参数为:激光功率为 1.1kW,扫描速度为 300mm/min,载气流量为 150L/h,送粉速率为 21.4g/min,脉宽为 100ms,占空比为 10∶1。

8.4 再制造成形形变控制措施

薄壁类叶片激光再制造成形形变数据分析结果表明,形变主要集中在成形热影响区部位,该材料体系下,热影响区部位形状尺寸的增加主要源于以下两个方面:

(1) 多层成形过程的热累积作用使该部位材料受热膨胀,体积增大,从而引起再制造成形后该部位形变的增加;

(2) 热影响区部位基体材料在热累积作用下,产生马氏体相变,引起体积膨胀;

通过各成形层形变大小及变化过程分析可知,成形过程中热影响区部位尺寸的增加成为薄壁叶片再制造形状控制的关键,可以从以下几个方面进行工艺的调整和措施的改进，以控制或减小成形形变：

（1）在再制造成形靠近基体的初始成形过程中，应严格控制激光功率，应尽量采用相对较低功率和较高的成形速度，以降低功率密度，控制或减小基体热影响区的范围；

（2）成形过程中，可采用脉冲激光工艺模式，从成形热输入角度，控制或减小成形热应力[14,15]；

（3）热影响区部分热输入源于激光光束的直接辐照，而这部分光束的热输入并未参与成形材料熔化及凝固过程。因此针对薄壁叶片形壁的非规则变化特征，设计防激光辐照垫片类工装夹具，避免激光光束对成形部位热影响区及基体直接辐照而引起的过量热输入；

（4）初始成形过程中，在成形工艺允许的条件下，应增加多层成形之间的时间间隔，延长基体及已成形熔覆层散热时间，减少前道及后续成形层对中间成形层的热累积作用。

参考文献

[1] LEE B, SUH J, LEE H, et al. Investigations on fretting fatigue inaircraft engine compressor blade [J]. Engineering Failure Analysis, 2011, 18(7): 1900 - 1908.

[2] 王一澎，陈志国，汪力，等. 激光比能 Fe2B 激光熔覆涂层微观组织与性能的影响[J]. 中国表面工程，2020, 33(1): 117 - 124.

[3] 赖境，路媛媛，张航，等. 低热输入脉冲激光修复高温合金液化裂纹研究[J]. 中国激光，2019, 46(4): 0402011 - 1 - 0402011 - 9.

[4] Yao Fangping, Fang Lijin. Thermal Stress Cycle Simulation in Laser Cladding Process of Ni - Based Coating on H13 Steel[J]. Coatings, 2021, 11(2): 203.

[5] Chang Li, Zhi Binyu, Jing Xianggao, et al. Numerical simulation and experimental study on the evolution of multi - field coupling in laser cladding process by disk lasers[J]. Welding in the World, 2019, 63(4): 925 - 945.

[6] 李中伟，王从军，周钢，等. 面结构光三维测量技术[M]. 武汉：华中科技大学出版社，2012.

[7] 徐慧，张金龙，刘京南，等. 零件轮廓表面检测与三维重构技术的研究[J]. 南京师范大学学报，2011, 11(2): 26 - 30.

[8] 庞小通，龚群甫，王志杰，等. 30CrMnSiA 和 30CrMnSiNi2A 高强钢激光熔覆修复后的组织特征与力学性能[J]. 中国激光，2020, 47(11): 1102002 - 1 - 1102002 - 11.

[9] 陈翔，张德强，孙文强，等. 扫描速度对激光熔覆薄板高速钢变形与组织的影响[J]. 表面技术，2019, 48(9): 150 - 157.

[10] 赵盛举,祁文军,黄艳华,等. TC4 表面激光熔覆 Ni60 基涂层温度场热循环特性数值模拟研究[J]. 表面技术,2020,49(2):301 - 308.

[11] 李金华,安学甲,姚芳萍,等. H13 钢激光熔覆 Ni 基涂层热应力循环的仿真研究[J]. 中国激光,2020,48(10):1002104 - 1 - 1002104 - 8.

[12] Wang Dongsheng, Yang Hao, Yue Liye, et al. Effects of Heat Accumulation on Temperature Field during Multi - Track Laser Cladding of Preset MCrAlY Coating[J]. Materials Science Forum, 2021, 6050: 157 - 163.

[13] 傅卫,方洪渊,白新波,等. 工艺路径对多层多道激光熔覆残余应力的影响[J]. 焊接学报,2019,40(6):29 - 33.

[14] Liu Y, Liu X, Li T, et al. Numerical modelling and experimental study on pulsed laser surface texturing on cemented carbides[J]. The International Journal of Advanced Manufacturing Technology, 2021, (114): 3137 - 3145.

[15] Zhou Yan, Lijun Song, Wenyang Liu, et al. Numerical analysis of thermal stress evolution of pulsed - wave laser direct energy deposition[J]. The International Journal of Advanced Manufacturing Technology, 2021, 115: 1399 - 1410.

第9章　成形形状闭环控制系统的设计与实现

通常情况下,激光再制造过程呈现开环控制特点[1-3],即系统内无参数监测、反馈及控制环节,整个再制造过程呈现自发调节状态。而激光再制造成形是激光束、粉末、基材交互作用,温度场、应力场相互耦合、非线性变化的复杂过程,过程中相关因素变化呈非线性、离散性及随机性特点,对熔覆再制造过程产生不可控影响[4-6]。此外,材料特性、工艺参数、保护气体,以及预热条件等因素都将对再制造形状变化产生影响,使该过程的工艺稳定性及成形形状的控制成为研究难点。为减少或消除相关因素变化对再制造形状的影响,获得优良的产品质量,对成形过程重要参量进行实时监测及控制,对提高再制造成形过程控制的实时性、可控性及智能化水平具有重要意义。

9.1　不同波段滤光对测量的影响

9.1.1　结构光试验原理

形状尺寸准确测量的关键在于对强光干扰的滤除,因此应确定成形过程中光强分布最少的波长波段,采用该波段的带通滤光片,对该波长照射在成形部位表面辅助激光线位置高度变化实时监测和计算,实现对成形高度变化的测量。为寻找光强分布最少的波长范围,参照高温激光熔覆成形辐射光谱,如图9-1所示,对各波段光强进行分析。

从图9-1可知,激光熔覆成形光谱辐射覆盖红外波段到紫外波段的光谱,但在650nm的红光波段处,有显著的光强波谷。因此,可选用此波段带通滤波滤掉650nm范围以外的全部光通量,并选用650nm波段的高强度直线激光发生器生成结构光,可达到激光再制造成形过程中熔池在此波段内发光强度的数倍,通过此方案可以实现CCD监测激光成形过程中结构光位置变化的理想效果。

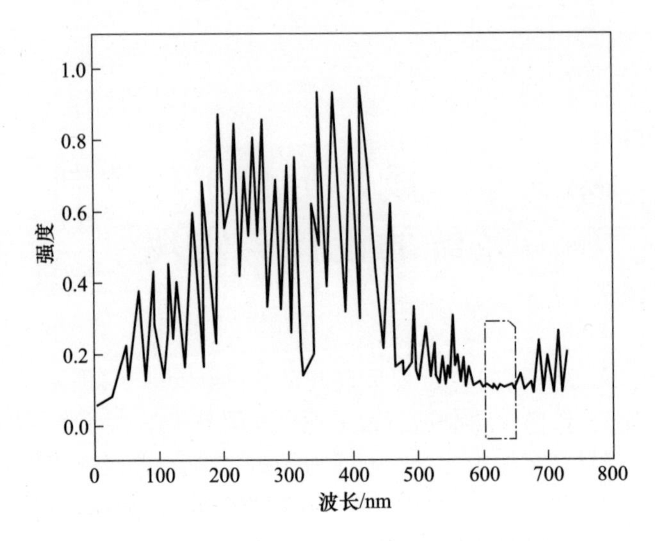

图 9－1　激光熔覆成形各波长波段光强分布

9.1.2　不同波段滤光效果

由于激光再制造成形过程在全波长范围内均具有较高的光强,因此实现成形过程中无效光强部分的有效滤除成为实现尺寸精度监测以及实现闭环控制的关键[7,8]。因此,采用对应成形系统及材料下激光成形优化工艺,针对熔池温度相对更高的连续输出模式进行光强采集试验,以确定激光光强对图像采集的影响程度并确定具体系统选型方案。

试验采用的激光成形优化工艺参数为:激光功率为 1.1kW、扫描速度为 5mm/s、送粉速率为 8.1g/min、载气流量为 150L/h,进行单道熔覆成形,测试首先采用 405nm 波段紫光激光在基体上可形成有效图像。但在成形过程中,通过 CellaTemp 型非接触式高温测试仪对熔池温度进行监测可知,熔池温度可达到 1400～1500℃,镜头内感光阵列感光量过大,无法形成清晰图像,采用此波段的实现方案不够理想。

根据可获得滤光片实际,更换波长 650nm 带通滤光片重新开展试验,CCD 仪对该波段内辅助线激光发生器的激光频段获取图像。其中图 9－2(a)为再制造现场成形区域图像状态,图 9－2(b)、(c)、(d)分别为滤光成像后的初始状态、成形过程中状态及成形完成后状态,采集图像内容较为清晰,受外部因素影响很小。即便在再制造成形过程中,成形过程的熔池光强对激光辅助线成像影响也不明显。

成形前后高度差异如图 9－3(a)、(b)中标识所示,通过对激光辅助线的跟踪拟合,如图中线条标识位置,可清晰分辨出高度差异,避免成形过程中熔池强

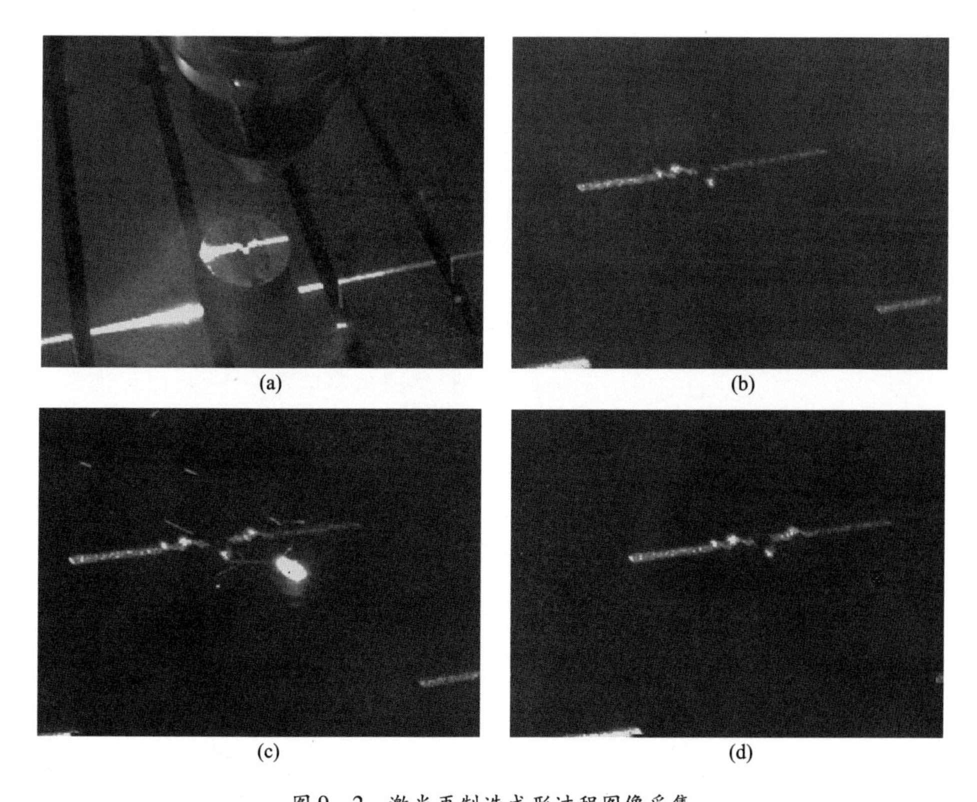

图 9-2 激光再制造成形过程图像采集

（a）成形区域图像状态；（b）滤光成像初始状态；（c）成形过程中状态；（d）成形完成后状态。

光的干扰。进一步，在对系统进行标定的基础上，通过校正专用梯台的校正，可使高度误差控制在 0.02 ~ 0.1mm 之间，平均误差为 0.058mm，满足激光再制造成形形状测量精度要求。

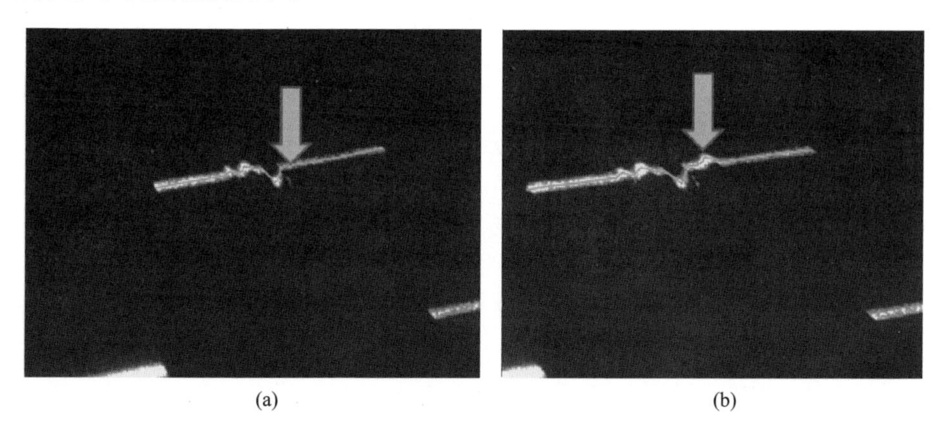

图 9-3 图像采集过程中的高度差异

综上，通过光强采集试验可知，该再制造成形系统及材料体系下，波长650nm 的带通滤光片可实现成形过程中强光干扰的有效滤除，实现成形过程中尺寸的有效测量，精度可控制在 0.1mm 之内。

9.2 成形形状闭环控制算法

激光再制造成形闭环控制是局部体积成形的尺寸控制，成形过程的是一个逐层堆积、尺寸叠加的过程，单层成形高度的稳定性直接影响最终尺寸高度，因此成形形状尺寸监测包括单层实时高度及最终成形高度两个方面，以保证实时成形高度在可控范围内。除去成形过程中材料相变因素影响，导致变形产生的成形热应力主要受成形温度场的影响，而熔池温度的控制形式有以下方面：通过激光功率的实时在线调整，实现激光功率密度的改变，从而在线调整熔池温度[9-12]；通过激光加工头与再制造成形部位相对位置关系的改变，实现激光功率密度的调整[13]；通过激光再制造成形速度以及送粉速率的改变，实现激光再制造熔池温度的调节[14,15]。

熔覆加工头位置高度的在线调整、再制造成形速率以及送粉速度的在线调节，虽可以一定范围内调整激光功率密度，但会对系统成形程序的安全性以及成形工艺的匹配性形成直接影响，基于成形系统自身特点考虑，应采用实时在线调节激光功率的方式进行。

9.2.1 尺寸高度的闭环控制

通过对成形过程中单层成形高度的实时监测，可及时发现成形中熔池温度过高或过低而产生的单层尺寸偏差过大的情况，从而控制激光功率实时在线调节，以调整熔池温度。对于最终成形高度的监测，可以实现最终成形尺寸精度的控制，避免成形层数过多，引起成形部位或区域热输入过大而影响力学性能[16]。

设闭环控制系统优化工艺下单层成形高度为 h，允许偏差为（-0.3mm，0.3mm），成形目标高度为 H，系统反馈的实时成形高度为 k，系统反馈的单层实时成形高度为 m，系统反馈的实时成形高度为 n，系统反馈的离焦量为 p，闭环控制系统成形过程控制策略如下：

（1）在激光熔覆成形过程中，当实时成形高度低于试验设置目标高度时，即 $n < H$ 时，对成形过程无干预；当实时成形高度与系统设置的目标高度一致时，即 $n = H$ 时，则该层成形结束时，控制激光光闸自动关闭，完成再制造成形过程。

(2) 当第 N 层熔覆成形过程中高度低于试验设置目标高度时，即 $k<H$ 时，对成形过程无干预，而第 $(N+1)$ 层熔覆成形过程中高度高于试验设置墙体目标高度时，即 $k<H$ 且 $(k+m)>H$ 时，则在第 $(N+1)$ 层结束时关闭激光光闸，完成再制造成形过程。

(3) 熔覆成形过程中，设定离焦量正常数值为 1cm，成形过程中受到熔池熔化、凝固过程液滴流淌及成形尺寸表面波动影响，当离焦量过大或过小时，都会对成形过程产生重要影响。因此，当监控到离焦量波动超出允许范围时，如 (−0.3mm,0.3mm)，即 $p<0.7$ 或 $p>1.3$ 时，自动调整激光熔覆加工头与被加工工件表面位置，使离焦量处于恢复到 1mm，调整过程不关闭光闸。

(4) 当监测到实时成形高度低于系统设定的实时高度标准值时，即 $m<(h-0.4)$ 或 $m>(h+0.4)$ 时，当单层成形高度低于设定标准值 0.4mm 以上时，基于工艺试验经验，则在线调整激光功率，使其增加 500W；当单层成形高度高于设定标准值 0.4mm 以上时，则在线调整激光功率，使其下降 500W。

通过以上主要控形策略算法的闭环控制，可以实现激光再制造成形过程中，单层成形高度以及最终成形高度等再制造成形尺寸的有效监测和控制。

9.2.2 尺寸形变的闭环控制

再制造成形过程中，体积损伤部件接受局部热输入、经历急冷急热过程，除去材料相变产生残余应力外，由于成形材料与再制造部件基体材料之间热物性的差异，将在成形层内产生较大的残余应力，当残余应力超过材料屈服强度时，将引起部件产生一定程度的形变，影响部件服役性能。成形形变发生时，部件形壁膨胀或收缩，甚至使部件产生扭曲变形，而基体热影响区部位是成形过程受热作用最为明显、成形形变相对最大的区域。

因此，成形过程中，通过闭环控制系统对成形热影响区宽度方向尺寸进行监测，成形部位热影响区宽度为 R，系统监测到的该部位实时宽度为 r，当 $r<(R-1)$ 或 $r>(R+1)$ mm 时，视为形变超差，系统控制激光光闸关闭，终止再制造成形过程，需要重新调整激光工艺，避免继续成形引起的更大超差导致整个成形过程的失败。

9.3 闭环控制系统方案构建

针对成形位置不固定、形状非规则的成形特点，结合已有成形闭环控制系统研究存在的问题，构建激光再制造成形闭环控制系统，采用非接触结构光测量技术对成形形状的尺寸进行非接触式实时监测和测量，结合成像系统定标、纠偏技术、彩色图像的特征和亚像素精确定位技术，将几何尺寸作为反馈控制参数，对成形形状及形变进行判断，实现全过程的自动化、智能化控制，提高成形形状控制的水平和精度。

9.3.1 单目分开式测量方案

方案基于激光辅助线的高度测量方式，通过 CCD 成像系统与激光发生器间的定标关系，依据小孔成像原理，对 CCD 成像系统镜头焦距、CCD 成像中心、激光发生器发射中心等多个参数定标，实现在数字图像中对三维空间中长度测量，可通过亚像素级的激光线跟踪实现高精度测量，如图 9－4 所示，其中，待测工件上的 P_1、P_2 点对应于 CCD 成像的 P_1'、P_2'两点。

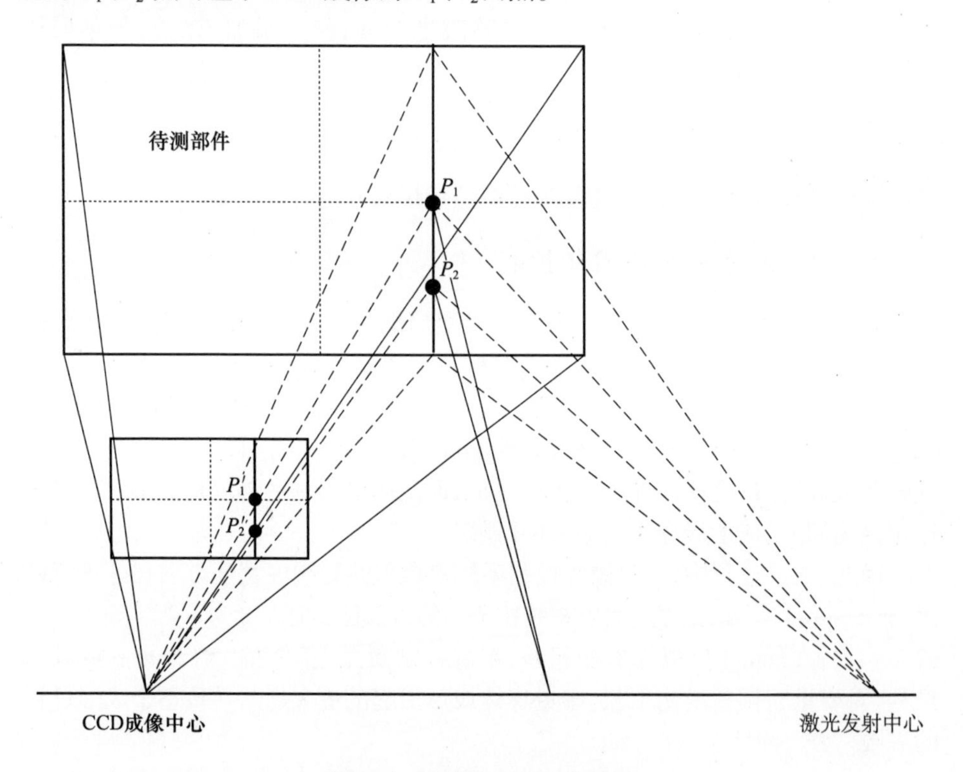

图 9－4 结构光三角测量原理

如图 9－5 所示，系统采用 2 条激光辅助线，目的在于实时监测熔覆前后的工件高度。在熔覆成形过程中，实时测量的形状及形变数据通计算机进行实时显示，系统采样周期为 2 次/s。

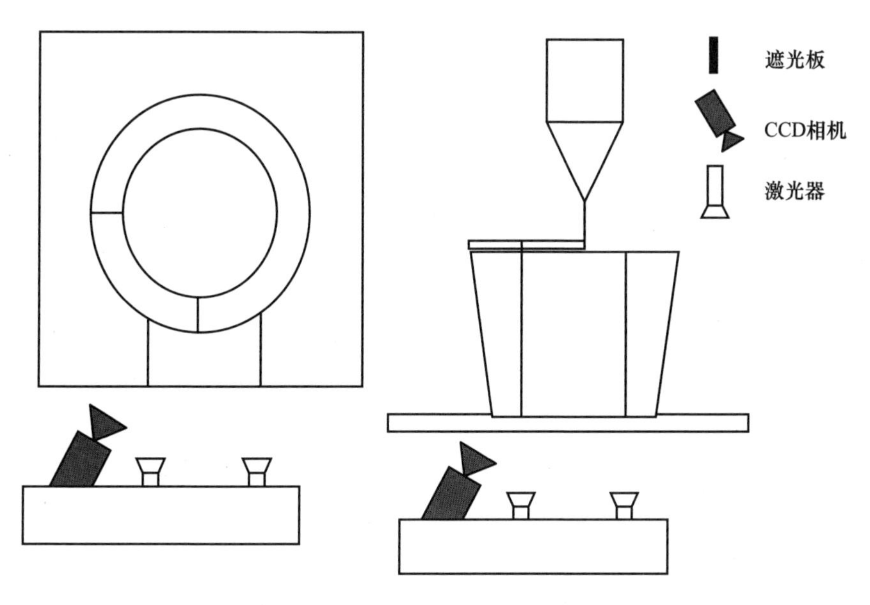

图 9-5　顶视图(左)、侧视图(右)

9.3.2　单目一体化测量方案

基于正面拍摄熔池存在熔池亮度影响成像效果考虑,设计将双目 CCD 相机绑定在加工头上随动的测量方案,将结构光激光器、CCD 相机都采用机械固定的方式安装固定在熔覆加工头上方,可避免熔池直射带来的光强过高的影响,如图 9-6 所示。在加工头行进方向的前方与后方分别放置一组测量设备,用于实时监控成形前后的高度数据。

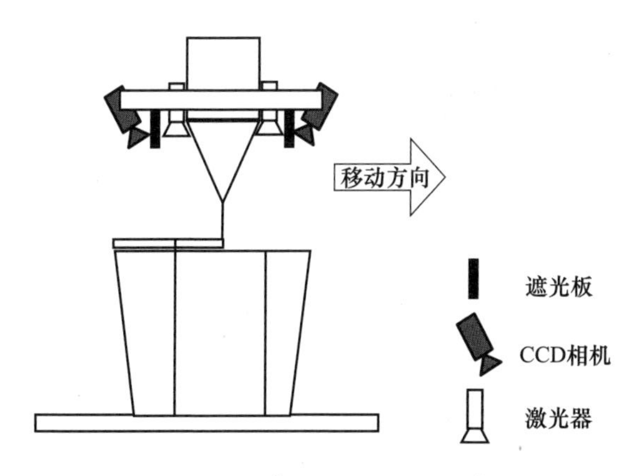

图 9-6　单目一体化测量方案

上述方案通过系统的 CCD 相机设置图像的采集范围，使用遮光板遮挡熔池附近的成像角度，前后两条激光结构光分别照射在熔池前后 2cm 位置上。如图 9-7所示，根据熔覆的熔池发光尺寸，设计遮光板和摄像机的视场位置。星形为熔池发光部分。通过遮光板将直射入摄像机的光线遮挡住，避免高亮度光线进入白色虚线部分所示的视场内部。

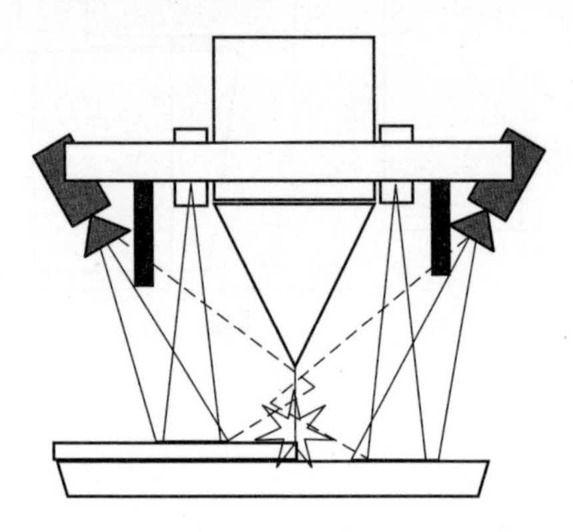

图 9-7　成形过程中 CCD 视场范围

测量系统采用铝合金支架结构固定在熔覆加工头中段位置，如图 9-8 中标识部分，依靠已有圆孔进行定位，直接采用刚性结构，可保证激光器及摄像头移动过程中的稳定性。

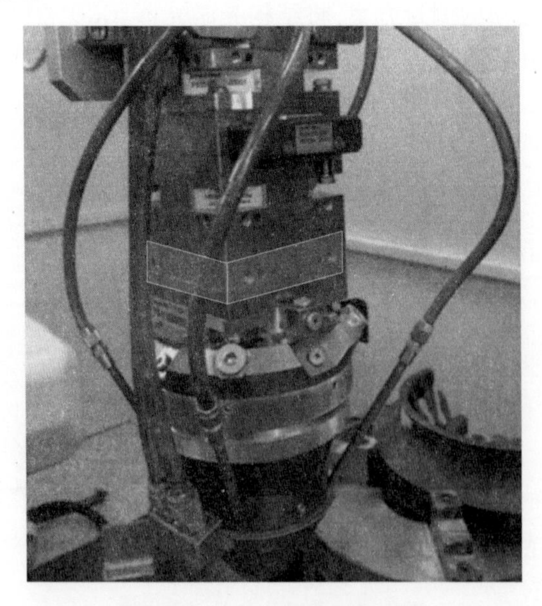

图 9-8　激光器外挂支架位置

本方案的测量原理与侧立型测试方案相同，均采用单目三角测量的方式实现，并且采用相同的650nm激光器，同时也采用带通滤波片过滤其他波段的光线。而采用本方案将测量系统与加工头随动，可较大程度地避免激光熔池高强度光对测量效果的影响，但系统需要经过基准面的校准，以消除加工头与工件所处台面之间距离的误差，才能实现对距离的实时测量。并且，由于加工头上方铝合金固定装置的加载，会对熔覆加工头的移动空间有一定限制。

9.3.3 双目一体化测量方案

鉴于单目式一体化测量方案存在的基准面校准问题，在该方案基础上进行改进，增加测量系统的CCD数量，如图9－9所示，在加工头的行进前后，两侧分别增加一个CCD相机，形成两个双目测量系统。

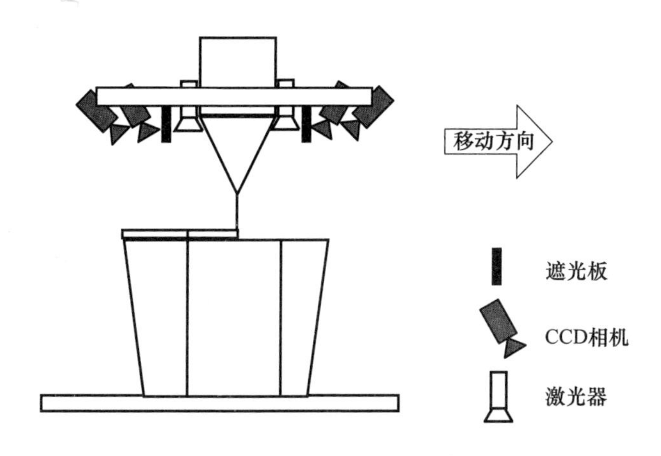

图9－9 双目测量系统结构

双目测量基本原理如图9－10所示，在CCD完成小孔成像矫正后，依据双摄像机的定标关系 b，可对实际成像面中的待测点，也就是激光辅助线上的点，通过视差的方法进行距离测量。

该方案无须基准面的校准过程，双目测量系统需要在双目摄像机有重叠的情况下，同时保证遮光板能够遮挡两个摄像机视野中的成形强光。此外，由于CCD摄像机的镜头景深有限，需要精确计算两个相机的重叠位置和拍摄角度，使得重叠范围成像分别聚焦。另外，由于需要对两个相机的聚焦，对于测量定标的范围也有比较严格的要求，需保证定标板的基面范围处于两个相机的重叠范围中。整个调试和定标过程相对复杂。

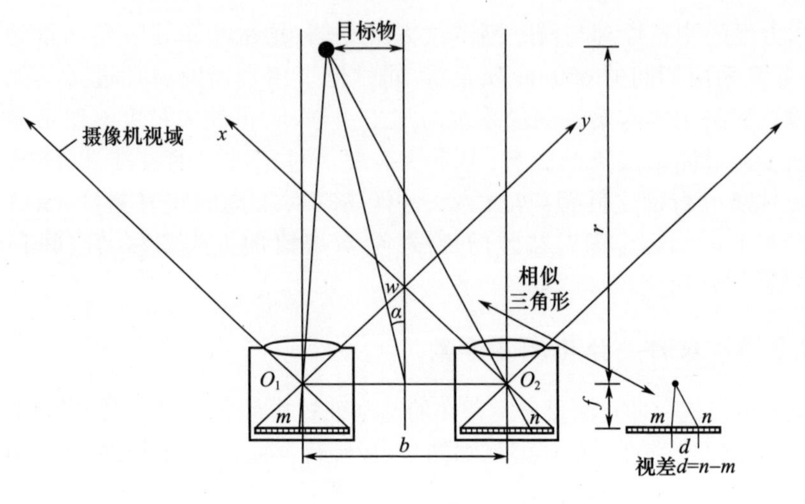

图 9－10　双目测量基本原理

9.4　反馈控制实现及系统构成

9.4.1　反馈控制机制实现

如图 9－11 所示，系统测量过程包括基准高度测量、停止点高度设置和实时高度测量三个步骤。成形前，首先对工件进行基准测量，系统根据测量范围中的高度信息定义出基础高度线。在基础高度线的基础上，人工定义停止点的相对高度值和单层高度阈值，然后启动系统进行实时测量。以成形高度监测控制为例，成形过程中，系统实时跟踪采样点高度变化，实时记录并显示单层成形高度以及最大实时高度值，并与系统中高度的预定义值进行比较，当单层高度或实时高度超出预定义阈值时，控制电压输出模块经数模转换电路向控制柜 PLC 单元

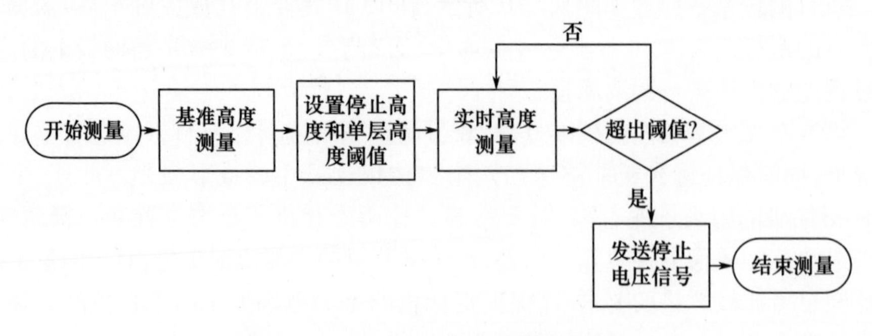

图 9－11　闭环控制系统总体测量流程

发送电压模拟量控制信号,按照系统预定义控制策略及算法实现功率控制电压的在线调节或关闭,从而实现成形尺寸高度的闭环控制及调节。

系统设计一种可调电平信号的数字发射模块,以满足反馈电压要求,模块基于通用 USB 接口与计算机测量系统连接,测量系统的软件计算结果通过 USB 端口指令实现对激光再制造系统主控柜 PLC 数字发射模块的控制,形成 0 ~ 24V 间电压与 0 ~ 3kW 激光功率之间对应关系,实现激光功率的实时在线调节。因此,电压可调精度为 0.1V,相应时间为 0.02s 以内,并具有较好的实时精度。

9.4.2 软硬件构成与功能设计

再制造成形高度闭环控制系统硬件主要由辅助线激光发生器、CCD 工业相机、算法执行计算机以及数字信号发射模块等四个部分组成,如图 9 - 12 所示。其中:基于本章试验结果,辅助线激光发生器选择 650nm 线形结构光的紫光发生器,完成激光辅助线的发射;CCD 工业相机选择 USB3.0 接口,实现高清快速图像捕捉功能;数字信号发射模块基于 USB 接口的数字信号发射模块,提供 0 ~ 24V 数字电压模拟量信号的输出,从而实现激光功率的实时在线调节。

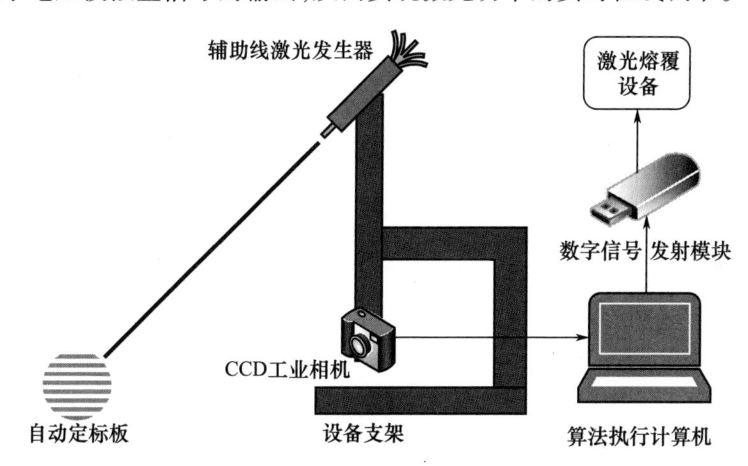

图 9 - 12 闭环控制系统硬件组成结构

相关硬件选择具体型号见表 9 - 1。

表 9 - 1 系统组件选型配置

名称	规格	数量
PointGrey Flea 工业相机	USB3.0 工业相机型号:FL3 - U3 - 88S2C - C 1/2.5",1.55μm,4096x2160 at 21 FPS	2 ~ 4
镜头	需根据实地测量后待选	2 ~ 4

续表

名称	规格	数量
激光发生器	650nm 波长线型激光发生器	2
定标板	实时定标用小型定标板	1
计算机	CPU4 核心,内存 4GB,USB3.0 接口	1
USB 电压信号发送模块	根据实际需要设计	1

软件系统主要包含硬件接口和算法接口两部分结构。其中硬件接口主要为数字信号接口(USB Signal Controller)和工业机控制接口(Camera Interface)两部分。系统核心通过帧控制管理模块(Frame Manager)实现图像采集主控,通过帧控制管理模块实现对硬件接口的调用以及控制用户界面(User Interface)显示及算法设定操作。另外,通过控制统一的基类算法(Base Method),实现对图像识别分析算法(Frame Analysis)、测量算法(3D Measurer)、校正算法(Calibrator)的调用。

系统软件主要架构如图 9-13 所示。

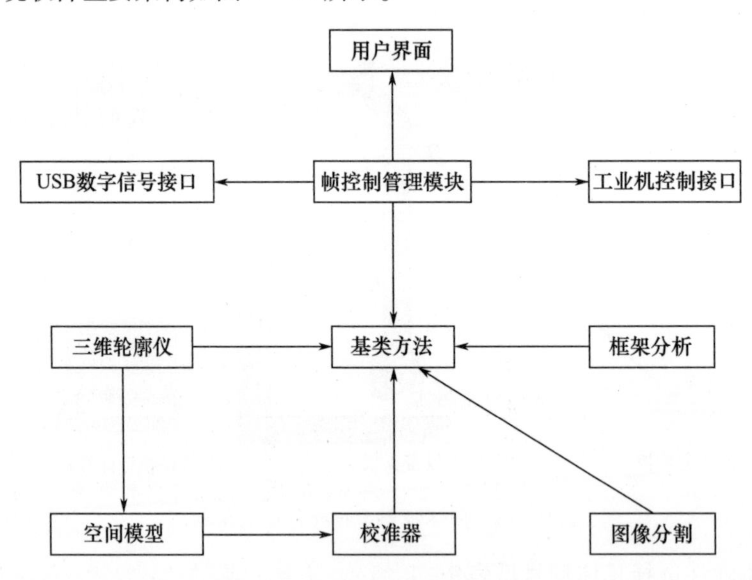

图 9-13　闭环控制系统软件架构

系统成形尺寸目标参量监测主要分两个方面,分别为单层成形高度监测及最终成形高度监测。当设定单层成形高度为目标监测参量时,成形前设定预期单层成形高度作为成形监测参量,按照预定控制算法,当单层成形高度高于或低于预期设定参量时,系统自动调节电压信号调节模块,按照预定算法实现 0～24V 电压信号的在线调节,从而实现对激光功率的调节和控制。当设定最终成形高度为目标监测参量时，成形前设定最终成形高度作为成形监测参量，按照预定控制算法，当最终成形高度超出目标监测参量时，通过控制 USB 数字信号发射模块，通过电压调节模块实现激光发射模块的关闭，从而结束激光再制造成形过程。

例如，在系统预定算法设计过程中，当设定单层成形高度为目标监测参量时，当设定单层成形高度为 1mm，偏差为 0.4mm 时，当 CCD 监测到单层成形高度高于 1.4mm 或低于 0.6mm 时，系统自动控制 USB 电压控制模块输出模拟量电压，按照电压与激光功率之间的对应关系，实现激光功率的在线调节，使单层成形高度在一定范围内进行补偿并保持相对稳定；当设定最终成形高度为目标监测参量时，当实时成形高度反馈量超出设定最终成形高度时，系统通过电压调节模块控制电压输出，实现激光功率发射模块的关闭，结束成形过程。

9.5 系统实时性及精确性验证

为进一步验证再制造成形闭环控制系统的实时性及控制精度，开展激光再制造成形尺寸及高度监测试验。通过对闭环监测控制系统进行原理测试和硬件调试，构建再制造闭环控制系统，如图 9－14(a)所示，对再制造过程的单道成形高度和实时成形高度进行监测反馈，通过将反馈参量与系统预设目标尺寸高度对比，实现激光功率的在线调节和控制调节。通过对成形单层高度和最终目标高度的控制，实现再制造成形尺寸的实时监测控制。

试验采用的成形工艺参数为：激光功率为 1.1kW、扫描速度为 5mm/s、送粉速率为 8.1g/min、载气流量为 150L/h，脉宽为 10ms，占空比为 10∶1；试验采用单道多层成形的一般过程进行，成形层数为 4 层，系统设定单道成形高度为 1.10mm，最终成形目标高度为 3mm，按照已有单道成形形状尺寸工艺，成形 4 层高度将超过系统设定的成形目标高度，按照成形反馈控制策略，成形过程将在成形第 3 层后被控制停止，光闸关闭。

成形过程在第 4 层初始，实现自动终止，激光光闸关闭，系统参数反馈周期为 0.5s，反馈精度在 0.1mm 以内，最终测试结果如图 9－14(b)所示，通过实际测量可知当成形第 3 层结束、第 4 层开始时，成形过程被自动终止，此时系统监测到的成形高度为 2.95mm，低于系统成形预设高度 3mm，通过测量可知，实际成形高度为 3.02mm，表明系统监测到的实时成形高度高于 3mm 的同时，按照预先设定的成形控制策略，自动终止成形过程。

成形试验过程的尺寸高度监测数据及测量数据见表 9－2。

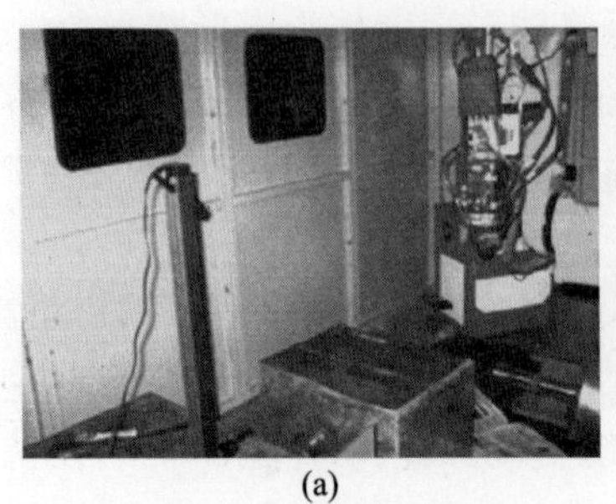
(a)

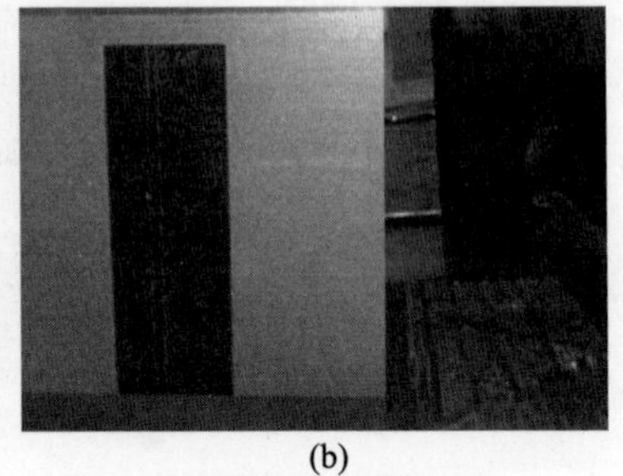
(b)

图 9-14 再制造成形闭环控制系统与成形精度测试结果
(a) 激光再制造闭环控制系统；(b) 再制造成形精度测试结果。

表 9-2 单道多层成形闭环反馈测量控制试验数据

成形层数	测量高度	实测高度	单层预设高度	成形目标高度
1	1.05mm	—	—	—
2	2.01mm	—	—	—
3	2.95mm	3.02mm	1.10mm	3.00mm
4	过程终止	过程终止	—	—

从该过程可知,系统可以按照成形控制策略,对单道成形高度和预定成形高度实现高精度的快速响应。综合本章分析及试验测试结果可知,该成形高度监测闭环控制系统在激光再制造成形形状控制过程中存在以下特点:

(1) 可根据再制造成形局部形状特征,设定成形参考平面或者参考点,并根据成形形状需求实现成形过程的监测和数据的实时反馈,按照设定的预定成形高度,自动终止成形过程,在提高成形形状控制精度的同时,提高成形控制过程的自动化、智能化水平。

(2) 可实现成形高度的高频实时精度测量,相对于其他的三维重建方式,系统可实现高效计算,可达 2 次/s 以上的成形高度测量。测量精度相对较高,依靠亚像素级的图像分割技术对空间坐标测量,可实现小于 1mm 的测量精度。

(3) 可实现成形过程强光辐射干扰的有效滤除。通过构建紫光激光辅助线的方式,配合滤波片,可消除黑体辐射效应产生的辐射光干扰,并可依据不同波长激光成形过程光谱分布特点,更换不同波长的带通滤光片,提高系统的通用性。同时,采用图像信号的处理和标定,减少原有闭环控制系统声、光信号采集的干扰性和不确定性。

(4) 针对该激光再制造成形系统,以形状高度尺寸为监测参量,以激光功率为受控对象的闭环成形控制方式，就成形形状控制而言，更具直接性、针对性，从而使成形形状控制具有更好的实时性和精确性。

本章以复杂曲面薄壁叶片局部成形尺寸实时监测和闭环控制为目标，以提高成形自动化、智能化控制水平为目标，构建激光再制造成形尺寸闭环控制系统，试验选取紫光激光作为辅助结构光，利用亚像素精确定位、系统定标及纠偏技术对成形形状尺寸进行实时监测及反馈，通过控制激光功率在线调节，提高成形形状控制水平和精度。试验结果表明系统具有较好的精确性和实时性，可实现成形尺寸的闭环监测和控制。

参考文献

[1] 朱亚南. 关于阶梯形件激光熔覆再制造工艺设计及应用研究[D]. 秦皇岛:燕山大学,2016.

[2] 孟庆栋. 基于机器学习的激光熔覆形貌预测与监测研究[D]. 徐州:中国矿业大学,2020.

[3] 杨晓红,杭文先,秦绍刚,等. H13 钢激光熔覆钴基复合涂层的组织及耐磨性[J]. 吉林大学学报(工学版),2017,47(3):891 - 899.

[4] 齐海波,张云浩,冯校飞,等. 多元合金激光增材制造凝固组织演变模拟[J]. 焊接学报,2020,41(5):71 - 77.

[5] 李昌,于志斌,高敬翔,等. 物性参数温度变化下激光熔覆多场耦合模拟与实验[J]. 兵工学报,2019,40(6):1258 - 1270.

[6] 赵凯,梁旭东,王炜,等. 基于 NSGA - Ⅱ算法的同轴送粉激光熔覆工艺多目标优化[J]. 中国激光,2020,47(1):0102004 - 1 - 0102004 - 10.

[7] 陈武柱,贾磊,张旭东,等. CO_2 激光焊同轴视觉系统及熔透状态检测的研究[J]. 应用激光,2004,24(3):130 - 134.

[8] VANDONE A,BARALDO S,VALENTE A,et al. Vision - based melt pool monitoring system setup for additive manufacturing - sciencedirect[J]. Procedia CIRP,2019,81:747 - 752.

[9] SONG L J,MAZUMDER J. Feedback control of melt pool temperature during laser cladding process [J]. IEEE transactions on control systems technology,2011,19(6):1349 - 1356.

[10] Volker Renken,Axel Freyberg,Kevin Schünemann,et al. In - process closed - loop control for stabilising the melt pool temperature in selective laser melting[J]. Progress in Additive Manufacturing,2019,4(4):411 - 421.

[11] Volker Renkena,Lutz Lübbertb,Hendrik Blomb,et al. Model assisted closed - loop control strategy for selective laser melting[J]. Procedia CIRP,2018,74:659 - 663.

[12] 孙华杰,石世宏,石拓,等. 基于彩色 CCD 的激光熔覆熔池温度闭环控制研究[J]. 激光技术,2018,42(6):745 - 750.

[13] 孙承峰,石世宏,傅戈雁,等. 基于 CCD 激光熔覆成形过程在线监测与控制[J]. 应用激光,2013,

33(1):68 - 71.

[14] 张亚普. 基于熔池温度监控的激光熔覆层成形研究[D]. 西安:西安科技大学,2020.

[15] Xiao Kang huang, Xiao Yong tian, Qi Zhong, et al. Real - time process control of powder bed fusion by monitoring dynamic temperature field[J]. Advances in Manufacturing, 2020, 8:1 - 12.

[16] 石拓,卢秉恒,魏正英,等. 激光金属沉积堆高闭环控制研究[J]. 中国激光,2017,44(7):0702004 - 1 - 0702004 - 9.

第10章 叶片类部件激光再制造成形实现

压缩机叶片损伤失效形式、体积损伤部位、体积损伤程度以及叶片基体形状不同,激光再制造成形形状控制要求以及工艺也不尽相同,本章以某级边部体积损伤压缩机薄壁叶片激光体积成形恢复为目标,以脉冲激光优化工艺为基础,通过规划成形路径、量化控制成形过程,利用设计的再制造成形工装夹具,解决了叶片尖部塌陷及热影响区宽度过大的问题。在成形高度闭环监测控制系统的监测控制下,实现较好的成形拟合,验证相关工艺及方法的优化性。通过关键力学性能测试验证成形层具有良好的力学性能[1-5]。

10.1 叶片类部件激光再制造工装

为进一步减小成形热影响区部位的热损伤,从减少激光对该区域直接辐照入手,设计一种防辐照散热垫片,以减少成形过程中激光直接辐照该部位,并加快基体热传导;针对叶尖成形塌陷的形状控制难点,在已有对再制造成形形状控制和优化的基础上,通过设计防塌陷外接模块,简化再制造成形工艺条件及过程,实现薄壁类叶片部件尖部损伤的再制造成形。

10.1.1 防塌陷外接模块设计

叶片再制造成形过程中,由于单道成形过程中存在不可避免的边缘塌陷现象,使得多层堆积过程中这种塌陷不断累积[6-9],最终造成叶片尖部无法成形。尽管在变位机的协调配合下,可以实现一定程度的补偿,但会对成形效率产生较大影响,尤其是叶尖部位会因无法补偿成形而形成成形塌陷,使整个再制造成形过程失败,导致无法实现叶片的再制造过程成形,如图10-1所示。

为进一步简化成形路径的复杂度,解决叶片尖部体积损伤的再制造成形塌陷难题,实现逐层快速堆积成形,基于可能存在的叶片尖部缺陷转移至成形部位外的考虑,设计一种简易基体材料外接模块,使再制造成形路径长于再制造需要的长度,将塌陷部位控制在成形区域外,如图10-2所示。

其中,对于外接基材模块的设计和连接,应注意以下两点:

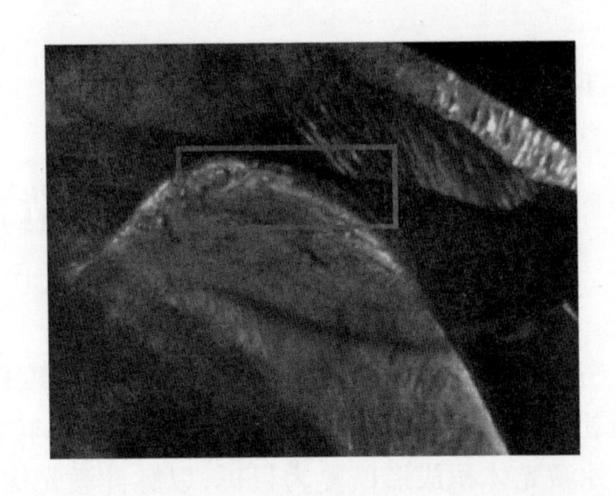

图 10-1　叶片再制造成形过程中的尖端塌陷缺陷

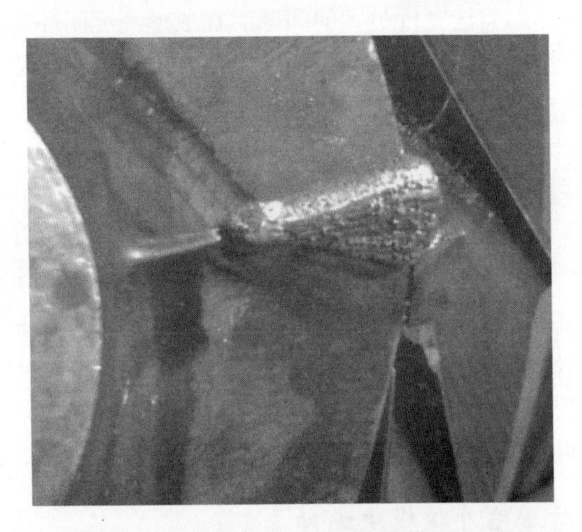

图 10-2　外接模块下叶片尖端再制造成形效果

（1）模块厚度应略大于叶片壁厚，厚度余量应控制在 0.5mm 以内，采用这样的设计可以既保证单层成形形状的宽度精度，又便于激光光斑在成形过程中与叶片形壁中心准确对准；

（2）模块与叶片的连接采用金属胶，金属胶的粘接范围应距离成形界面 3mm 以外，避免成形过程中金属胶被熔融态金属的搅拌作用卷裹进入熔池，影响成形界面成分及性能。因此，金属模块与基体之间的连接应控制金属胶的分布范围。

10.1.2　铜质防辐照散热垫片

脉冲激光成形工艺的引入，一定程度减少了成形过程的热输入，缩小了激光烧蚀氧化范围，但是激光直接照射引起的基体烧蚀在一定程度上仍然存在，为进一步减少激光直接照射叶片基体而引起的烧蚀氧化，同时加强基体的散热，降低热传导作用，设计一种铜质防辐照散热垫片，实现简易固定，并具有一定柔性，以适应叶片曲率和再制造部位的非规则变化。铜质垫片设计长度为10mm，宽度为5mm，厚度为0.8mm，如图10-3所示，采用这样是设计主要是基于以下3点考虑：

(1) 铜质垫片导热快，便于基体热量的散热，0.8mm厚度的选择可使垫片具有一定的柔性，并可通过一般夹具，实现与叶片非规则型面的贴合。

(2) 宽度设计为5mm可以充分覆盖成形热影响区部位，防止激光光束的直接辐照对基体的烧蚀；10mm的长度可充分满足成形尺寸要求，并可根据实际需要进行折叠。

(3) 铜的熔点较高，可以防止因基体的热传导作用而熔化，影响基体力学性能和后加工处理。

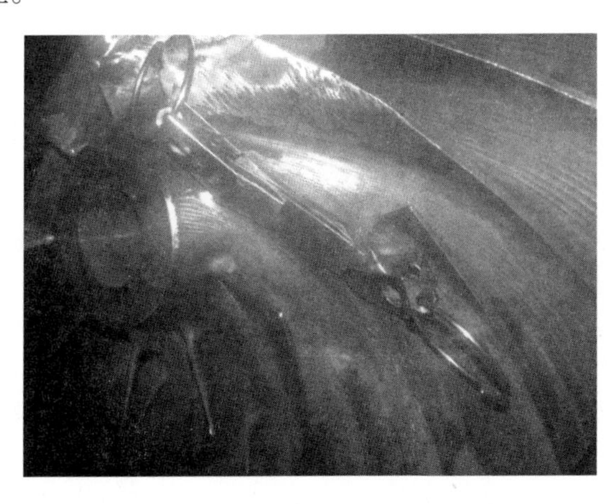

图10-3 铜质防辐照散热垫片的装夹

安装铜质散热垫片后，为了验证铜质散热垫片的实际防辐照及散热效果，采用脉冲激光优化工艺对同样坡口尺寸(12mm×7mm，120°)叶片进行再制造成形，采非量化控制、逐层逐道堆积并后续补偿成形的方式，为后加工留有更大的余量，成形层数明显高于量化成形，后加工余量也相对更大，叶片成形后几何形貌如图10-4所示，从图10-4可知，成形部位热影响区无明显激光直接辐照，基体散热条件得到进一步增强，仅在铜垫片边缘存在部分因热传导作用而发生的基体氧化发蓝，与之前未加铜质垫片相比，达到了防止激光辐照、增强散热的效果，减少因热输入而对基体形变及力学性能降低带来的不利影响[10-12]。

为进一步精确分析采用两种控形夹具进行再制造的叶片整体形变分布，采用激光三维反求测量仪，对两种工装夹具下再制造叶片进行点云数据采集与对比，获取叶片再制造后整体形变分布情况，其中，采用防塌陷外接模块再制造叶

图 10-4　采用铜质垫片后的叶片再制造成形形貌

片的整体形变如图 10-5 所示。

图 10-5　采用外接模块的再制造叶片形变分布

从图 10-5 可以看出，薄壁叶片再制造成形部位整体形变尺寸在 2mm 以内，而成形热影响区部位形变为 0.5~0.7mm。叶片整体形变较大，主要是因为采用外接防塌陷模块后，将塌陷部位移出基体外，从而使叶片成形尺寸较原型有所增加；而叶片热影响区部位形变与已有成形该部位形变基本保持一致。基体材料部分位置尺寸减小，主要是因为叶片再制造前该部位表面铁锈经机械打磨处理而引起尺寸减薄，叶身其他部位无明显形变产生。

图 10-6 所示为采用防辐照垫片进行再制造的叶片整体形变分布，从图 10-6 可以看出，叶片成形形状尺寸恢复较为充分，再制造成形部位尺寸增加，形变增加量为 0.8~1.0mm，而热影响区部位形变为 0.28~0.40mm，较已有成形形变

有明显减小。这主要是因为采用防辐照垫片在减少成形热输入的同时，也有效地优化了基体的散热条件，对成形层的热累积效应有一定程度的缓解作用。

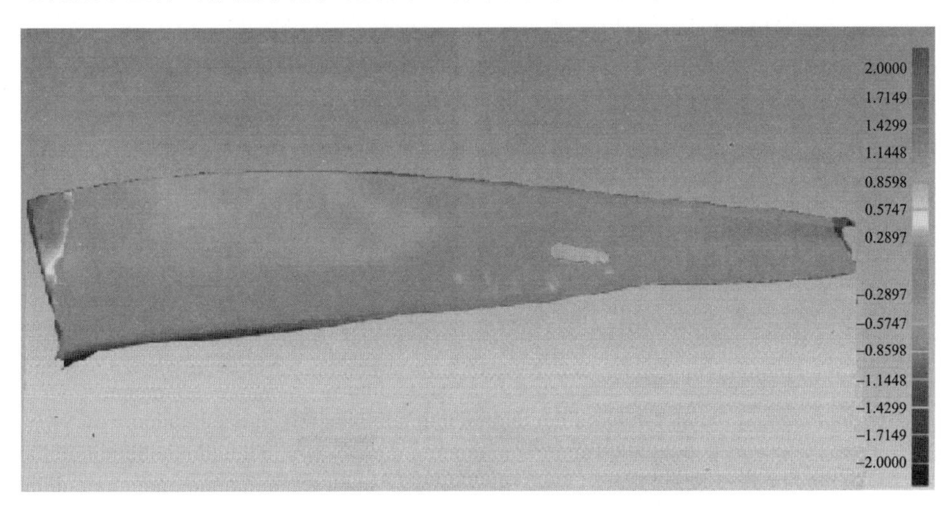

图 10-6　脉冲激光再制造叶片三维形变分布

分别对采用铜质垫片与未采用铜质垫片的叶片成形层底部切取试样，进行金相观察，如图 10-7(a)、(b)所示，对比图 10-7(a)、(b)可知，两种类型试样成形层中部都主要由树枝晶伴随少量胞状晶构成，但相同激光功率下未采用铜质垫片的激光成形层树枝晶更为粗大，说明采用铜质垫片的激光成形层具有更大的热累积、温度梯度相对较小，这些条件利于树枝晶孕育生长。同时也进一步验证：相同的激光功率、工艺过程、散热条件及成形形状下，采用防辐照铜质垫片的成形层更利于细密的晶体组织的形成，能形成良好的力学性能[13]。

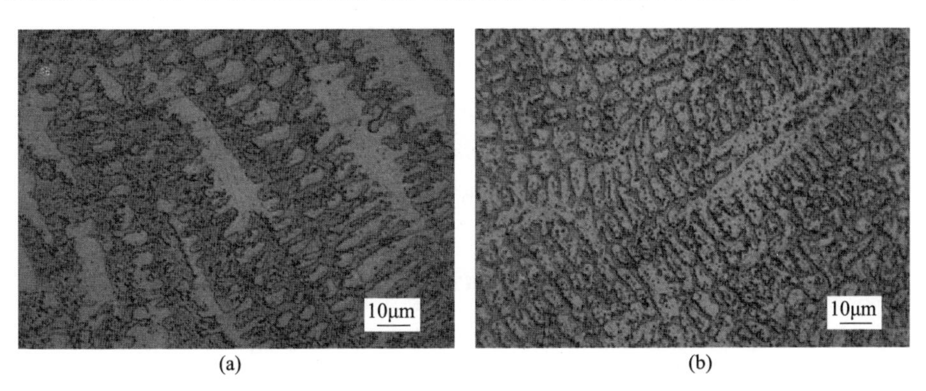

图 10-7　未使用与使用铜质垫片成形层金相组织

(a) 未使用铜质垫片的成形层金相组织；(b) 使用铜质垫片的成形层金相组织。

10.1.3 多功能工装夹具设计

叶片类部件体积损伤部位呈现非线性、离散化以及多尺度等特征,其型线结构复杂,形状拟合以及形变控制难度大,且易产生叶尖以及叶边塌陷、成形层气孔以及成形热裂纹等再制造缺陷[14-17]。该类部件的激光再制造缺少相应的专用工装夹具,以实现高精度成形形状与形变控制以及缺陷消除效果良好的专用工装夹具。

通过对叶片激光再制造工艺与性能研究,针对叶片类非规则曲面薄壁件的激光再制造常见缺陷(如气孔、裂纹及开裂等)设计了一种成形形状及形变控制方法简易、拟合精度高,以及缺陷消除效果良好的叶片类非规则曲面薄壁件激光再制造多功能工装夹具,如图 10-8 ~ 图 10-14 所示。

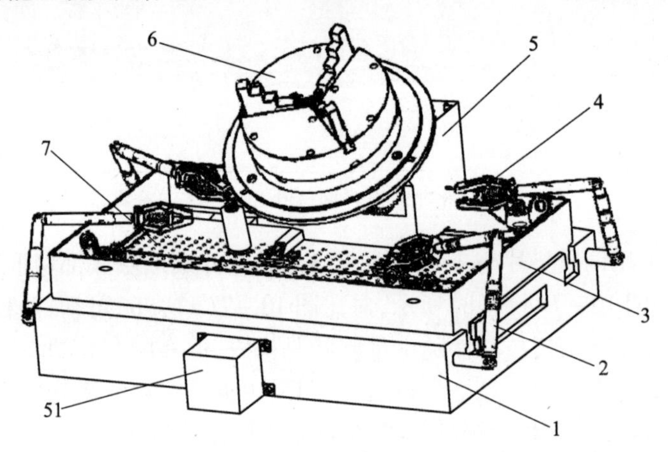

图 10-8　叶片类部件激光再制造多功能工装夹具整体

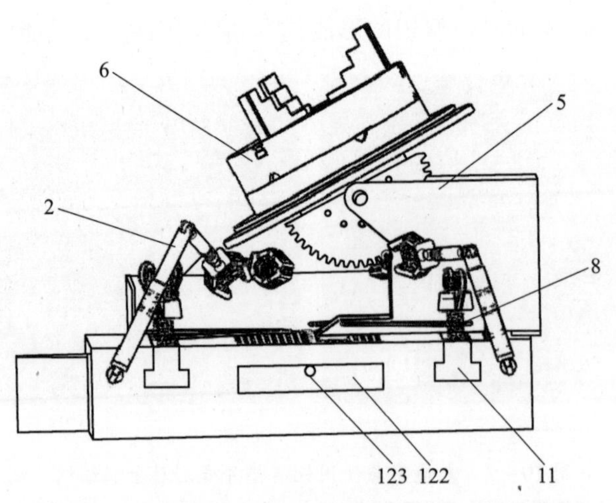

图 10-9　叶片类部件激光再制造多功能工装夹具侧视

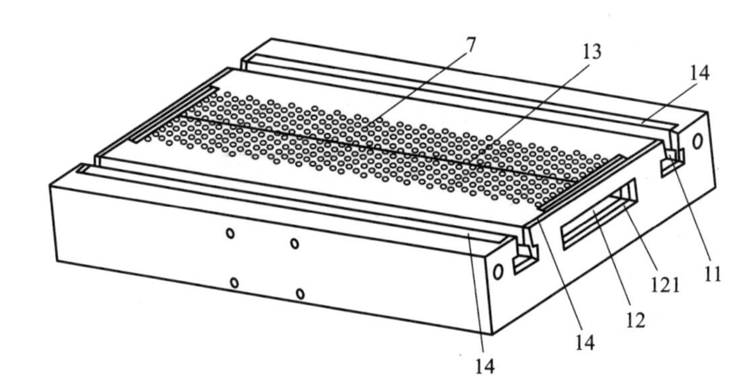

图 10－10　叶片类部件激光再制造多功能工装夹具底部

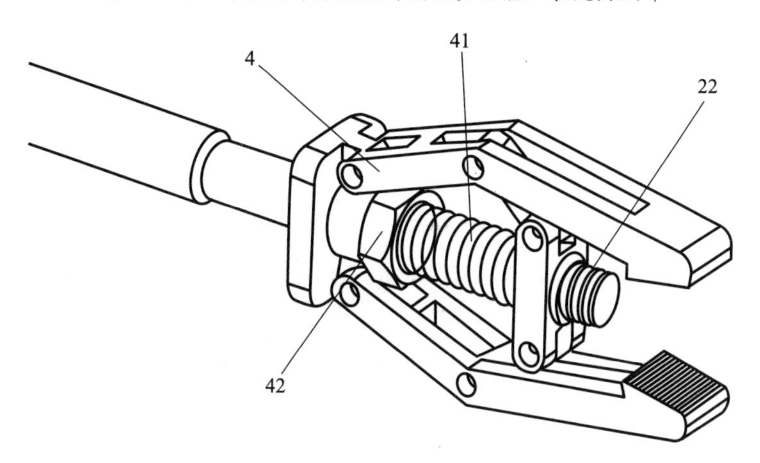

图 10－11　叶片类部件激光再制造多功能工装夹具夹持机构

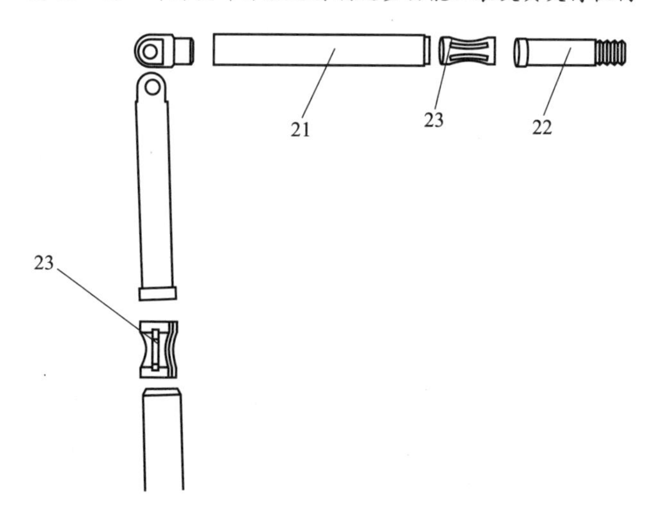

图 10－12　叶片类部件激光再制造多功能工装夹具局部结构

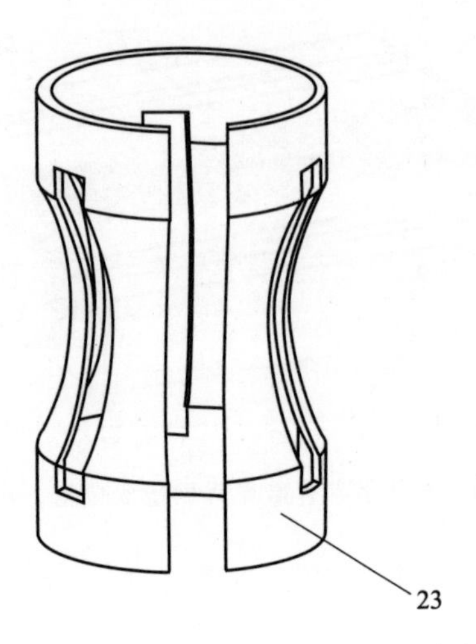

图 10－13　叶片类部件激光再制造多功能工装夹具零件结构

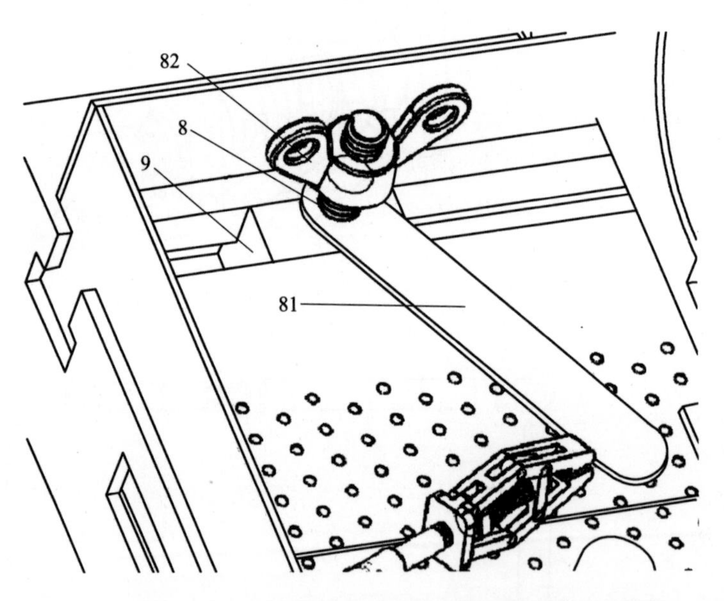

图 10－14　叶片类部件激光再制造多功能工装夹具局部结构

图 10－8～图 10－14 中：1 为基座；2 为机械手爪伸缩杆；3 为封闭挡板；4 为机械手爪；5 为变位机；6 为三爪卡盘；7 为通孔阵列；8 为压紧装置；9 为滑块；11 为导向槽；12 为贮气槽；13 为定位槽；14 为插槽；21 为外杆；22 为内杆；23 为簧片；41 为弹簧；42 为六角螺母；51 为变位机控制箱；81 为金属压板；82 为蝶形螺母；121 为安装槽；122 为气体密封挡板；123 为通气孔。

该工装夹具通过压紧装置、变位机以及三爪卡盘实现零件的定位。通过变位机实现叶片类部件非规则曲面薄壁件激光再制造过程中位姿的变化;通过机械夹持机构夹取铜片保护部件以防止激光无效热损伤,或者夹持外接试块,防止边缘塌陷的成形缺陷;通过气体密封挡板的通气孔通入保护气体至贮气槽,采用背向惰性气体保护,提升激光再制造熔覆与焊接过程质量,具有熔覆成形以及焊接修复的多功能性质,尤其对叶片类非规则曲面薄壁结构件的激光再制造具有较好的工艺适用性。

该工装夹具的具体工作与使用过程如下:

第一步,将待激光再制造成形叶片固定装夹在变位机 5 上,调整变位机 5 实现叶片的位姿调整,将成形部位调整至水平位置,以实现合金中铝、钛元素含量较高,焊接过程中易与空气中氢、氮、氧等元素反应,造成接头脆化、塑性降低以及晶格偏移,降低材料性能良好的成形形状控制。

第二步,根据成形材料性能控制需求及激光工艺制定实际,将同种或异种金属块装夹在机械手爪 4 上,控制移动机械手爪伸缩杆 2,将控制边缘塌陷的成形外接金属块移至待成形部位边缘。

第三步,将防激光灼烧金属挡板装夹在机械手爪 4 上,移动机械手爪 4,将挡板遮挡在叶片类部件除待成形部位以外的基体部位。

第四步,开展叶片类部件的激光再制造成形。

第五步,将折断或断裂的叶片类部件采用导向槽 11 内的压紧装置 8 进行装夹固定,通过定位槽 13 实现叶片与断裂部位的对准参考。

第六步,将导管通过贮气槽 12 两端的通气孔 123 通入贮气槽 12,缓慢通入惰性保护气体,调整气体流速,待气流稳定且无明显吹动能力时,开展叶片类部件与断裂或折断部位的激光焊接。

第七步,关闭并撤除保护气体,覆盖石棉进行保温,缓慢空冷,完成再制造成形过程并进行后续机械加工与打磨。

通过该叶片类部件激光再制造多功能工装夹具,可以满足叶片类部件非密闭惰性环境的激光再制造基本工装与夹具需求。

10.2 K418 高温合金叶片再制造

K418 铸造高温合金作为用量最大的铸造高温合金,由于其良好的高温力学性能,被广泛运用于制作航空航天发动机、地面推进器、远洋燃气轮机各级各类叶片乃至整体连铸涡轮及导向器等部件[18-20]。但受高温工况下高速粒子冲蚀作用影响,叶片易发生边部体积损伤,引起整个机组停转,需要拆解叶轮进行堆焊修复后再进行安装调试,才可投入运行,但该工艺方法的局限性主要体现在以下方面：

（1）该合金中铝、钛元素含量较高，焊接过程中易与空气中氢、氮、氧等元素反应，造成接头脆化、塑性降低以及晶格偏移，降低材料性能；

（2）堆焊成形修复的方式热输入过大，常引起接头软化、整体形变超限以及热影响区范围过大等问题；

（3）成形部位与原材料在元素及力学性能等方面匹配性不高，尤其是高温条件下力学性能下降迅速；

（4）冷焊条件下，堆焊材料性能与基体难以匹配，且易萌生延迟裂纹；

（5）成形形状尺寸精度相对较差，叶尖部位形状拟合难、易塌陷，后加工余量过大。

针对该问题的已有研究主要是：采用惰性气体对熔池部位进行保护，隔绝活性气体，避免反应；采用焊前低温预热和焊后保温并缓冷的方式，降低成形裂纹产生的概率；采用外接同种材料试块的方式，将塌陷部位外移，实现叶尖的充分成形。上述研究虽可针对性地解决部分难题，但在实际叶轮成形过程中，尚存以下方面工艺限制：

（1）在实际的成形过程中，随着激光熔池位置的随动，保护气的加载不能实现位置变化的实时同步，熔池的保护效果不充分；

（2）焊前预热和焊后缓冷易增加工艺复杂性，且难适用于空间复杂形状，尤其是局部微小体积的再制造；

（3）边角塌陷的问题仍需依靠多次变位成形实现塌陷尺寸的补偿，增加了成形工艺复杂性和性质的不可控性。

综合上述问题，研究采用波形可调脉冲激光工艺，设计了与 K418 合金具有较强匹配性的镍基高温合金材料，制定了成形优化工艺，实现了成形形状的精度拟合及以及性能的匹配控制，提升了成形部位的高温力学性能，为高温合金叶片类部件再制造提供了理论及工艺借鉴[21-26]。

10.2.1 成分与可焊性比较

K418 合金为 γ' 相沉淀硬化镍基高温合金，该合金叶轮服役工况为 700 ~ 850℃。基于其高温工况力学需求，设计了一种与该合金成分接近的镍铬铁合金材料，材料主要成分见表 10-1。由材料成分及材料可焊性分析可知[14]，两种材料再制造过程中，可能存在以下缺陷：

（1）气孔多发。二者均属镍基合金材料，固液相温度差小，流动性较差，且镍元素高温下极易与空气中的氧反应生成 NiO，NiO 又与熔融态金属中的氢、碳发生继发反应形成 H_2O 和 CO，气体在熔池的快速冷凝过程中，无充分时间逸出，产生气孔。

（2）易生裂纹。镍基合金焊接热裂纹敏感性较高，碳、镍等元素在熔池中形成低熔点共晶，这些共晶在结晶后期在熔池的对流搅拌作用下，排挤在晶界部位，形成晶间液膜。这种液膜结构在成形热应力作用下，易引起裂纹。

（3）夹渣附着。镍基合金流动性差，渗透力较小，过程中生成的氧化物在熔池的对流搅拌作用下，易附着在成形层表面，在多层成形中，层间清渣不彻底，易重新卷裹进入熔池，造成夹渣。

因此，K418 合金叶轮再制造过程中，除复杂曲面薄壁以及尖部的形状控制外，对成形缺陷以及相关力学性能的控制也是影响叶轮性能及寿命的关键环节。

表 10－1　试验材料成分

材料 成分	Ni	Cr	Nb	Mo	Ti	Al	Co	C	Fe
覆层的质量分数/%	50.25～55.87	17.22～21.83	4.75～5.55	2.84～3.83	0.65～1.62	0.23～0.84	0.93～1.02	0.03～0.08	Bal
K418 的质量分数/%	50.01～55.20	17.01～21.04	4.42～5.38	2.81～3.32	0.62～1.53	0.34～0.75	0.36～0.98	0.02～0.08	Bal

10.2.2　脉冲激光波形调制

针对叶片型壁薄、易产生热变形的再制造难点，以控制成形热输入为目标，采用脉冲输出模式进行成形，实现热输入和热累积效应减少的同时，增加熔池的散热时间。基于已有的脉冲激光单道成形试验工艺[9]对脉冲激光输出波形进行调制，如图 10－15 所示。

与已有脉冲激光成形工艺对比，该状态波形脉冲激光工艺实现了进一步优化：

（1）在保证材料充分成形的基础上，在同样占空比的基础上，采用更小的输出脉宽，进一步减少了热输入并增加了熔池的散热时间，减轻了熔池的热累积效应；

（2）激光功率提升过程中，采用短时预热，二次提升的方式：首次提升 80% 并保持微小时间间隔，实现对基体材料的预热，以减少基体对激光能量的反射，提升激光能量利用率，而后再次提升达到输出功率；

（3）采用较大的激光功率下调速率，是为熔池获得更多的降温时间和更大的温度梯度，利于细晶组织的形成。

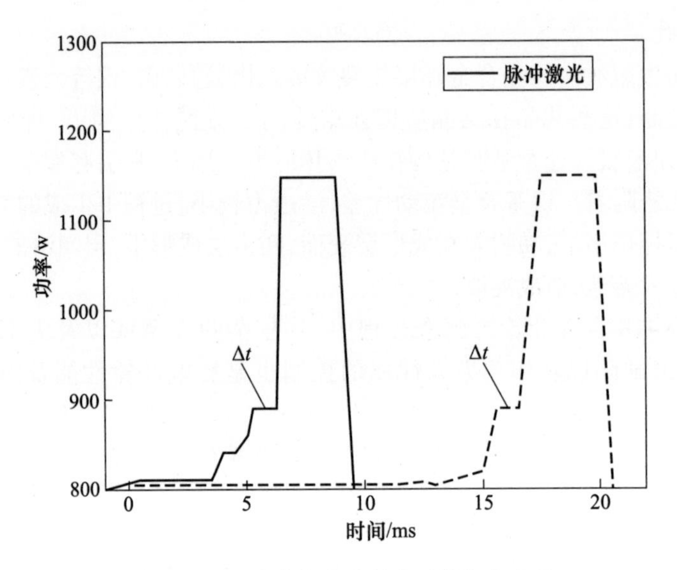

图 10-15 脉冲激光再制造调制输出波形

10.2.3 尖部和边部塌陷控制

试验激光光束能量呈高斯分布，激光光斑内距热源中心 r 处的热流密度 $q(r)$ 如式(10-1)所示[27]，其整体能量分布如图 9-17 所示，其中，Q 为热源中心处的最大热流密度。

$$q(r)=\frac{3Q}{\pi r_{\mathrm{H}}^{2}}\exp\left(-\frac{3r^{2}}{r_{\mathrm{H}}^{2}}\right) \tag{10-1}$$

式中：r_{H} 为加热光斑半径。

成形过程中，激光熔池位置动态变化，光束扫描所形成的熔池呈现双半椭球形，熔池前端椭圆半轴较后端稍短，如图 10-16 所示。因此，成形过程结束激光光闸关闭时刻，熔池后半部将因能量略低于前半部，将造成成形尾部的塌陷[28]。在叶片尖部体积损伤再制造过程中，尤其在多层成形过程中，这类边角塌陷的累积效应将无法在其后续成形过程中进行补偿，造成再制造成形尺寸的缺失，难以实现叶片形状的再生。

由于该类塌陷形成的尺寸缺失产生在熔覆层的末端，结合叶片损伤的几何特征，可从以下两方面对该类尺寸缺失进行工艺优化：

(1) 采用叶片同种材料形状块体与损伤部位进行连接，通过延长成形路径，将塌陷部位外移至成形部位外部，以保证成形部位无塌陷，尺寸恢复充分；

(2) 通过移动叶片尖端部位角度，使成形部位位于同一水平面内，实现尖部

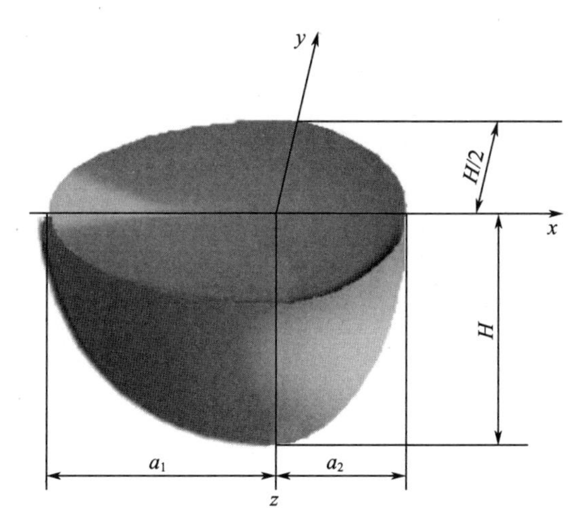

图 10－16　熔池动态历程中能量双半椭球体分布

尺寸的恢复,但形状尺寸精度将有所下降,且可以恢复的叶尖尺寸相对较小。

10.2.4　激光再制造成形过程

试验前对叶片损伤部位进行机械加工,并对基材进行砂纸打磨,用丙酮及无水乙醇清洗,去除表面氧化膜及锈蚀,将熔覆粉末置于 DSZF－2 型真空干燥箱内以 150℃干燥 2h。试验采用光纤激光再制造系统进行,送粉方式为四路同轴送粉,过程中对熔池施加氩气保护,基于已有优化工艺参数采用激光功率为 1.2kW,脉冲宽度为 5s,占空比为 1∶1,波形如图 10－15 所示,扫描速度为 6mm/s,载气流量为 3L/min,送粉速率为 21.4g/min,为避免或控制过程中热裂纹的产生,对叶轮进行整体预热,预热温度为 300℃。此外,在叶片待成形部位用非接触方式搭接同种材料试块,以控制边部塌陷和利于成形后尺寸余量的去除,同时以铝合金板对相邻叶片进行遮挡,以避免激光光束的无效热输入,如图 10－17(a)所示。试验采用单道成形方式进行,多层成形时,适当延长层间熔覆时间间隔,以控制层间热累积效应并控制形变[29],并采用机械打磨的方式清除层间夹渣,避免卷裹进入下一成形层熔池,叶片成形后整体形貌如图 10－17(b)所示。

图 10－17(b)中叶片 1、3 采用 10.2 节中所述外接试块的工艺方式成形;图 10－17(b)中叶片 2 采用 10.2 节中所述变换叶片角度为同一水平的方式进行成形,着色探伤结果表明,叶片表层无裂纹。从图 10－17 可知,叶片再制造后尺寸恢复充分,经测量,叶片 1、3 的形状尺寸精度在 1mm 以内,三维反求结果表明,叶片整体形变尺寸精度在 0.03mm 以内。

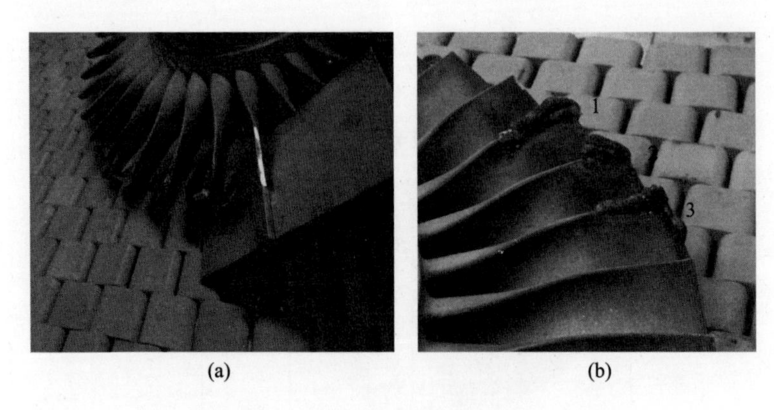

(a)　　　　　　(b)

图 10-17　体积损伤叶轮激光再制造工艺过程

(a) 体积损伤叶片成形前整体形貌；(b) 叶片再制造成形后整体形貌。

10.2.5　金相组织与力学性能

1. 金相组织

图 10-18 所示为体积损伤部位成形层金相组织，由图 10-18(a)~(d)可知，熔覆层顶部为细小致密的等轴晶，中部为相互交错分布的粗大的树枝晶，熔覆层底部为胞状晶，呈现典型的快递熔化凝固组织分布特征。由图 10-18(b)可知，树枝晶穿越多层成形层交错分布生长，且取向趋于一致，与沉积成形方向夹角为 20°~30°，一次枝晶间距为 80~100μm，并向熔覆层顶部与底部延伸，这主要是因为熔覆层中部温度梯度相对较小，枝晶具有充分孕育并长大的条件；而熔覆层顶部及底部由于分别与空气及基体接触，散热加快，温度梯度加大，树枝晶向等轴晶和胞状晶退化[30]。由图 10-18(b)~(d)可知，晶界间析出少量不规则颗粒，且由中部至顶部和底部呈现递减趋势，由图 10-19 中的 EDS 分析可知，该颗粒中存在严重的 Nb 元素偏析，推断该相为 Laves 相，这主要是由于熔池温度经历由高到低的急冷过程，Laves 相在固溶体中溶解度降低产生，且这种析出相属硬脆相，易于在晶间析出，造成晶间开裂和塑韧性下降[31-33]。但由于激光工艺的优化以及热输入的有效控制，该相仅少量析出，且未形成团簇，保证了材料高温力学性能。

2. 晶内及晶间强化相

对成形层中部树枝晶区域进行物相分析，如图 10-20 所示。结合表 10-2 析出相的 EDS 分析结果可知，该区域有 Ni_3Nb、NiC_x 以及部分非稳态物相析出，其中，Ni_3Nb 主要以稳态的 δ 相形式析出，$(Ni,Cr)_2Si$ 型化合物则推测可能为少量析出的 Laves 相，但并未检测出 NbC 析出相的存在，主要是因为在 Inconel 718

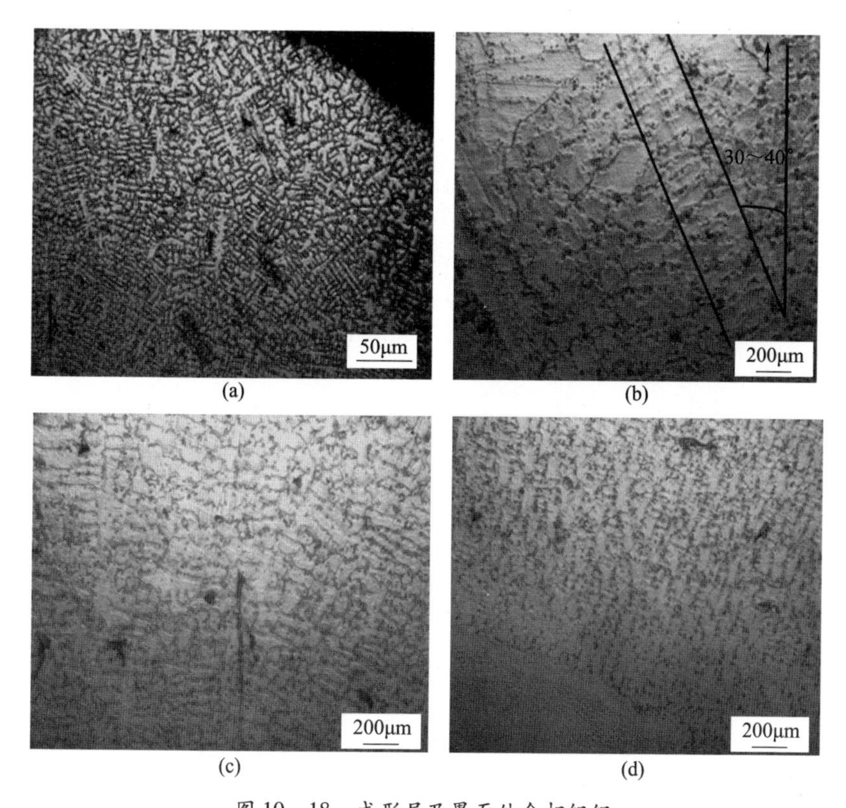

图 10-18　成形层及界面处金相组织

(a) 熔覆层顶部金相组织；(b) 熔覆层中部金相组织；(c) 熔覆层底部金相组织；(d) 结合界面处金相组织。

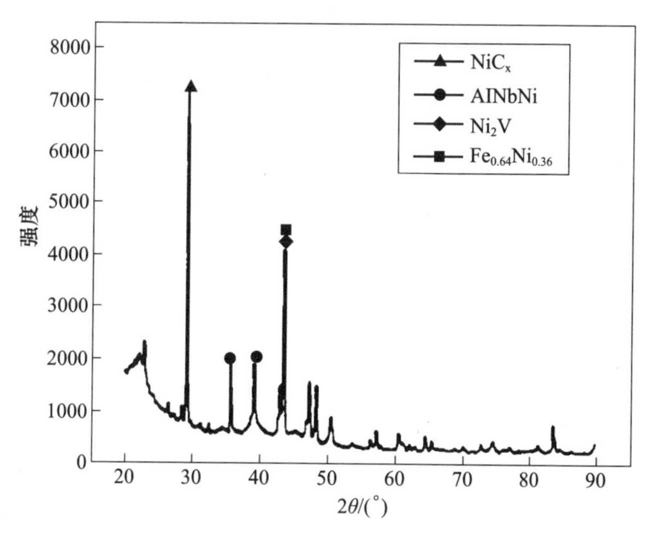

图 10-19　激光熔覆层内 Laves 相 EDS 分析

合金涂层的制备过程中,Laves 相的生成占用较为大量的 Nb 元素,使该元素在该区域含量迅速下降,同时对 δ 相的析出产生具有一定的抑制作用。但由于涂层的制备为多层成形的热量累积过程,后一层的成形热输入对前一层的涂层具有较好的热处理作用,促使部分 Nb 元素溶解,使得部分被 Laves 相占据的 Nb 元素脱离并生成稳定的 δ 相[34]。此外,脉冲输出模式对熔池具有一定的对流搅拌作用,能够打破 Laves 相的连续分布状态,对该涂层的高温力学性能具有一定的优化作用。

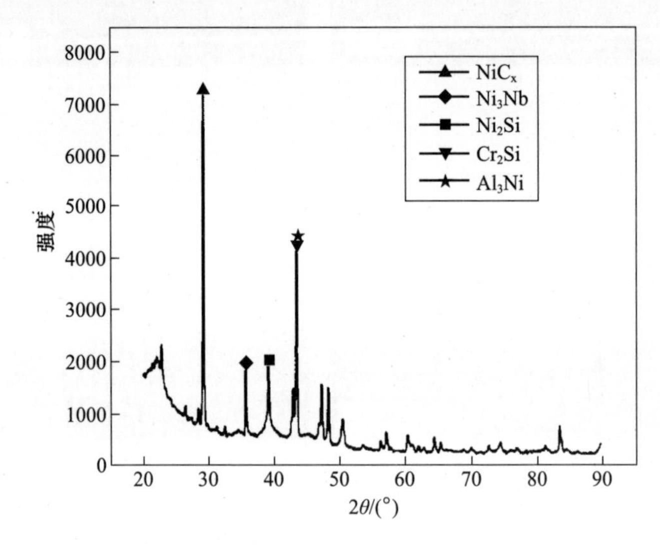

图 10-20　成形层中部树枝晶区域主要物相

表 10-2　Inconel 718 涂层析出相能谱分析结果

物相	Ni	Cr	Mo	Nb	Ti
γ 的原子分数/%	62.12	26.42	5.98	2.26	3.22
δ 的原子分数/%	45.28	20.18	15.88	12.46	2.20
Laves 的原子分数/%	42.26	17.28	15.20	20.28	4.98
NbC 的原子分数/%	16.92	7.85	3.87	44.22	27.14
NiC 的原子分数/%	2.88	3.12	5.28	84.68	4.04

3. 覆层显微硬度

图 10-21 所示为从熔覆层至基体显微硬度分布,由图 10-19 可知,成形层由于高温析出强化相,硬度获得提升,可达 900 ~ 1400$HV_{0.1}$,基体硬度为 800 ~ 1000$HV_{0.1}$,成形层较基体硬度提升 10% ~40%,实现了成形层与基体的过强匹配,而过强匹配为成形层材料高温工况下可能存在力学性能下降留有空间。由

硬度值成形层顶端至结合界面呈递减趋势，这主要是因为成形层顶部温度梯度较大，晶粒细小；而熔覆层底部受接头软化作用影响，导致硬度下降[35,36]。

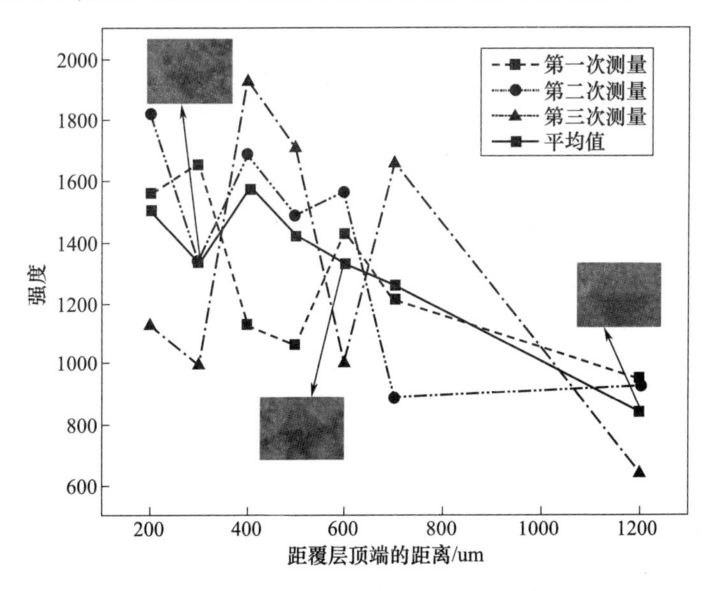

图 10－21　激光再制造成形层与基体硬度分布

4. 覆层拉伸性能

为进一步评价 Inconel 718 合金涂层与 K418 基体间结合强度，制备二者对接拉伸试样：在 K418 板件上铣出截面为 4mm×2mm×2mm 的凹槽，凹槽底面坡度为 120°，然后堆积熔覆 Inconel 718 合金填满凹槽，按等比缩微标准切割制样，其中，取样的方向与激光熔覆方向一致，以确保该方向上激光再制造的涂层具有更好的拉伸性能，制样尺寸标准如图 10－22 所示。

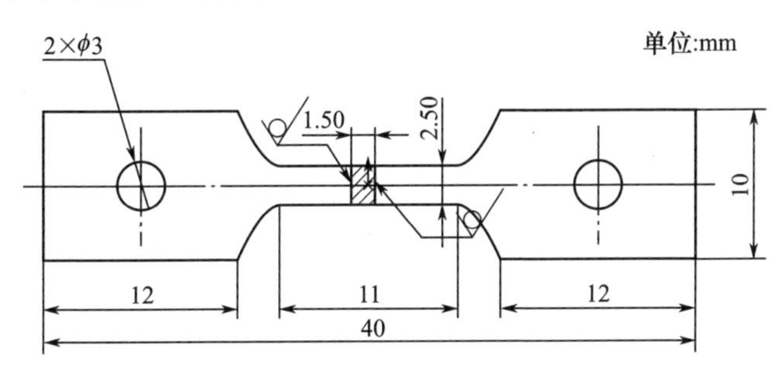

图 10－22　等比缩微拉伸试样尺寸标准

试验共制备等比缩微试样 7 件，制备后采用砂纸对材料表面及边部进行打磨，消除非结构性的可能存在的应力集中部位。采用 INSTRON－9 型万能拉伸试验机进行试验，加载变形速度为 0.5mm/min。试验结果表明，涂层抗拉强度平均值为 1360Mpa，屈服强度均值为 1110Mpa，而同温度下 K418 合金抗拉强度约为 1050Mpa，屈服强度约为 850Mpa。因此，Inconel 718 涂层的抗拉及屈服强度较 K418 基体都相应提升约 30%，且该涂层材料在 700℃及以下温度皆具有较好的力学性能，而 K418 基体材料在 650℃及以下温度具有较好的力学性能，二者高温力学性能温度区间具有较好的匹配性。

图 10－23 所示为 Inconel 718 余层拉伸试样断口形貌，由图 10－21 可知，所有 Inconel 718 涂层拉伸试样断口均具有较明显的韧窝形貌，韧窝分布小而密集，断口具有韧性沿晶断裂的典型特征[37,38]。韧窝内部分布有较大尺寸的第二相颗粒，结合本章前面分析可知，该第二相颗粒为 Laves 相、碳化物以及部分非稳态存在物相，这部分强化相的析出对于涂层高温下力学性能的形成具有较好的促进作用。但同时由于分布于晶内及晶间，也易于造成涂层制备过程的开裂及裂纹的萌生，因此，应优化控制再制造过程热输入及熔化凝固过程，避免成形裂纹及开裂缺陷的产生。

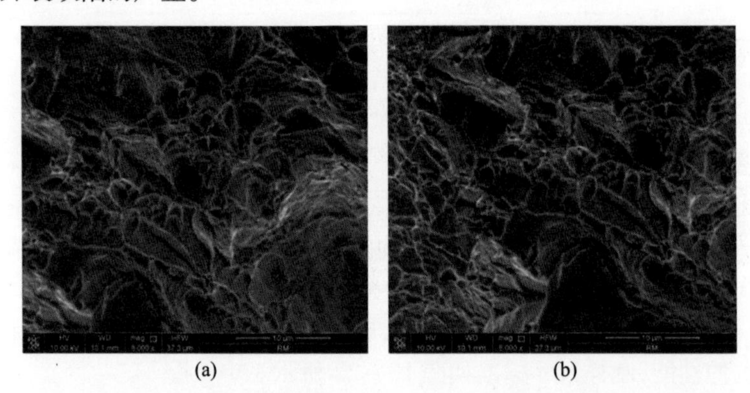

(a) (b)

图 10－23 Inconel 718 涂层拉伸试样断口形貌

5. 涂层与基体摩擦磨损性能

图 10－24 所示为采用 HSR－2M 型高速往复摩擦磨损试验机，对 Inconel 718 合金涂层以及 K418 基体进行摩擦磨损性能测试，对磨副选择直径为 4mm 的 Si_3N_4陶瓷球，往复行程长度为 5mm，加载力为 3N，转速为 300r/min，温度为 25℃，相对湿度为 40%，并通过基恩士 VHX－700F 型超景深显微镜测绘磨损面 3D 形貌。通过测量磨痕宽度，最终结果取 5 次试验的平均值，利用式(10－1)计算磨损体积[2]，通过磨损体积大小来评价材料的耐磨性，并利用扫描电镜观察磨损试样的表面形貌，分析其磨损机理。

$$\nabla V = L\left[R^2 \arcsin\left(\frac{d}{D}\right) - \frac{1}{2}d\sqrt{R^2 - \frac{1}{4}d^2}\right] \qquad (10-2)$$

式中：R 为陶瓷球半径；d 为磨痕宽度；D 为磨痕深度；L 为往复滑动行程；ΔV 为磨损体积。

在干摩擦条件下中，Inconel 718 合金熔覆层及 K418 合金试样摩擦性能及磨损形貌如图 10－24 所示。由图 10－24 可知，两种材料的磨损量随载荷的增加而增加，摩擦系数随摩擦时间的增加呈现先增加后降低，而后稳定的趋势，且 Inconel 718 合金涂层的摩擦系数始终高于 K418 试样。进一步，经过软件计算可知：试验条件下，Inconel 718 合金涂层摩擦系数约为 1.45，磨损率约为 $1\mu m^3/(N \cdot m)$；K418 合金试样的摩擦系数约为 0.95，磨损体积为 $0.6\mu m^3/(N \cdot m)$。由此可知，尽管 Inconel 718 合金涂层的摩擦性能较基体 K418 合金略有下降，但仍符合再制造涂层性能的基本要求。

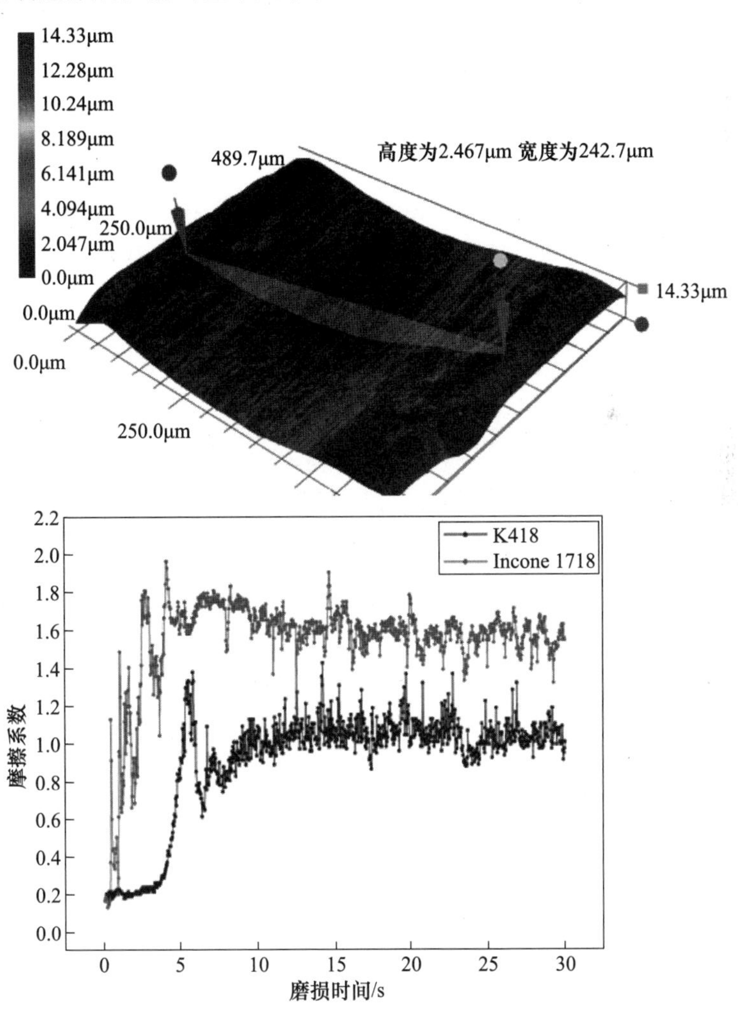

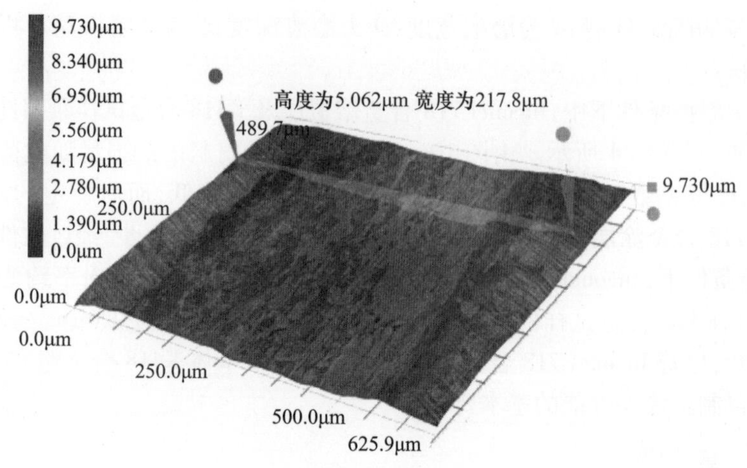

图 10－24　Inconel 718 合金熔覆层及 K418 合金试样摩擦性能及磨损形貌

图 10－25(a)所示为 Inconel 718 合金熔覆层常温(25℃)下摩擦磨损形貌，图 10－25(b)所示为 Inconel 718 合金熔覆层 600℃条件下的摩擦磨损形貌。比较可知，Inconel 718 合金磨痕内呈现典型的犁沟特征和因磨损而产生的较严重的剥落，这主要是因为随着摩擦生热而导致温度升高，涂层出现了剥落产物附着的现象，而随着该类剥落产物附着的增加和摩擦温度的升高，剥落附着和涂层都有一定程度的软化，对摩擦起到一定的缓解和润滑作用。随着温度的继续升高，该种保护和润滑作用将进一步增强[39]。

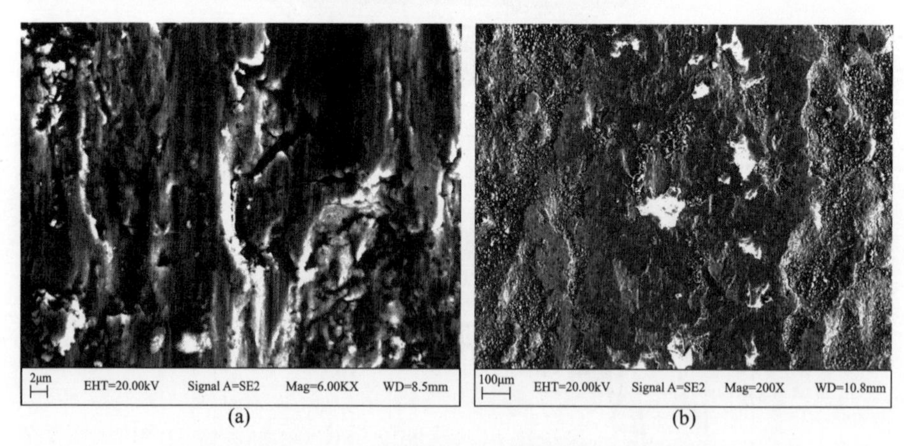

图 10－25　Inconel 718 激光再制造熔覆层磨痕形貌
(a) 25℃试验条件下摩擦磨损形貌；(b) 600℃试验条件下摩擦磨损形貌。

6. 动转平衡试验测试

将再制造成形后叶轮进行尺寸打磨加工，以符合叶片轮廓尺寸标准。采用动转平衡试验机进行动平衡试验,测量结果如图 10-26 所示。由图 10-26 可知,叶轮最高转数达到 13500rad/min,动平衡振幅趋于平稳,最大振幅为 0.4mm,低于动平衡振幅性能设计的最大值,符合再制造叶轮的工况要求。

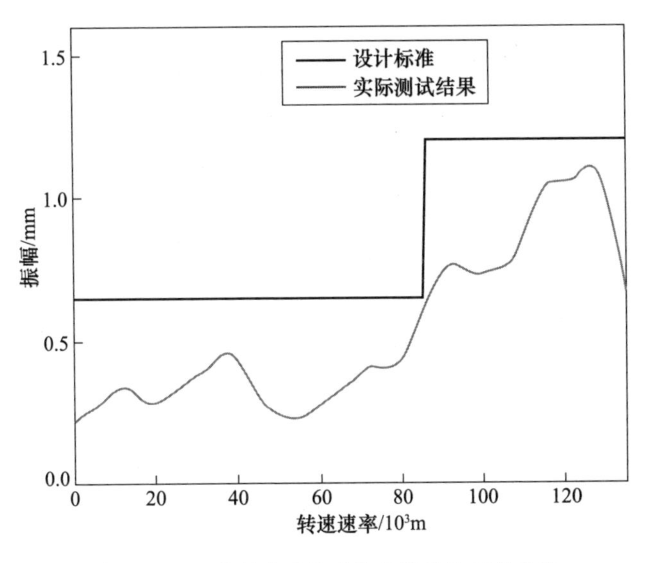

图 10-26 再制造叶轮动转平衡试验测量结果

10.3 TC4 叶片熔覆与冲击复合再制造

10.3.1 复合工艺的目的

针对高转数、交变载荷及复杂力学工况下的 TC4 叶片再制造,现有激光再制造工艺虽可以实现形状与性能的再生,但在下列方面仍存不足,对再制造 TC4 叶片在役工况性能及寿命方面形成影响:

(1) 受局部热输入及材料增加影响,再制造部位应力状态及形变状况与原件存在分布差异和不均衡现象;

(2) 再制造部位与未再制造部位存在组织差异,引起再制造部位界面及覆层性能下降、过强匹配或短板效应等;

(3) 复合工艺机制下,覆层组织及性能的衍化历程及规律不明确,相关研究还未深入。

进一步,激光熔覆是一种先进的再制造技术,具有能量密度高、热变形及热影响区小等工艺优势,可以在较小热损伤的前提下,对损伤零件局部尺寸及组织性能进行制备生成。激光冲击强化是利用大功率短脉冲激光在极短时间内释放冲击波，辐照被加工材料表面，使材料表面发生塑性变形，形成密集的位错、空位和空位团，从而改变材料表面的组织和力学性能[40]，实现调整优化材料表面硬度、抗疲劳、磨损和应力腐蚀等性能。

因此，本节研究了激光熔覆与激光冲击复合再制造 TC4 合金同质覆层的制备，开展了组织生成与优化、性能调整与均衡控制研究，实现了覆层表界面组织、力学性能以及应力状态的优化与均衡，为 TC4 合金的激光复合再制造提供性能优化与调控参考。

10.3.2 熔覆与冲击过程

Ti－6Al－4V 合金覆层采用 IPG YLS－4000 光纤激光器进行制备，制备过程中采用手套箱对熔池施加 Ar 气保护，采用激光熔覆优化工艺：激光功率为 1200W、扫描速度为 5mm/s、载气流量为 3L/min、送粉速率为 22.8g/min，光斑直径为 3mm，光束能量呈高斯分布，覆层搭接率为 40%。试验基体采用 TC4 合金板材（10×10×5）mm 两块，分别对两个试样块进行激光熔覆覆层制备，覆层材料为真空熔炼后 Ar 雾化制成的 TC4 合金粉末，该合金粉末与 TC4 基体化学成分基体一致，且成形性良好。

采用 LSP－10000 型高功率激光冲击再制造设备对其中一试样块进行激光冲击，冲击频率为 2Hz，脉宽为 12ns，光斑直径为 3mm，功率密度为 $8GW/cm^2$。冲击前对试样表面及边缘进行砂纸打磨，以减小表面粗糙度并去除边缘残留的毛刺。冲击过程采用铝箔作为吸收层，采用去离子水作为约束层。冲击强化后，剥去冲击试样的铝箔，用丙酮擦拭去除黏附在试样表面的粘胶，用乙醇清除表面杂物并干燥，试验过程如图 10－27 所示。

图 10－27　TC4 基体与覆层激光冲击试验过程

10.3.3 熔覆过程组织特征

图 10－28 所示为 TC4 合金基体及同质覆层金相组织，由图 10－28(a)所示的 TC4 合金基体组织形态可知，基体的初始态组织主要由呈球状的∂组织以及细条状的 β 组织构成，∂组织以等轴态形式存在比例达到 70%～80%，呈现较为显著的(∂＋β)双态铸造组织；由图 10－28(b)所示的覆层底部组织形态可知，该部位处于熔池底部，且与基体直接接触，具有较好的散热条件，在激光热输入作用下，伴随温度的上升促成部分细条状 β 组织产生部分性针状转化，而球状∂组织数量明显减少，产生了较为明显的(∂＋β)相组织向∂相组织的转变，使得分

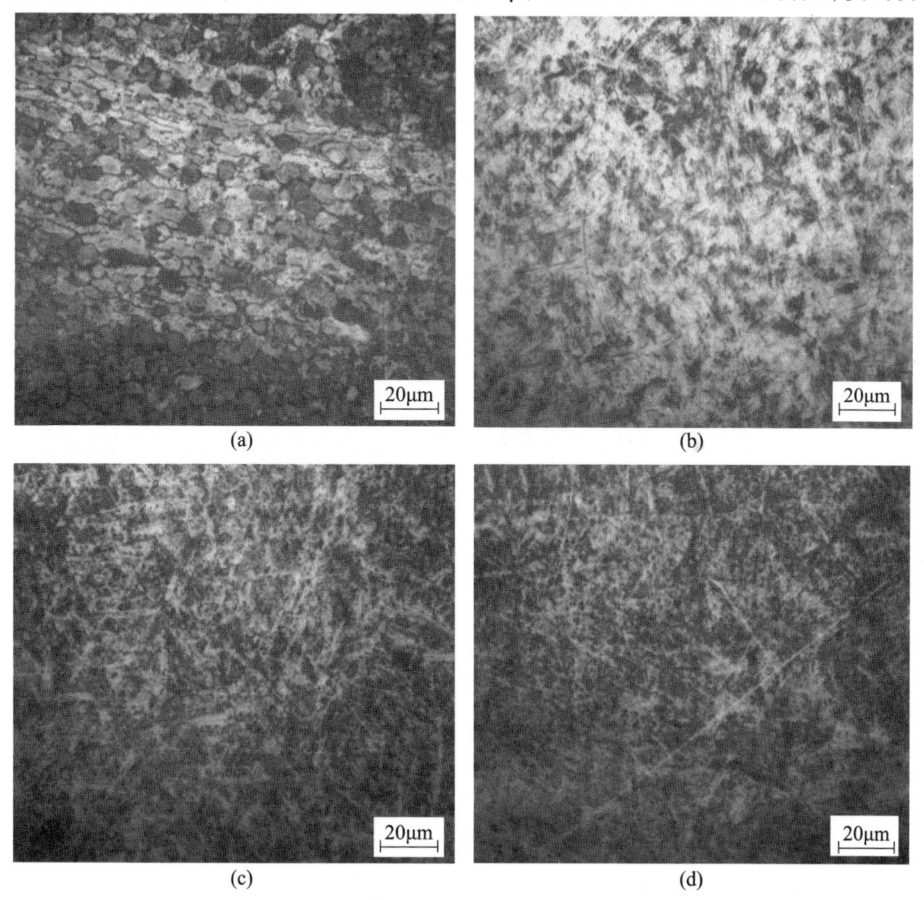

(a) (b) (c) (d)

图 10－28 基材初始态及熔覆层金相组织形态

(a) 基材初始态金相组织形貌；(b) 覆层底部金相组织形貌；(c) 覆层中部金相组织形貌；(d) 覆层顶部金相组织形貌。

布于∂晶粒间的原始 β 组织含量减少;图 10-28(c)所示为覆层中部组织形态,与覆层底部组织对比可知,该区域∂相有部分回溶现象,该组织比例下降而 β 组织上升,这主要是因为覆层中部散热条件相对较差,热累积效应更加明显,随着温度的不断升高,原始∂组织进一步向高温 β 组织转变,∂相中的 V 元素呈非平衡态扩散状态,促进 β 相的稳定以及体积和含量的增加,同时∂相组织有所下降,∂与 β 相交错伴生呈现网篮组织初始态形貌;图 10-28(d)所示为覆层顶部金相组织,由图 10-28(b)可知,该部位 β 相转变∂相的趋势更为明显,且转变过程伴随部分针状马氏体组织生成,且晶间伴随部分微细亚晶粒生成,∂与 β 组织呈现取向随机的交错伴生状态,网篮结构更为显著,这主要是由于覆层顶部直接与空气接触,该处覆层组织凝固过程冷速极快($>10^4$℃/s),β 相向∂相的相变转变处于非平衡态,发生部分马氏体相变,同时晶间弥散析出部分颗粒相为未完全回溶的∂相组织。综上可知,由基体至覆层顶部,β 相比例逐渐减少,发生 β 相向∂相的转化,覆层顶部发生部分马氏体相变;∂相组织逐渐细化,并产生部分回溶,与 β 相交错伴生所生成的网篮结构更加细密、取向更加复杂。上述的组织变化趋势利于覆层硬度、强度以及抗裂纹扩展能力的提升,但覆层中部及顶部组织由于散热凝固条件差异,组织分布状态、细密程度以及粒度状态尚不均衡[41,42]。

10.3.4 冲击过程组织特征

图 10-29 所示为基材及覆层熔覆与冲击后金相组织形貌,对比图 10-29(a)与图 10-28(a)可知,经冲击后基体组织虽仍以(∂+β)相为主,但各相组织形态明显细化,尤其是在冲击能量场的作用下,促进 β 相向∂相的进一步转化,等轴∂相体积明显减少,但是数量上升,而板条∂相数量相对下降,∂相与 β 相体积明显细化,利于覆层表面硬度的提升;对比图 10-29(b)与图 10-28(b)可知,经激光冲击能量场的复合作用后,该部位 β 相组织的针状转变趋势更为明显,并且打破原∂与 β 相的伴生状态,呈现交错生长的趋势;对比图 10-29(c)与图 10-28(c)可知,覆层中部∂相回溶有所加剧,同时冲击能量场的周期性作用模式,使促 β 相稳定的 V 元素含量也呈现周期性条带变化,β 相组织除体积进一步生长的特征外,受 V 元素含量的变化影响,β 相组织的体积大小也呈现条带变化,且各条带之间具有较为明显的边界组织,主要是未完全回溶的颗粒状∂相受冲击能量作用,形成边界偏析所形成;对比图 10-29(d)与图 10-28(d)可知,受冲击能量场作用,覆层顶部∂与 β 组织伴生的网篮状态发生部分性改变,覆层顶部 β 相组织较中部进一步细化和分化,呈现交错状态,同时∂相主要呈颗粒状弥散分布于晶间,起到弥散强化作用。综上,经激光冲击作用后,∂相回溶进一步加剧,起到弥散析出的强化作用,∂与 β 相组织更加细化均衡,实现覆层强度与

硬度的进一步提升。

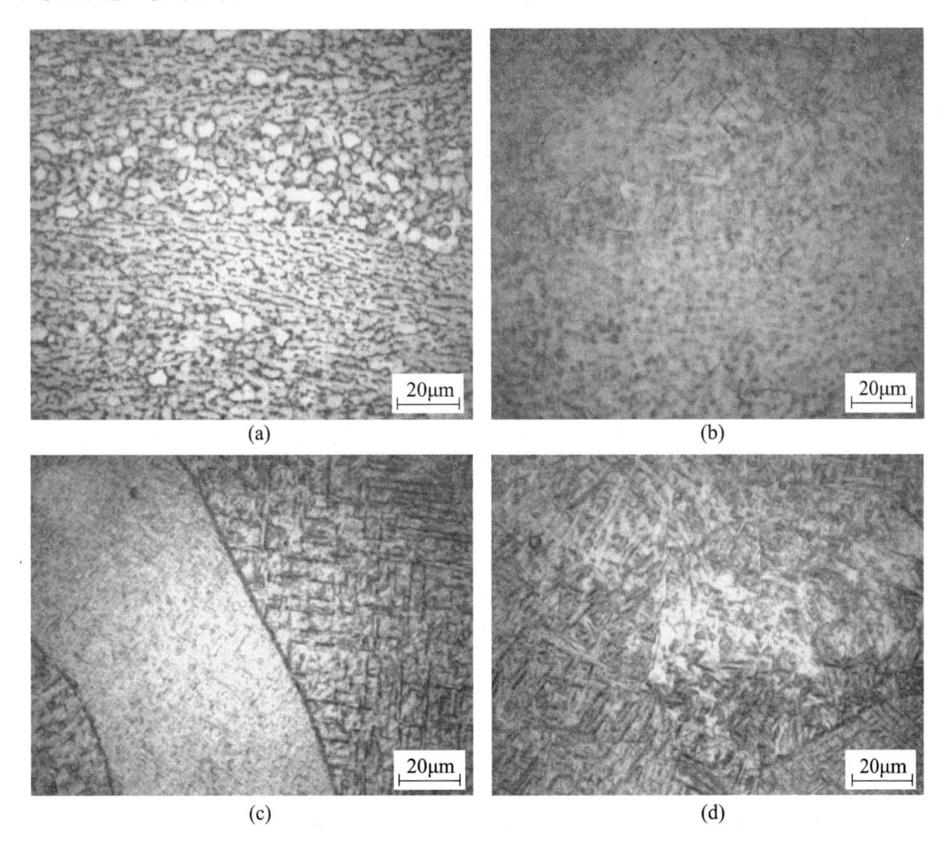

图 10－29　基材及覆层熔覆与冲击后金相组织形貌

（a）基材熔覆与冲击后金相组织形貌；（b）覆层底部熔覆与冲击后金相组织形貌；
（c）覆层中部熔覆与冲击后金相组织形貌；（d）覆层顶部熔覆与冲击后金相组织形貌。

10.3.5　力学性能变化对比

1. 硬度提升与均衡

采用 HVS－1000 型显微硬度测量仪开展覆层显微硬度测试，试验选取覆层横剖面中心线顶部、中部、底部以及基体部位进行显微硬度试验，试验选择上述位置水平等距的 5 个测试点进行测量，测量后求取平均值，试验结果如图10－30所示。由图 10－30 可知，激光熔覆覆层顶部硬度分布在 410～445$HV_{0.1}$，经激光冲击优化后，该部位显微硬度提升至 440～478$HV_{0.1}$；激光熔覆覆层中部硬度分布在 360～418$HV_{0.1}$，经激光冲击优化后，该部位显微硬度提升至 406～442$HV_{0.1}$；激光熔覆覆层底部硬度分布在 345～365$HV_{0.1}$，经激光冲击优化后，该部位显微硬度提升至 372 ~ 408 $HV_{0.2}$；基体部位熔覆后显微硬度分布在340 ~ 345 $HV_{0.1}$，经激光冲击优化后，该部位显微硬度提升至 365 ~ 372 $V_{0.1}$。通过激光冲击的优化效应，覆层显微硬度在提升的同时，相同部位的显微硬度分布也更加均衡。

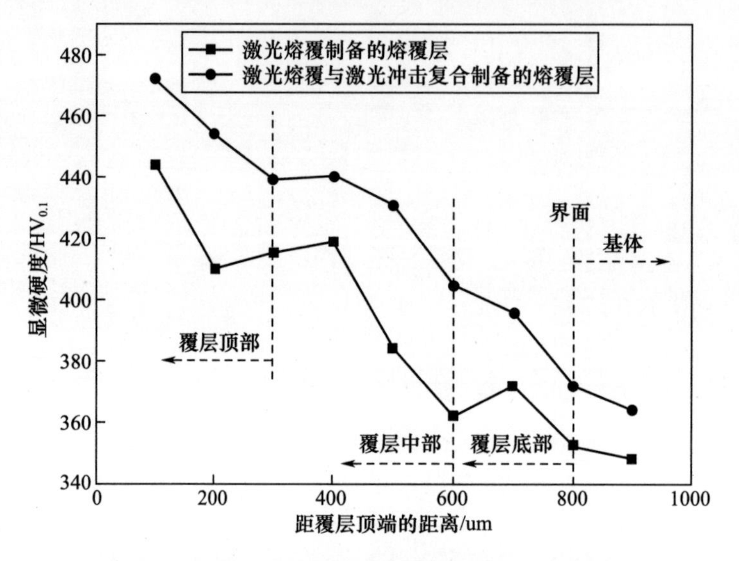

图 10 - 30　覆层复合再制造显微硬度提升与均衡变化

2. 残余应力分布优化

采用芬兰 X stress robot X 射线应力分析仪，设置 Ti 靶，管电流为 6.7mA，管电压为 30kV。选择 ψ 为 0° ~ 45°，光斑为 3mm，曝光 20s。分别对该工艺参数下激光熔覆覆层以及激光熔覆与激光冲击覆层残余应力进行测定，测定选择熔覆方向的中间位置进行，测试按照由覆层顶部至底部的顺序进行，每隔 150μm 测定一次，层间采用电化学腐蚀的方式进行剥离。试验结果如图 10 - 31 所示，由图 10 - 29 可知，激光熔覆覆层各深度方向上残余应力主要分布在 - 190 ~ 180Mpa（负号表示压应力），经激光冲击调整优化后，覆层残余应力主要分布在 - 70 ~ - 652Mpa，拉应力全部转化为压应力，实现了覆层表面残余应力的调整与优化。

3. 摩擦性能提升对比

采用 NANOVEA 摩擦磨损测试仪进行球 - 盘接触式往复摩擦磨损试验，试验在常温无润滑条件下进行，摩擦副选用 Ø6mm 的 GCr15 钢球，加载力为 2N，加载频率为 3Hz，试验结果如图 10 - 32 所示。由图 10 - 32 可知，TC4 合金同质激光熔覆层摩擦系数主要分布在 0.19 ~ 0.58 之间，TC4 合金激光熔覆覆层经激光冲击后摩擦系数主要分布在 0.04 ~ 0.15 之间。其中，TC4 合金基体摩擦系数曲

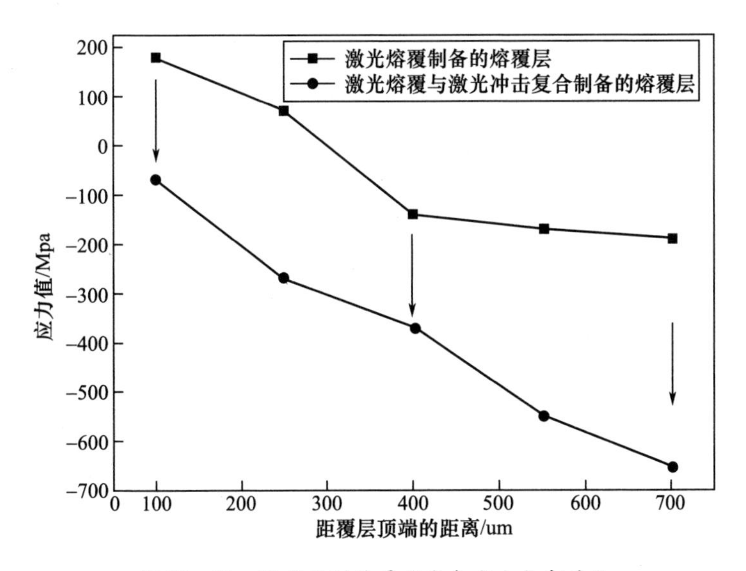

图 10-31 激光再制造覆层残余应力分布对比

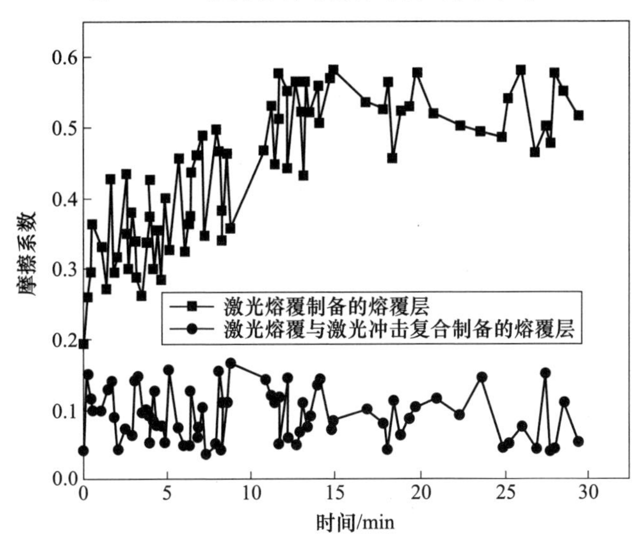

图 10-32 基体及覆层摩擦磨损性能曲线

线随时间变化呈现先递增后稳定的趋势,这主要是因为摩擦初始阶段对磨面粗糙度及摩擦力较小,因而摩擦系数较小且变化不大,随着摩擦的进行,摩擦副表面温度升高,部分覆层表面材料在摩擦作用下可能破碎与脱落,使得部分磨屑塞积在对磨面之间,在一定温度和摩擦作用下,加速犁沟结构的形成,加剧摩擦磨损程度。对磨面粗糙度逐渐增大,摩擦力及摩擦系数也随之增大,并渐趋稳定。而经激光冲击强化后,由于晶粒组织的细化与析出强化、部分 β 相的马氏体转变等原因,增加了覆层组织的耐磨性和表面硬度,因此,覆层表面的摩擦磨损系数明显降低,且随摩擦磨损试验的进行,基本保持恒定[43]。

10.4 熔覆与冲击同步复合锻打

激光锻打是将激光熔覆与激光冲击工艺进行同步复合,形成等效锻打效果,实现两束不同功能的激光束同时且相互协同制造金属零件的过程,如图 10-33所示,第一束激光熔覆再制造叶片类部件成形,与此同时,第二束短脉冲激光直接作用在激光熔覆所形成的熔池附近近熔融态部位,金属表层吸收激光束能量后气化电离形成冲击波,利用脉冲激光诱导的冲击波(冲击波峰值压力为 GPa 量级)对易塑性变形的中高温度区金属进行冲击锻打。熔覆成形激光参数与冲击锻打参数相互约束与协同,首先,通过激光熔覆成形工艺,确定激光熔覆成形优化工艺,并确定所形成的熔池基本尺寸;然后,根据熔池基本尺寸,确定激光冲击所作用的位置及激光冲击基本工艺参数,激光冲击锻打频率与冲击参数的选择又约束着激光熔覆速度与送粉参数的选择。激光冲击锻打使熔覆层发生塑性形变,消除了熔敷层的气孔等内部缺陷和热应力,提高了金属零件的内部质量和机械力学综合性能,并能有效控制宏观变形与开裂问题。

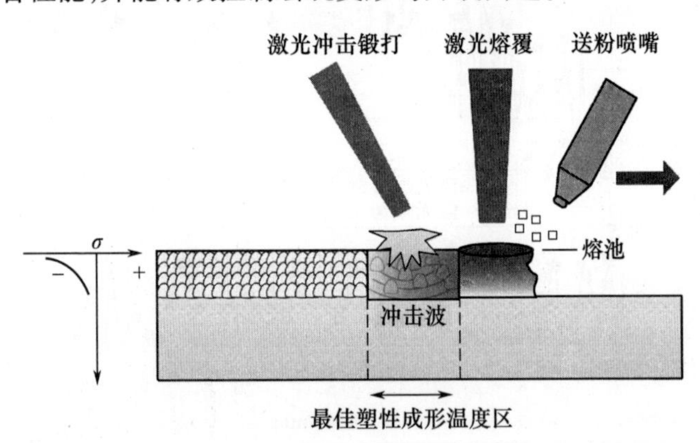

图 10-33 激光熔覆与激光冲击复合等效激光锻打工艺原理

激光熔覆与激光冲击复合形成激光锻打的工艺设备如图 10-34 所示。

钛合金叶轮相邻叶片间是复杂狭深的空间结构,无论是叶片边缘的激光冲击强化还是叶片根部圆弧处的激光冲击强化,光束可达性极差,仅仅能单面激光斜冲击。叶片薄,容易变形。激光脉冲宽度的长短直接决定了冲击波的作用时间,也直接决定了变形量和残余压应力的深度。根据激光束入射角度的变化和曲面的曲率变化对每个脉冲能量进行补偿与水约束层参数控制,实现了局部强

图 10－34　激光熔覆与激光冲击复合等效激光锻打工艺设备

化区域残余压应力值及深度的一致性。通过改变脉冲宽度,实现残余压应力深度和变形量的精确控制[44],如图 10－35 所示。

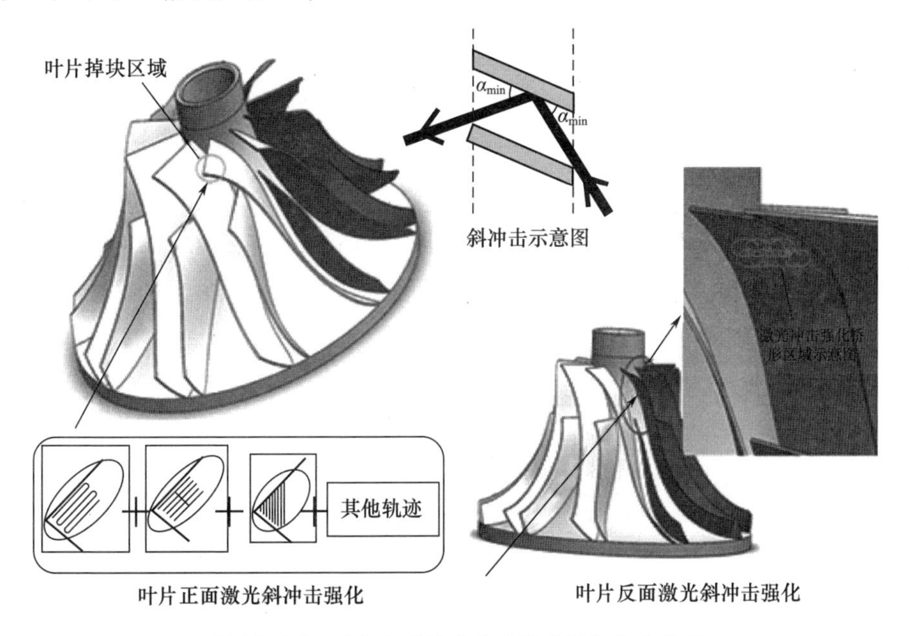

图 10－35　钛合金叶轮叶片的激光锻打方法原理

10.5　叶片部件激光锻打专用工装

部分高性能叶片激光锻打再制造需在超低氧条件下进行,且常规机械部件加工工装无法实现激光锻打过程中的光束全透、激光锻打过程中的惰性气体保护、粉尘及金属蒸汽的过滤吸收、激光锻打工件的水循环控温系统、激光锻打过程的辅助成形等功能。进一步,使用激光熔覆技术再制造叶片类部件时,被修复表面及结合处可能会存在应力分布不均的现象,在激光熔覆后随即进行激光冲击,使材料表面获得较高残余压应力,使得平均应力水平下降,以实现减少应力分布不均的现象,降低裂纹产生的可能。因此,设计叶片部件激光锻打专用工装成为提升叶片激光再制造工艺的必要条件。

结合激光锻打的实际工艺过程和试验需求,设计叶片部件激光锻打专用工装,提供用于叶片类装配部件激光熔覆与激光冲击相结合(激光锻打)的惰性气体容器,能实现在惰性气体环境中进行上述激光再制造的操作。

该工装包括:惰性气体密封箱、惰性气体密封箱门、气体密封卡扣压盖、多功能铸铁水冷工作平台、激光光束全透镜、叶片固定装夹结构、叶片辅助成型装置、密闭状态手套操作接口、操作接口密封法兰、循环水冷进水口、循环水冷排水口、惰性气体进气口、惰性气体排气阀、粉尘过滤装置、箱内气体循环进排气口。其特征在于:所述箱体移除上端密封口盖,底面开有 6 个螺纹孔,正面装有光学全透镜,背面开有两个对称手套孔及两个通水孔,箱体左侧开设操作舱门及 6 个进气孔,箱体右侧开有三层抽气孔及一个循环进气孔,内壁设置夹具连接机构,箱体右壁外侧设置箱体固定结构;所述工作台开有两条横向 T 型通槽、6 个纵向阶梯孔,在宽度方向上开有多条通孔;所述叶片夹具由夹具座和夹具块组成,夹具座与箱体右侧内壁固定;所述固定卡盘为矩形凸台,四条边上均匀开有圆孔,卡盘右侧与机器人连接。工装整体及局部结构分别如图 10 - 36 ~ 图 10 - 41 所示。

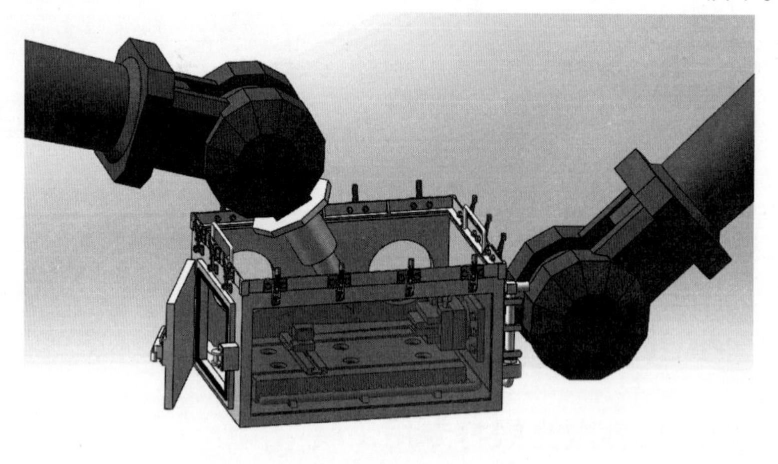

图 10 - 36　激光锻打专用工装使用时状态

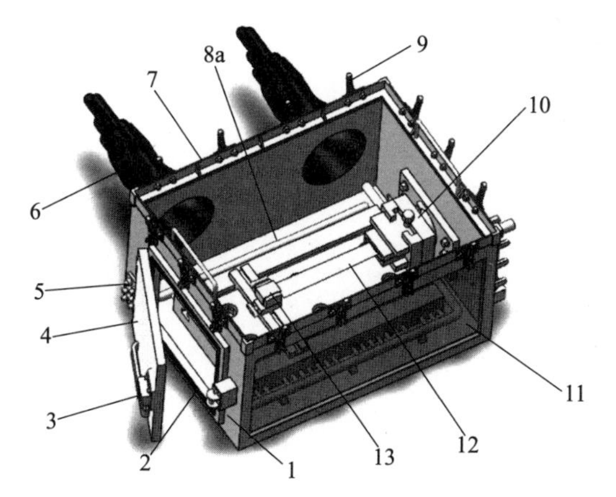

图 10－37　激光锻打专用工装整体结构

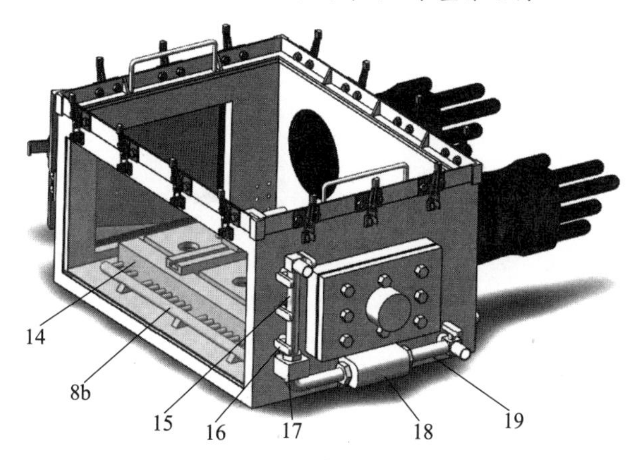

图 10－38　激光锻打专用工装局部结构 1

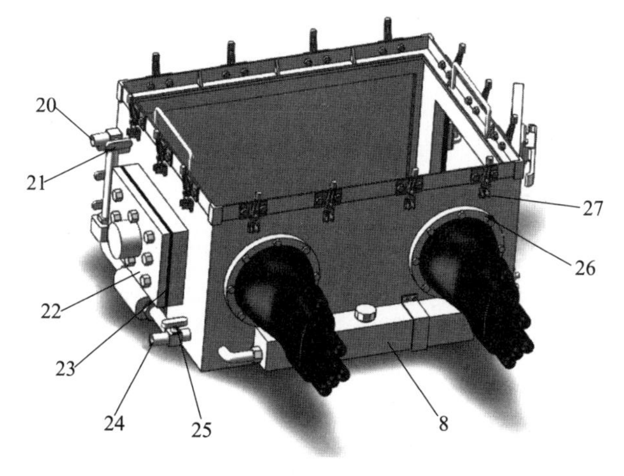

图 10－39　激光锻打专用工装局部结构 2

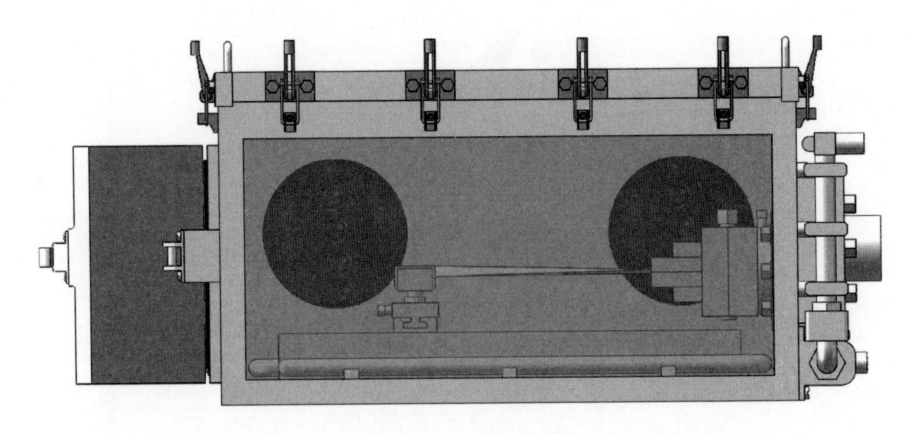

图 10-40　叶片固定装夹状态下激光锻打专用工装局部结构

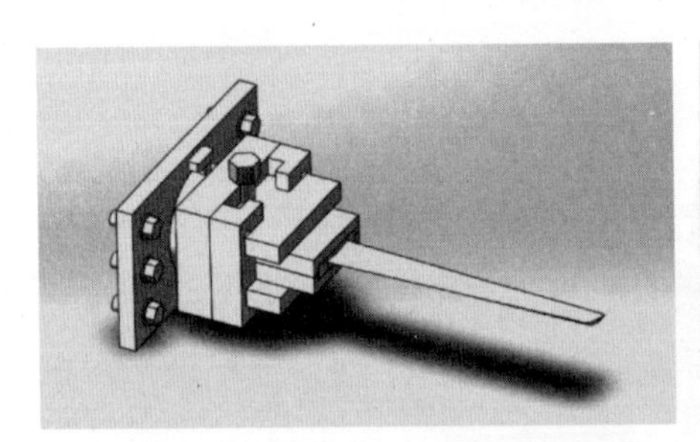

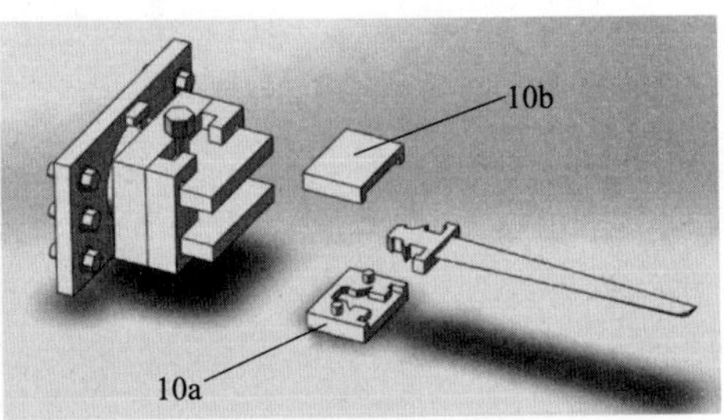

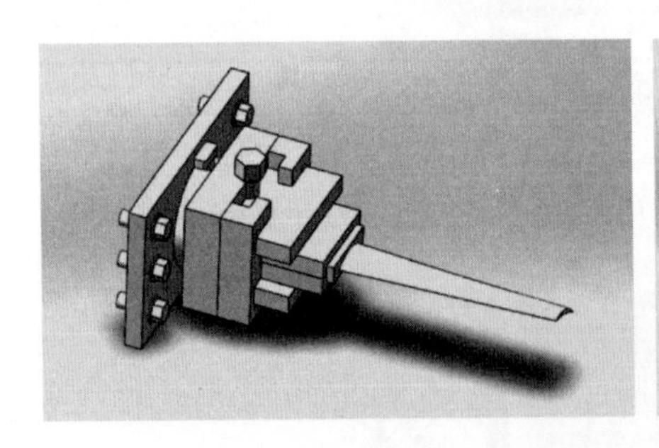

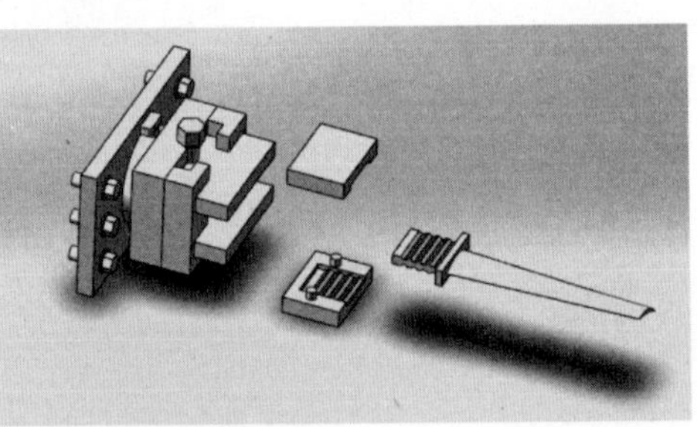

图 10-41　专用夹具内部叶片固定装夹结构

图 10-37~图 10-39 中:1 为箱体;2 为箱门密封圈;3 为箱门把手;4 为箱门;5 为进气孔;6 为手套;7 为压盖;8 为水箱;8a 为循环进水管;8b 为循环出水管;9 为压扣;10 为夹具座;10a 为夹具块 a;10b 为夹具块 b;11 为光学透镜;12 为叶片工件;13 为辅助成型装置;14 为工作台;15 为吸气管;16 为分层吸气阀门;17 为气体过滤装置;18 为吸排气电机;19 为排气管;20 为进气口;21 为进气口阀门;22 为箱体安装卡盘;23 为垫片;24 为排气口;25 为排气口阀门;26 为

手套操作接口密封法兰;27 为卡槽。

该工装可通过进气孔通入氩气等保护气形成惰性气体保护环境,通过吸排气循环系统及多层粉尘过滤装置实现加工期间箱内气体循环,减少惰性气体消耗,排气孔将加工完成后箱内废气排出;箱体的一面装有光学透镜,具有激光冲击能量全透效应,可以在气体保护环境中进行激光冲击加工;可通过更换叶片夹具来装夹不同叶片,夹具座可绕轴心微调旋转以调整待加工区域;底部工作台上可装夹其他类型零部件进行加工。

该夹具在使用过程中,通过叶片夹具通过选用相应的夹具块 10a、b 实现对待加工叶片的装夹,通过自定心夹具固定在夹具座 10 上,且夹具座可绕轴心进行旋转微调并锁紧,以达到待加工位置;完成叶片部件固定装夹后,将惰性气体保护箱门关闭;该箱体在工件安装调整好之后蒙上薄膜,压盖盖在薄膜上,将箱体和压盖通过压扣 9 和卡槽 27 进行压紧,激光熔覆喷头穿过薄膜进入箱体中,置于待加工叶片的相应位置;箱体内工作台 14 上面开有两条 T 型通槽,加工叶片时通过手套操作将辅助成型装置调整到所需位置,有需要时可使用相应的压紧装置将其他类型工件固定在工作台上进行加工并开启循环水冷装置;将分层吸气阀门 16 关闭,进气口阀门 21 和排气口阀门 25 打开,由进气口 20 向循环装置中通入惰性气体,排空循环装置中的空气;同时进气孔 5 向箱体内通入保护气,待箱体内工件处于气体保护环境后做好密封,打开分层吸气阀门,关闭进气口和排气口阀门;通过机器人控制调整箱体 1 及透镜面 11 的位置,使激光冲击强化的光源对准待加工叶片的相应位置;准备工作就绪后对所述叶片工件 12 进行激光锻打再制造;手套 3 在加工时置于箱体外部,必要时可暂停加工使用手套伸入箱体内部进行手动操作。

激光锻打工艺实现了激光熔覆与激光冲击的同步复合,实现了由熔覆向锻打的跨越,提升了叶片类部件激光再制造的加工能力和水平。尽管该工艺及技术还需进一步深度融合和发掘,但其在叶片类部件激光再制造领域的应用前景是巨大且富于探索性的。

参考文献

[1] 罗雄麟,赵决正,王娟. 催化裂化富气压缩机小型后主动控制方案设计与分析[J]. 化工学报,2012,63(S2):112-117.

[2] 徐滨士. 装备再制造工程的理论与技术[M]. 北京:国防工业出版社,2007.
[3] 赵爱国,钟培道,刁年生,等. 高压涡轮导向叶片裂纹分析[J]. 材料工程,1998,12:4.
[4] 任维彬,董世运,徐滨士,等. FV520(B)钢叶片模拟件激光再制造成形试验分析[J]. 红外与激光工程,2014,43(10):3303-3308.
[5] 任维彬,董世运,徐滨士,等. FV520(B)钢叶片模拟件激光再制造工艺优化及成形修复[J]. 材料工程,2015,4(1):6-12.
[6] 徐慧,张金龙,刘京南,等. 零件轮廓表面检测与三维重构技术的研究[J]. 南京师范大学学报,2011,11(2):26-30.
[7] 张凤英,陈静,谭华,等. 钛合金激光快速成形过程中缺陷形成机理研究[J]. 稀有金属材料与工程,2007,36(2):211-215.
[8] 龙日升,刘伟军,邢飞,等. 基板预热对激光金属沉积成形过程热应力的影响[J]. 机械工程学报,2009,45(10):241-247.
[9] 陈俐,巩水利,胡伦骥. Ti-23Al-17Nb 激光焊接接头的组织性能研究[J]. 稀有金属材料与工程,2009,38(3):181-185.
[10] 胡鹏,陈发良. 重复频率脉冲激光辐照金属材料热效应模拟分析[J]. 中国激光,2016,43(10):43-49.
[11] 宋宏伟,黄晨光. 激光辐照诱导的热与力学效应[J]. 力学进展,2016,46(1):43.
[12] Chao Wang, Hu Huang, Yongfeng Qian, et al. Nitrogen assisted formation of large-area ripples on Ti6Al4V surface by nanosecond pulse laser irradiation[J]. Precision Engineering,2022,73:244-256.
[13] 董世运,任维彬,徐滨士,等. 脉冲激光再制造压缩机薄壁叶片成形工艺试验优化[J]. 装甲兵工程学院学报,2015,29(5):97-101.
[14] 杜晶,杨玫,张燕红. 改进的军用飞机涡轮叶片预测性维修方法[J]. 舰船电子工程,2020,40(5):125-129.
[15] 康继东,陈士煊,徐志怀. 压气机叶片受外物损伤的剩余振动疲劳寿命[J]. 航空动力学报,1998,13(3):3.
[16] 聂祥樊,魏晨,侯志伟,等. 激光冲击强化提高外物打伤钛合金模拟叶片高周疲劳性能[J]. 航空动力学报,2021,36(1):137-147.
[17] 吴志新,昂给拉玛,张云,等. 航空发动机涡轮叶片叶尖损伤修复自适应加工技术研究与应用[J]. 制造技术与机床,2021(07):5.
[18] Zhen Chen, Shenggui Chen, Zhengying Wei, et al. Anisotropy of nickel-based superalloy K418 fabricated by selective laser melting[J]. Progress in Natural Science: Materials International, 2018, 28(4): 496-504.
[19] 汤鑫,刘发信,袁文明,等. K418 高温合金细晶叶片铸造工艺的研究[J]. 铸造技术,1997(4):44-46.
[20] XiuBo Liu, Ming Pang, ZhenGuo Zhang, et al. Characteristics of deep penetration laser welding of dissimilar metal Ni-based cast superalloy K418 and alloy steel 42CrMo[J]. Optics and Lasers in Engineering,2007,45(9):929-934.
[21] Ming Pang, Gang Yu, Heng-Hai Wang, et al. Microstructure study of laser welding cast nickel-based superalloy K418[J]. Journal of Materials Processing Technology,2008,207(1-3):271-275.
[22] Xiu-Bo Liu, Gang Yu, Jian Guo, et al. Research on laser welding of cast Ni-based superalloy K418 tur-

bo disk and alloy steel 42CrMo shaft[J]. Journal of Alloys and Compounds, 2008, 453(1-2): 371-378.

[23] 刘建睿,王猛,林鑫,等. 激光成形修复 K418 高温合金的微观组织与硬度[J]. 特种铸造及有色合金,2019,39(11):1187-1192.

[24] 任维彬,周金宇,董世运,等. K418 合金表面激光再制造 Inconel 718 高温合金涂层性能研究[J]. 稀有金属材料与工程,2020,49(1):274-280.

[25] 任维彬,周金宇,张锁荣,等. K418 高温合金叶轮脉冲激光再制造形状与性能控制[J]. 稀有金属材料与工程,2019,48(10):3315-3319.

[26] 徐富家,吕耀辉,徐滨士,等. 基于脉冲等离子焊接快速成形工艺研究[J]. 材料科学与工艺,2012,20(3):89-93.

[27] 徐滨士. 再制造工程与纳米表面工程[J]. 上海金属,2008,30(1):1-7.

[28] 钦兰云,徐丽丽,杨光,等. 钛合金激光沉积制造热累积与熔池形貌演化[J]. 稀有金属材料与工程,2017,46(9):2645-2650.

[29] 冯秋娜,田宗军,梁绘昕,等. 基体热累积对铝合金激光熔化沉积单道形貌的影响研究[J]. 应用激光,2017,37(1):51-58.

[30] 上官芸娟,吴巧荣,宋瑞宏,等. 激光功率对 Ni60A 合金熔覆层组织、显微硬度及耐磨性的影响[J]. 工业技术创新,2021,08(5):24-29.

[31] 鲁世强,黄伯云,贺跃辉,等. Laves 相合金的力学性能[J]. 材料工程,2003,5:5.

[32] 邹欣伟,马勤,贾建刚. Laves 相高温结构硅化物的研究进展[J]. 材料导报,2008,22(5):85-88.

[33] 肖璇,鲁世强,董显娟,等. 合金元素对 Laves 相增强 Nb 基合金的相组成与力学性能的影响[J]. 稀有金属材料与工程,2013,42(3):560-564.

[34] 郑亮,刘朝阳,朱强,等. 超瞬态凝固增材制造梯度整体涡轮叶盘用高温合金粉末特性研究:盘体用合金粉末[J]. 稀有金属材料与工程,2021,50(10):3648-3656.

[35] 冯莉萍,黄卫东,李延民,等. 基材晶体取向对激光多层涂覆微观组织的影响[J]. 中国激光,2001,28(10):949-952.

[36] 方金祥,王玉江,董世运,等. 激光熔覆 Inconel718 合金涂层与基体界面的组织及力学性能[J]. 中国机械工程,2019,30(17):2108-2113.

[37] 曾强,吴颖,肖辉进,等. 热处理对激光选区熔化制备 Inconel 718 合金组织和拉伸性能的影响[J]. 金属热处理,2021,46(10):122-127.

[38] M. Alizadeh-Sh, S. P. H. Marashi, E. Ranjbarnodeh, et al. Laser cladding of Inconel 718 powder on a non-weldable substrate: Clad bead geometry-solidification cracking relationship[J]. Journal of Manufacturing Processes, 2020, 56: 54-62.

[39] 王涛,王宁,朱磊,等. 激光扫描速度对 IN718 涂层组织与摩擦磨损性能的影响[J]. 热加工工艺,2022(10):79-84.

[40] Yang Liu, Lei Wang, Kaiyue Yang, et al. Effects of Thermally Assisted Warm Laser Shock Processing on the Microstructure and Fatigue Property of IN718 Superalloy[J]. Acta Metallurgica Sinica, 2021, 34(12): 1645-1656.

[41] 聂祥樊,李应红,何卫锋,等. 航空发动机部件激光冲击强化研究进展与展望[J]. 机械工程学报,2021,57(16):293-305.

[42] Abhishek Telang, Amrinder S. Gill, Gokul Ramakrishnan, et al. Effect of Different Ablative Overlays on Re-

sidual Stresses Introduced in IN718 SPF by Laser Shock Peening[J]. International Journal of Peening Science and Technology,2018,1(1):75 -86.

[43] Ning Chengyi,Zhang Guangyi,Yang Yapeng,et al. Effect of laser shock peening on electrochemical corrosion resistance of IN718 superalloy[J]. Applied optics,2018,57(10):2467 -2473.

[44] 李亚敏,范福杰,韩锦玮. 工艺参数对激光熔覆718合金涂层的影响[J]. 兰州理工大学学报,2018,44(5):7 -14.